PRINCÍPIOS DOS PROCESSOS DE FABRICAÇÃO UTILIZANDO METAIS E POLÍMEROS

Blucher

Valdemir Martins Lira

PRINCÍPIOS DOS PROCESSOS DE FABRICAÇÃO UTILIZANDO METAIS E POLÍMEROS

Princípios dos processos de fabricação utilizando metais e polímeros

Editora Edgard Blücher Ltda.

Imagem da capa: iStockphoto

Blucher

Rua Pedroso Alvarenga, 1245, 4º andar
04531-934 – São Paulo – SP – Brasil
Tel.: 55 11 3078-5366
contato@blucher.com.br
www.blucher.com.br

Segundo o Novo Acordo Ortográfico, conforme 5. ed. do *Vocabulário Ortográfico da Língua Portuguesa*, Academia Brasileira de Letras, março de 2009.

Ficha Catalográfica

Lira, Valdemir Martins

Princípios dos processos de fabricação utilizando metais e polímeros / Valdemir Martins Lira. — São Paulo : Blucher, 2017.

240 p. : il.

Bibliografia

ISBN 978-85-212-1085-6

1. Processos de fabricação – Metais 2. Processos de fabricação – Polímeros 3. Automação 4. Controle de produção 5. Engenharia de produção I. Título.

16-0692 CDD 664.001579

Índices para catálogo sistemático:
1. Engenharia de produção - Processos de fabricação

Dedico este trabalho a minha querida esposa, pela abdicação de horas de lazer e pela compreensão para que eu pudesse iniciar, desenvolver e concluir este trabalho ao longo de 6 anos.

Dedico aos nossos filhos, Denise e Gustavo.

Dedico também a minha mãe, pelo incentivo em todos os momentos da minha vida, e a meu pai, pelos ensinamentos de disciplina e do trabalho.

AGRADECIMENTOS

A elaboração deste livro foi possível graças ao apoio e à colaboração de diversas pessoas e instituições de ensino e de pesquisa, às quais manifesto meus agradecimentos a seguir.

Foi possível graças também aos meus alunos de graduação que, em muitos momentos, durante a disciplina "Introdução aos Processos de Fabricação", na Universidade Federal do ABC (UFABC), colaboraram com observações de conteúdos e exercícios que culminaram nesta obra.

Ao Professor Doutor Rovilson Mafalda, docente na UFABC, pela colaboração na elaboração do item que trata dos processos pela adição de material.

Ao engenheiro de automação e controle Leonardo Massato Nogamatsu, pela ajuda na elaboração de vários desenhos.

À UFABC, pelo ambiente agradável de trabalho e a disponibilização para utilização de equipamentos e do laboratório para a parte experimental da pesquisa.

À Faculdade de Tecnologia de São Paulo (Fatec-SP), pela minha formação prática na área de tecnologia mecânica.

À Editora Blucher pela publicação deste livro.

Aos inúmeros colegas da indústria e de escolas técnicas estaduais de São Paulo que contribuíram com uma ou outra observação e/ou informação técnica, que, ao serem colocadas em um documento, tornam-se de grande valia.

PREFÁCIO

Quando lecionamos um curso ou uma disciplina, procuramos, durante as aulas, na medida do possível, transmitir as informações de forma simplificada, para possibilitar alto grau de aprendizagem em pouco tempo de duração da aula.

Decorrente desse pouco tempo, o suplemento de conhecimento deve estar em um material didático calcado no conteúdo da disciplina. Esse conteúdo – especificamente o da disciplina denominada Introdução aos Processos de Fabricação, lecionada na grade curricular do curso de Engenharia de Instrumentação, Automação e Robótica na Universidade Federal do ABC – é volumoso e envolve duas direções de processos de fabricação, uma para materiais metálicos e outra para materiais poliméricos. A gama de informações é grande para uma disciplina que é oferecida em um único quadrimestre no ano. Por vezes, nos sentimos um pouco perdidos na ordenação dessas informações e, para suprir essa função, se fez necessário este material. Tal falta é sentida principalmente quando precisamos saber alguma informação do que foi ensinado pouco tempo atrás.

As informações são muitas e o tempo é pouco para podermos pesquisar em livros o que precisamos naquele momento. Enfrento este problema há cinco anos e, para minimizá-lo, fiz um levantamento dos mais diversos processos de fabricação e elaborei este material didático. São informações colhidas por meio de anotações, apontamentos realizados na indústria (experiência de dezessete anos), cursos técnicos, graduação tecnológica e bachalerado em engenharia (experiência de 23 anos), cursos em indústrias e estabelecimentos de ensino.

Serve também como um texto básico para a formação de engenheiros da área de automação e controle e de produção, utilizado em cursos de tecnologia e técnicos voltados para essa área, introdutório aos cursos de engenharia, tecnologia e técnico em mecânica. Indica-se ainda para outros profissionais do setor de manufatura e de desenvolvimento do produto, que, muitas vezes, não dispõem de material de consulta para entender e selecionar um processo para fabricar um produto de metal ou polímero.

Por último, esta obra não está concluída, de modo que aceito sugestões e críticas para melhorar, aprimorar e tornar o conteúdo mais abrangente e preciso. Com tais sugestões e críticas inseridas no livro, todos os leitores poderão usufruir de um material precioso para uso no ensino, na pesquisa e na aplicação de vários campos da fabricação de peças de metal/polímero.

Valdemir Martins Lira
São Paulo, Brasil
2017

CONTEÚDO

ESTRUTURA DO LIVRO

Na Parte I do livro, tem-se os Capítulos 1 e 2, com seus conteúdos como descrito a seguir. No Capítulo 1, tem-se a introdução aos sistemas de fabricação, e é apresentado um breve histórico evolutivo da fabricação e da tecnologia. No Capítulo 2, descrevem-se os vários tipos de sistemas produtivos e ao final, estão listados exercícios propostos e resolvidos e bibliografia de referência. Para fechar o capítulo, descreve-se o papel da automação da manufatura e a integração das funções de um sistema fabril discreto.

Na Parte II, tem-se os meios de transformação dos processos de fabricação contínuos e discretos, subdivididos nos Capítulos 3, 4, 5 e 6. Neles, são apresentadas as classificações por meios e seus agentes de transformação de cada grupo de processos, seguidos de uma sucinta explanação da teoria do princípio dos processos em si, apresentando grandezas físicas e os materiais processados para fornecer ao aluno, de forma direta e básica, os princípios de cada processo. Ao final de cada item, há exercícios resolvidos, exercícios propostos e bibliografia para ampliar e aprofundar o conhecimento.

Ainda, nos Capítulos 7 e 8, há uma série de exercícios adicionais e resoluções de exercícios propostos ao longo do livro.

Em todos os processos descritos, existem QR Codes[1], imagens em forma de códigos para leitura via aplicativo instalado em celular, *tablet* e outros aparelhos. Ao serem acessados, tais códigos conduzem a um vídeo explicativo relativo ao processo. Este recurso possibilita uma melhor compreensão do tema em estudo.

1 Na ocasião da publicação deste livro, todos os vídeos estavam disponíveis.

PARTE I

HISTÓRICO DOS SISTEMAS DE FABRICAÇÃO

INTRODUÇÃO AOS SISTEMAS DE FABRICAÇÃO

FABRICAR É TRANSFORMAR MATÉRIAS-PRIMAS EM PRODUTOS ACABADOS POR MEIO DE UMA VARIEDADE DE PROCESSOS

1.1 BREVE HISTÓRICO EVOLUTIVO DA FABRICAÇÃO E DA TECNOLOGIA

Desde os primórdios da história da humanidade, a sobrevivência e a subsistência do homem sempre estiveram calcadas no desenvolvimento de métodos, técnicas e utensílios/mecanismos para defesa ou para facilitar o trabalho, como os primeiros processos (feitos há mais de 6 mil anos) para fundir, forjar, furar e ralar (Tabela 1.1). A mecanização começou na Pré-História, por volta de 3500 a.C., com a invenção da roda e do arado na Mesopotâmia e os primeiros utensílios com uso de bronze na Tailândia (Ásia), cobre na Europa e fundição do bronze na África. Em 700 a.C., surgiu o uso de utensílios de ferro na Europa Ocidental. Em termos de máquinas, em 1000 a.C., surgem os primeiros tornos, na época denominada Idade do Bronze; os metais predominantes eram cobre, zinco e estanho.

Com o avanço da ciência e da tecnologia na Europa em 1770, propicia-se o surgimento da automação nos meios de transporte, com a máquina a vapor de James Watt, em 1769. Em relação às máquinas fabris, Cartwright constrói a máquina de tear em 1972, e Eli Whitney, o descaroçador de algodão, nos Estados Unidos, em 1793. Ainda nessa época, surgem os primeiros relatos conhecidos sobre torneamento por Jacques Plumier (*L'art de torneurs*) e a divisão do trabalho propagada por Adam Smith em 1700. Esse cenário culmina com a Revolução Industrial, que tem início na Inglaterra em 1780.

Desde os primórdios da Primeira Revolução Industrial, também denominada revolução do carvão e do ferro, ocorrida em 1780, e posteriormente da Segunda Revolução Industrial, do aço e da eletricidade, iniciada em 1860, os processos de fabricação vêm evoluindo e obtendo níveis cada vez maiores de produtividade. Desde então, métodos, técnicas, mecanismos e materiais foram criados para operacionalização e melhorias dos sistemas produtivos.

Naquela época, o foco era o processo de fabricação, pois, em um primeiro momento, a principal preocupação residia em serem descobertos meios de produzir em massa os bens que já então eram necessários.

O processo de fabricação alavancou o desenvolvimento da mecanização das máquinas. Em seguida, o foco passou a ser a otimização da organização de chão de fábrica, visando a rentabilização dos investimentos efetuados no equipamento. Nasce o taylorismo, que introduz as preocupações com a otimização do trabalho e, posteriormente, o fordismo, que introduz a noção de arranjo de máquinas na forma de linha de produção, além da visualização do aproveitamento do mercado consumidor de escala.

Tabela 1.1 Histórico dos descobrimentos dos materiais tradicionais e não tradicionais e os processos de fabricação e máquinas

		Material	Descoberta (a.C. ← 0 → d.C)	Processos de fabricação e máquinas
Tradicionais	metais	Ouro	10.000	Fundir, forjar, furar, ralar, mecanização (arado), primeiros tornos
		Cobre	5.000	
		Bronze	2.500	
		Ferro	0	
		Ferro fundido	1600	Automação nos meios de transporte, máquina a vapor
		Aço	1780	
		Aço-liga	1910	Forno de indução
		Superligas	1940	
	cerâmicas	Pedra	Desde o surgimento da humanidade	Triturar, cortar
		Sílex	6.000	Cortar
		Cerâmica	5.000	Trituração, moagem e aquecimento
		Cimento	1.000	
		Cimento *Portland*	1910	
		Cermets	1940	Sinterização
		Vidro	1.000	Fundir
		Madeira	Desde o surgimento da humanidade	Serrar
Não tradicionais	polímeros	Celuloide	1860	Injeção, compactação e compressão
		Parquesine	1862	
		Baquelite	1910	
		PVC/PMMA/PS	1930	Injeção, extrusão, sopro, termoformagem, rotomoldagem
		LDPE/PU/ER	1940	
		HDPE/PP/PC	1950	

1.1.1 Cenário das revoluções industriais

É importante salientar a importância do cenário da sociedade nas revoluções industriais, pois nota-se um elo inseparável desses acontecimentos com o processo evolutivo dos sistemas de produção, das descobertas de materiais e da invenção de máquinas e equipamentos.

A seguir, descreve-se sucintamente os principais acontecimentos que proporcionaram a mudança da sociedade de um sistema feudal para uma sociedade calcada na produção.

1780 a 1860	Revolução do carvão e do ferro

a) Mecanização da agricultura, máquinas de fiar, tear, hidráulica, primeiras máquinas-ferramentas projetadas segundo princípios modernos etc.

b) Aplicação da força motriz na indústria com a invenção do motor elétrico e do gerador por M. Faraday na Grã-Bretanha em 1821.

c) Desenvolvimento do sistema fabril
- Artesão → operário.
- Rural → urbana.
- Divisão do trabalho em tarefas.

d) Crescimento do transporte e da comunicação
- Navegação a vapor (1807).
- Locomotiva a vapor (1825).
- Rádio (1836).

e) Aumento do poder capitalista

1860 a 1914	Revolução do aço e da eletricidade, surgimento de novos materiais

a) Fabricação do aço

Em 1856, é descoberto o processo Bessemer, que possibilita a produção do aço em escala industrial. O aço ferramenta é o principal material de ferramentas de usinagem. Em 1900, Taylor apresenta o aço rápido.

b) Plástico

Em 1860, foi desenvolvido um plástico chamado celuloide, utilizando para substituir o marfim na confecção de bolas de bilhar e de peças delicadas como caixa de pó de arroz. Não fez sucesso no início, mas em 1889 George Eastman passou a utilizá-lo na produção de filmes fotográficos. Contudo, o celuloide era muito inflamável, chegando a explodir. Em 1862, Alexander Parkes criou um material duro que podia ser moldado. Denominado Parkesine, foi o primeiro plástico semissintético.

c) Substituição do vapor por eletricidade
   - Em 1874, primeiro bonde elétrico (Nova York).
   - Em 1878, primeira iluminação elétrica de rua (Londres).
   - Em 1882, primeira usina hidrelétrica (Wisconsin, EUA).

d) Derivados de petróleo

   O primeiro poço de petróleo foi perfurado na Pensilvânia (EUA) em 1859.

e) Aparecimento do automóvel:
   - Invenção do motor a combustão e aperfeiçoamento do dínamo em 1873.
   - Daimler e Benz abrem caminho para a fabricação do automóvel na Alemanha.
   - Dunlop, em 1888, inventa o pneu com ar comprimido (pneumático).
   - Henry Ford: produção em massa, linha de montagem; desenvolve a montagem da correia transportadora para a produção do automóvel em 1913.

f) Novos tipos de organizações capitalistas (sociedades industriais).

g) Fim do artesanato

   O consumidor perdeu o poder de influenciar na definição dos produtos que iria consumir, decisão que fica a cargo dos projetistas.

1.2 SÉCULO XX: O SÉCULO DA TECNOLOGIA

Com a aplicação do conceito da produção em massa de Henry Ford, no início do século XX, os sistemas de fabricação foram dotados de novas exigências técnicas, novas máquinas e novos materiais, como o baquelite, plástico verdadeiramente sintético, inventado em 1909. As empresas desenvolveram o conceito de aprimoramento de seus produtos, por exemplo, a partir de 1920, com as indústrias siderúrgicas, de automóveis e petroquímica. Essa última passou a fornecer matéria-prima excelente para a fabricação de plásticos. Isso resultou em uma série de materiais com diferentes propriedades calóricas, elétricas, ópticas e de moldagem. Já as máquinas sofreram grande aprimoramento, graças ao desenvolvimento tecnológico, como a invenção do computador, em 1930, possibilitando a incorporação de controles automáticos às máquinas.

A produção seriada de produtos sempre esteve associada a fatores de descoberta e de desenvolvimento tecnológico na sociedade. Assim, calcados nas vantagens computacionais, surgem os sistemas informatizados e máquinas automatizadas que proporcionaram grande desenvolvimento dos sistemas produtivos ao longo do século XX, auxiliando, assim, o desenvolvimento de métodos e técnicas e visando a melhoria e aperfeiçoamento dos meios produtivos demandados pela evolução tecnológica e mercadológica caracterizada acima.

Essa evolução tecnológica proporciona aos sistemas produtivos métodos de fabricação com tamanha flexibilidade que são capazes de produzir peças unitárias a custos praticamente iguais aos obtidos com a produção em série. As empresas que se utilizam dessa flexibilidade são consideradas empresas de manufatura ágil.

CAPÍTULO 2

SISTEMA PRODUTIVO

O processo de globalização do mercado e das indústrias possibilita a disseminação do *know-how* dos processos de fabricação de produtos e intensifica a concorrência nacional e internacional. Em função disso, na produção industrial, o desenvolvimento de processos está em constante aprimoramento, envolvendo prazos mais curtos e maior qualidade dos produtos. Nesse contexto de alta exigência de inovação e também de redução dos custos dos produtos, as empresas podem obter com redução do ciclo de processamento de produtos maior economia de custos e de tempo. Logo, a análise do sistema produtivo é importante para se prever os ganhos de produtividade, principalmente na atualidade.

O conhecimento do sistema produtivo proporciona poder de decisão e visão global das variáveis que podem prejudicar os ganhos obtidos, como redução dos custos e prazos de entrega. Essa conhecimento é uma estratégia para a competição entre empresas.

No sistema produtivo, a relação volume-variedade de produtos determina a maneira de gerenciar o processo de transformação. Tal classificação advém da visão de produção como um sistema que transforma a matéria bruta de entrada em produtos finais por meio de um processo produtivo.

No sistema básico de produção (ver a seguir), tem-se as entradas, ou seja, os fatores de produção, quais sejam: matéria-prima, insumos, ferramentas, energia e mão de obra.

No processo produtivo encontram-se os inventários, como as máquinas. Nessa fase, as variáveis são numerosas. Nesse caso, é importante analisar por meio técnicas (PERT-CPM, Kanban, estudo do gargalo etc.) e racionalizar a alocação de máquinas.

2.1 SISTEMA DE PRODUÇÃO

A Figura 2.1 representa os elementos constituintes de um sistema básico de manufatura. Na entrada do sistema, tem-se os fatores de produção, como matéria-prima, a qual será processada utilizando-se toda tecnologia e técnicas disponíveis pelo setor, máquina ou mesmo indústria, como capacidade de produção, instalações, tecnologia, integração de informações, mão de obra, estratégia de fluxo de materiais, métodos de avaliação e medidas de desempenho, entre outros.

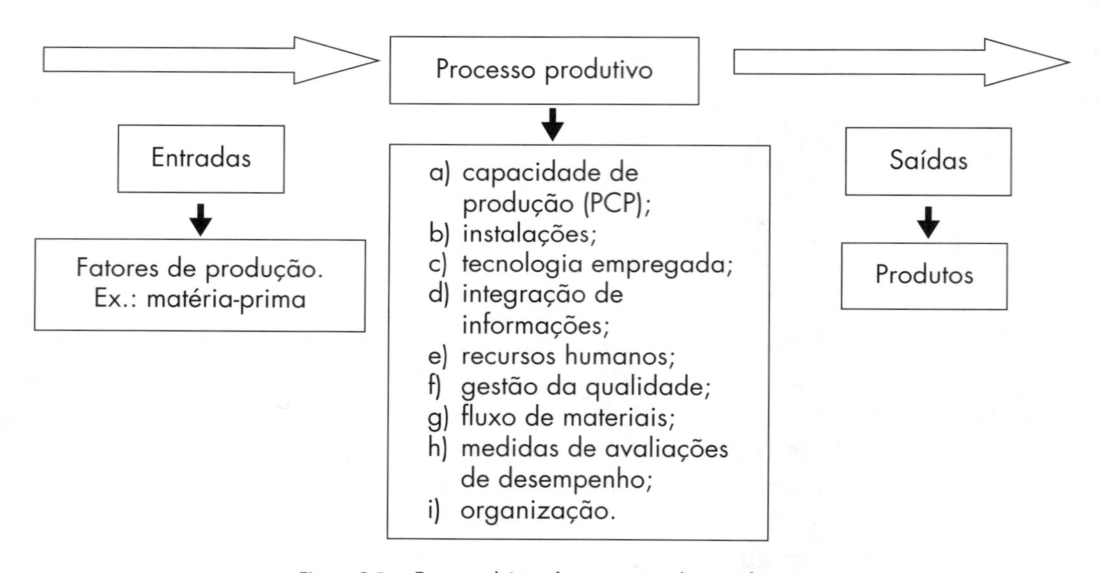

Figura 2.1 Esquema básico de um sistema de manufatura.

Nessa etapa do sistema, as decisões de infraestrutura, estratégias de organização, gestão da qualidade, PCP, recursos humanos e avaliação de desempenho são de fundamental importância para se obter resultados competitivos.

A Figura 2.2 ilustra um exemplo de um sistema de produção específico para a montagem de automóveis.

2.2 A OCUPAÇÃO DA MÃO DE OBRA E OS SETORES DE PRODUÇÃO

A mão de obra atua nos três diferentes setores produtivos (Figura 2.3), primário, secundário e terciário, como segue:

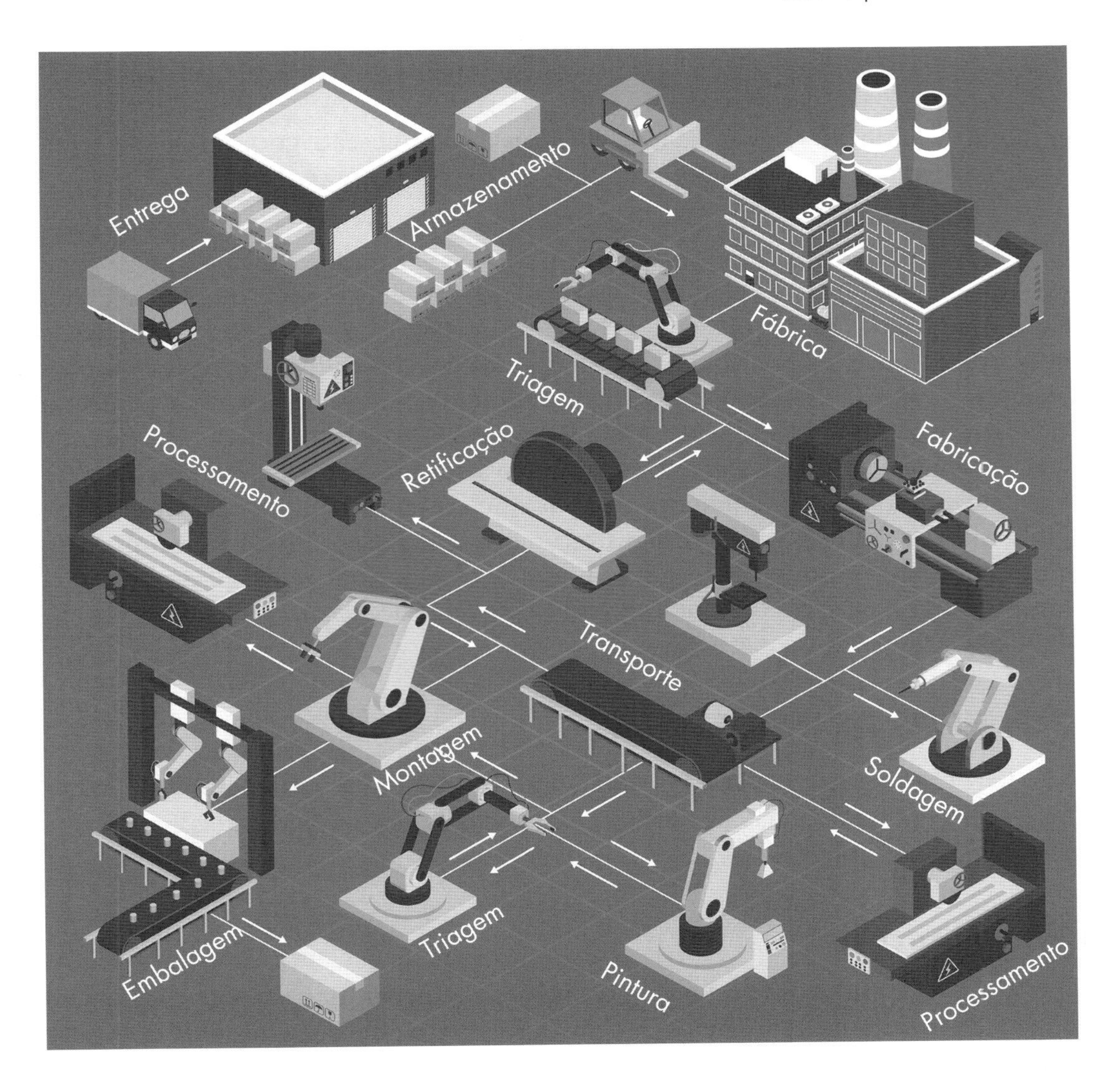

Figura 2.2 Ilustração de linha de montagem de automóveis.

- **Primário:** cultiva e explora → recursos naturais → agricultura, floresta, pesca, petróleo, mineração etc. A indústria atuante nesse setor é classificada como extrativista, pois se limita a extrair da natureza substâncias úteis.
- **Secundário:** produtos de indústrias primárias em bens de consumo e capital → manufatura, construção, energia etc. → aeroespacial, eletrônicos, automotivo, bebidas, química, computadores, alimentos, papel, eletricidade, têxtil. A indústria, nesse caso, realiza um conjunto de operações para transformar matérias-primas em bens de produção e consumo. Ela é classificada como a indústria de transformação e nasceu e se desenvolveu graças à divisão social

do trabalho, propagada por Adam Smith, em 1700, que separou as atividades industriais das agrícolas.

- **Terciário:** serviços → bancos, comunicação, educação, governo, saúde, seguro, imobiliário, turismo, transporte, entretenimento etc.

A distribuição dos setores da mão de obra foi se alterando com o passar do tempo. Nos idos de 1700 (ver Figura 2.3), os setores secundário e terciário tinham pouca expressão e 80% das atividades se concentravam no setor primário, pois naquela época predominava a sociedade rural via subsistência do cultivo e a exploração dos recursos naturais. Esse setor de atividade produtiva era lento, sem muita técnica e, consequentemente, com pouca produtividade. Esse quadro manteve-se, sofrendo lenta mudança, até 1900. Cabe ressaltar que o setor terciário passou a crescer efetivamente a partir de 1800, juntamente com a queda na agricultura (setor primário). No século XX, as técnicas de administração e as contábeis e o conceito de marcado de capitais moldariam o mundo. É importante ressaltar que, no final desse século, uma nova relação socioecônomica de trabalho é estabelecida por meio da tecnologia da informação.

2.3 TIPOS DE INDÚSTRIAS

Os processos e manufaturas estão muito desenvolvidos e diversificados, de forma que é importante uma classificação básica dos ramos das indústrias, no tocante ao seu modo de atuação.

Manufatura

Na manufatura os produtos são obtidos de forma discreta, ou seja, a produção de unidades individuais de produtos, tais como frigoríficos, sapatos, aeronáutica (helicóptero, avião), componentes (compressores), automóveis, componentes eletrônicos (semicondutores), máquinas, eletrodomésticos, peças de cerâmica, entre outros.

Processo

É a produção de bens contínuos por meio de matéria-prima, alimentada contínua e regularmente, embora com características variáveis dentro de um dado limite. Nesses processos o produto flui continuamente e trata-se de um processo tecnológico muito eficiente, mas pouco flexível. Exemplos de processos contínuos: aço, refinaria de petróleo, cimento, aço, energia elétrica (térmica e hidráulica: geração, transmissão e distribuição), química, papel, entre outros.

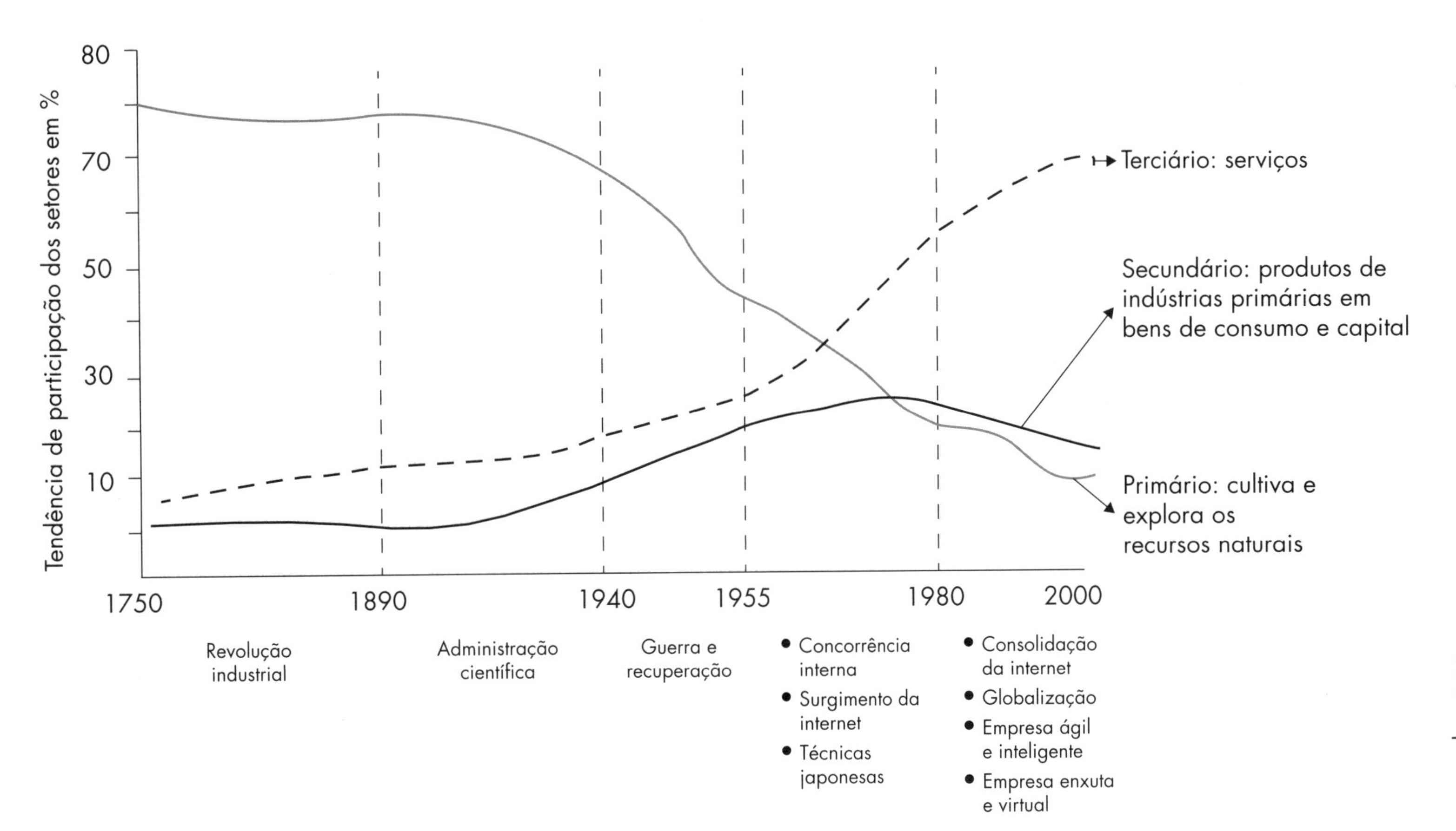

Figura 2.3 Distribuição da mão de obra nos setores primário, secundário e terciário de 1750 a 2000.

Híbridas

- Processos contínuos e discretos.
- Maioria das indústrias com caráter híbrido.
- Siderurgia, plástico, processamento de alimento, mineração e transporte.

2.4 TIPOS DE PRODUÇÃO

Na Figura 2.4, tem-se as três modalidades de produção. No intervalo entre 1 e 100, os produtos são fabricados sob encomenda. Já no intervalo intermediário (100 a 10.000), são fabricadas peças para atender um mercado consumidor bem definido, como peças de reposição ou produção seriada. No último intervalo, tem-se a produção a batelada, com produtos que têm como característica serem matérias-primas para a produção de outros.

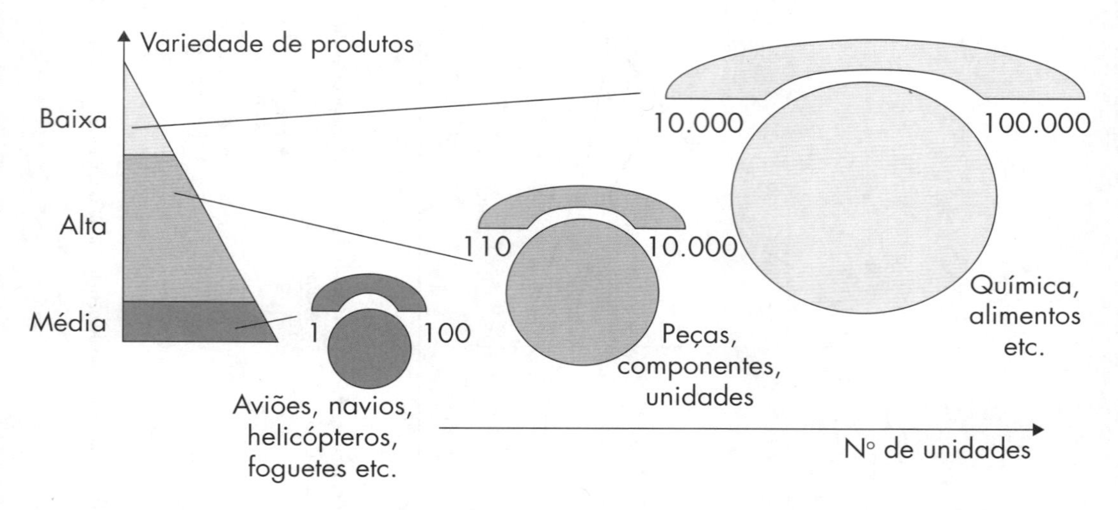

Figura 2.4 Relações entre quantidades de unidades produzidas, variedades do produto e tipo de produto.

2.5 AUTOMAÇÃO DA MANUFATURA

Por definição, sistema automatizado é aquele que requer a menor intervenção do ser humano. A automação industrial e sua tecnologia foi considerada há muito como a Segunda Revolução Industrial. Nela, os meios de produção não ficam restritos unicamente à habilidade manual do homem, e todos os trabalhos repetitivos e monótonos ficam a cargo do sistema de controle automático.

As instalações fabris convencionais tornam-se pouco viáveis, devido ao nível de competitividade no mercado e por apresentarem um tempo improdutivo muito elevado – daí os sistemas de automação serem indispensáveis ao meio produtivo.

A automação se divide em duas partes: a da manufatura e a do processo (químico, petroquímico, extração de minério etc.). Portanto, abrange todas as atividades e todas as modalidades tecnológicas e, por isso, não é de responsabilidade de uma determinada formação técnica, e sim de todas. Todos deverão entender de automação, pois diz respeito a todos do meio técnico-científico.

Atualmente, estamos mergulhados no que se conhece como revolução tecnológica. Ela se baseia em três pilares fundamentais: informática, telecomunicações e robótica. O processo de transição em que vivemos nos leva da sociedade industrial ao que vem sendo chamado de era da informática. Nesse período, espera-se que os grandes problemas sociais, como a miséria, a doença, a fome ou a falta de cultura, tenham mais chances de ser superados. Mas o controle de informações deve ser utilizado de forma consciente para que a maioria da população possa ser beneficiada e melhore sua qualidade de vida.

Avançando mais na ciência, há um ramo de estudo denominado cibernética, atividade científica centrada no estudo dos sistemas de comunicação e de controle que permitem, tanto aos seres vivos como às máquinas, responder de forma automática e inteligente aos impulsos que lhes chegam do exterior. O procedimento habitual de funcionamento consiste em isolar o sistema de controle do exterior para depois estabelecer as conexões necessárias entre ambos.

Por fim, a automação torna-se imprescindível na organização que deseja obter qualidade e competitividade e, consequentemente, sobrevivência em um mercado cada vez mais disputado em nível nacional e, principalmente, internacional.

2.5.1 Integração das funções de um sistema fabril discreto

As funções de planejamento e tecnológicas em um sistema fabril discreto podem ser representadas em duas vertentes (Figura 2.5). Por meio dessa representação, o Planejamento e Controle da Produção (PCP) é dividido em planejamento e implementação com uso de técnicas. Especificamente no planejamento, é forte a presença dos sistemas computacionais, visto que o volume de informações é relativamente grande, como controle de pedidos (vendas), estimativa de custos, planejamento mestre da produção, gerenciamento do material, planejamento das necessidades da capacidade e liberação de pedidos.

A integração das informações é possível via sistema de *Computer Integrated Manufacturing* (CIM), aplicado em várias frentes, como *Computer-Aided Design* (CAD), *Computer-Aided Engineering* (CAE), *Computer-Aided Production* (CAP), *Computer-Aided Quality* (CAQ). Essa integração proporciona maior troca e comparação de dados, o que torna flexíveis as diversas funções da produção na fase de planejamento e sua implementação no gerenciamento do fluxo das informações e dos materiais na produção. Também possibilita estudar demandas futuras que

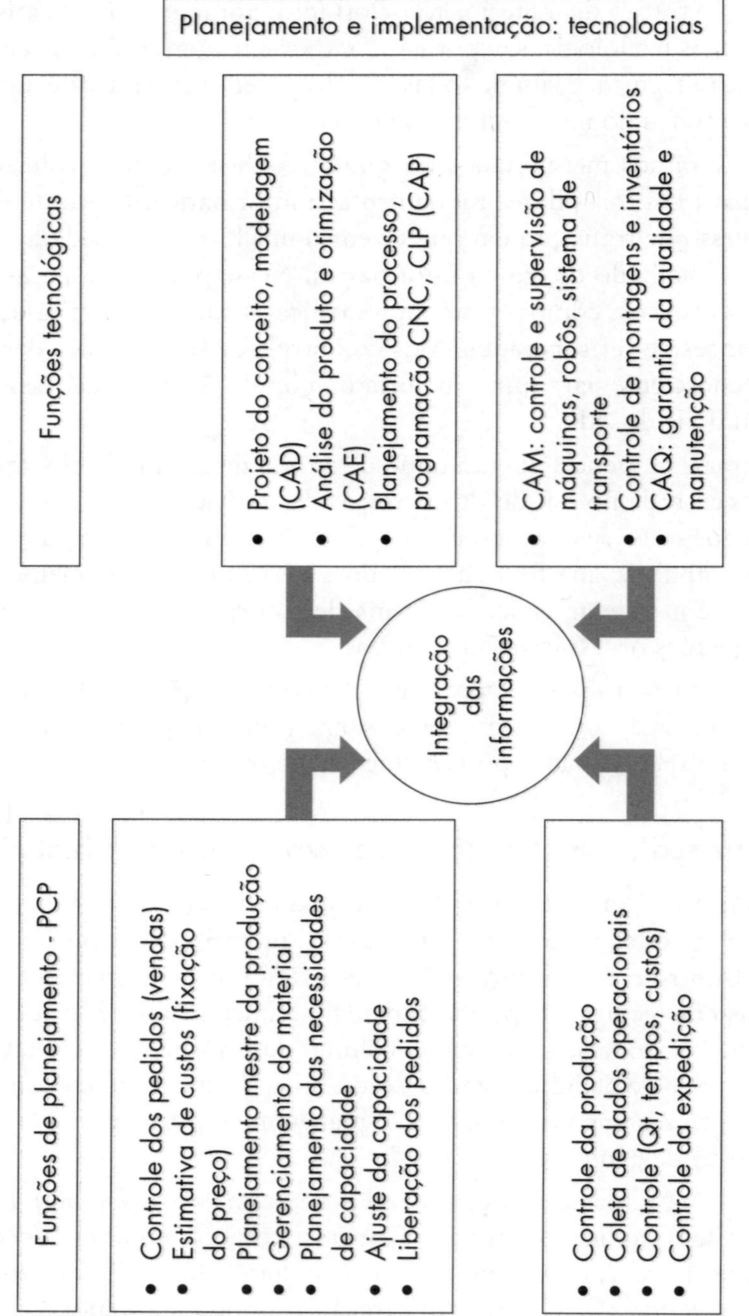

Figura 2.5 Representação das funções de planejamento e tecnológicas de uma indústria.

requeiram mudanças no fluxo produtivo e, por conseguinte, no *layout* e nos elementos de movimentação.

Essa forma de integração auxilia a gestão da produção, tornando-a cada vez mais enxuta, aproveitando ao máximo os espaços, as matérias, as ferramentas, as pessoas e os equipamentos, fazendo com que cada vez menos recursos e energia sejam desperdiçados.

Por fim, a estruturação das organizações é feita com investimentos cada vez mais em tecnologias, como: CAD/CAM/CAE, controladores lógicos programáveis (CLP), CNC e robótica para a integração das informações, objetivando-se:

- Busca maior de produtividade.
- Exigência para conseguir competitividade.
- Busca de qualidade.
- Política de modernização do mercado.
- Busca de maior flexibilidade.

2.6 REFERÊNCIAS

GROOVER, P. M. **Automation, production systems, and computer integrated manufacturing**. 2. ed. Englewood Cliffs: Prentice Hall, 2002.

______. **Automation, production systems, and computer aided manufacturing.** Englewood Cliffs: Prentice-Hall, 2007.

______. **Fundamentals of modern manufacturing:** materials, processes, and systems. New York: John Wiley, 2006.

PAULO, R. S.; WINDERSON, E. S. **Automação e controle discreto**. 9. ed. São Paulo: Érica, 2008.

SCHEER, A. W. **CIM: Evoluindo para a fábrica do futuro**. Rio de Janeiro: Qualitymark, 1993.

PARTE II

MEIOS DE TRANSFORMAÇÃO DOS PROCESSOS DE FABRICAÇÃO CONTÍNUO E DISCRETO

3 CAPÍTULO

TEMPERATURA EM METAIS COMO AGENTE DE TRANSFORMAÇÃO

3.1 INTRODUÇÃO

Inicialmente, na Figura 3.1, a grandeza "temperatura" é o principal elemento na transformação, acima da temperatura ambiente, durante a manufatura e o processamento de materiais.

Uma família de processos muito utilizada para a fabricação de peças é a que envolve o uso da resistência mecânica do material (deformação plástica e ruptura) para dar forma à matéria-prima. Forjamento, extrusão, trefilação, laminação e estampagem são processos em que a tensão de trabalho é menor que a de ruptura do material ($\sigma_{trabalho} < \sigma_{ruptura}$). Tais processos objetivam dar forma aos materiais por meio de ferramentas. Em outra gama de processos, a tensão de trabalho é maior que a de ruptura do material ($\sigma_{trabalho} > \sigma_{ruptura}$). Nesse caso, temos os seguintes processos: torneamento, fresamento, aplainamento, retificação, furação, mandrilamento, brunimento, superacabamento, serramento, roscamento, alargamento, jato d'água, jato abrasivo e fluxo abrasivo. Nesses processos, ocorre a remoção de material.

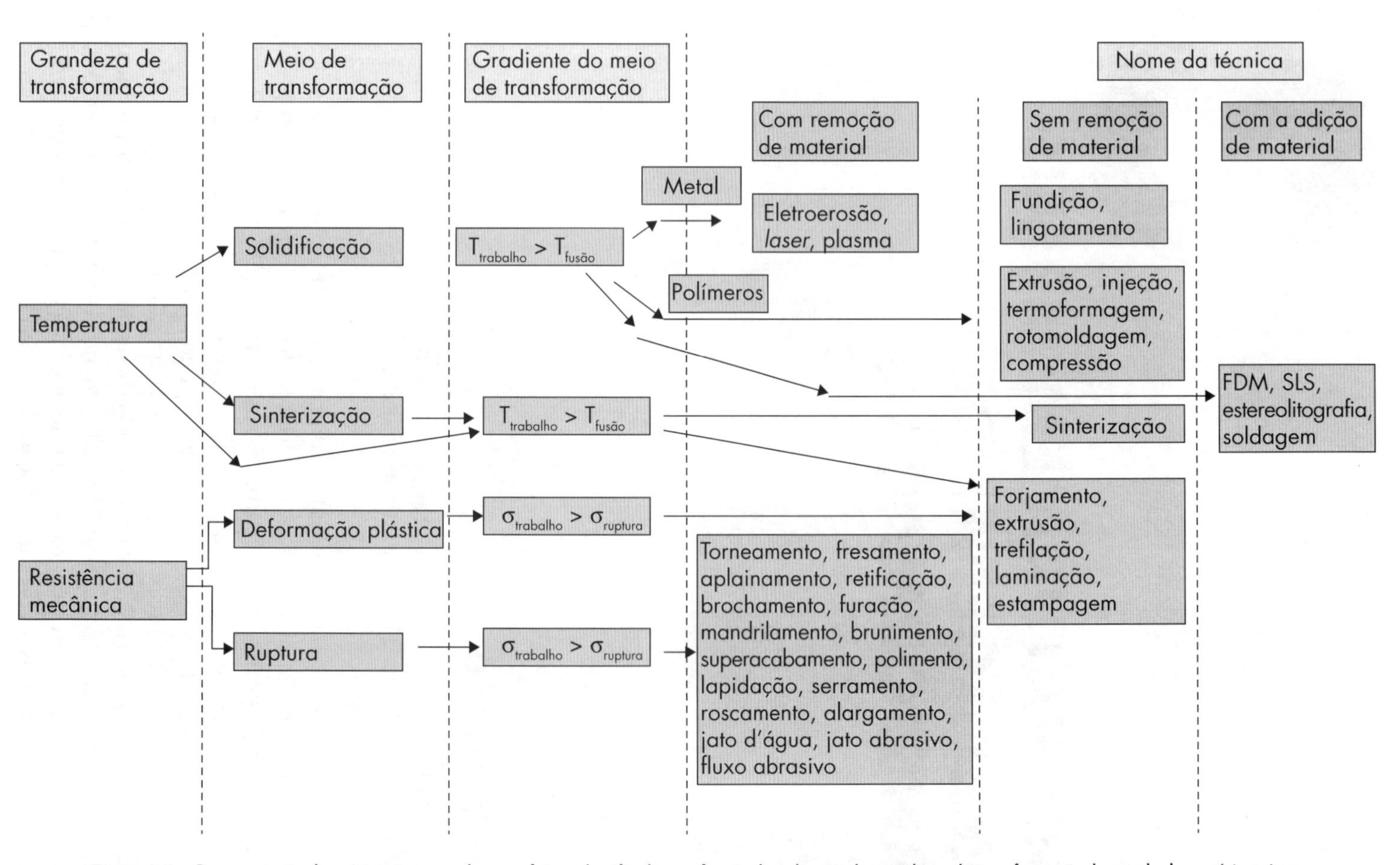

Figura 3.1 Representação dos vários processos de manufatura classificados em função da aplicação de grandezas de transformação do estado da matéria-prima.

Nos capítulos subsequentes, serão descritos, de forma básica, os diversos tipos de processos de fabricação, dando ênfase às grandezas de transformação e às técnicas inerentes a cada um.

O material funde sob ação da temperatura de trabalho que se encontra na temperatura de fusão do material ($T_{trabalho} > T_{fusão}$). Tal fusão ocorre com o uso de resistência elétrica acima da temperatura ambiente, durante a manufatura e o processamento de materiais. Os processos originários desse método são os com remoção de cavacos (eletroerosão, *laser* e plasma) e os sem remoção de cavacos (lingotamento e fundição). Existe um processo em que a temperatura de trabalho age de forma fundamental ($T_{trabalho} < T_{fusão}$) combinada a altos valores de pressão, denominado sinterização (Figura 3.2).

Na sequência, serão descritas resumidamente as características e aplicações dos processos classificados com ação principal da temperatura durante o processamento do material.

3.2 ELETROEROSÃO

É um processo térmico de fabricação caracterizado pela remoção de material via descargas elétricas. Ressalta-se que não há contato físico entre o eletrodo/fio e a peça. O processo de eletroerosão é conhecido pela sigla EDM (*electrical discharge machining*). Pode-se, nesse processo, fabricar peças isoladas no máximo para pequenas séries. Esse processo é indicado para moldes e matrizes para estampos, fabricação de ferramentas que utilizam materiais de alta dureza, ponto de fusão bem definido, elevado calor latente e de difícil usinagem por processos convencionais. Tem como vantagens gerar superfícies de alta qualidade, praticamente sem distorções ou alterações microestruturais e desvantagens como baixa taxa de remoção de material, produção de superfícies com camadas refundidas e dificuldades no descarte dos fluidos utilizados no processo. Tais fluidos agem como dielétricos que podem ser óleo mineral e querosene. O querosene requer cuidados especiais, pois é inflamável e exala um odor forte, prejudicial à saúde e ao ambiente.

O processo de eletroerosão é realizado por meio de duas estratégias, por penetração e a fio, que são descritas a seguir e vistas na Figura 3.3.

Na eletroerosão por penetração utiliza-se um eletrodo que é percorrido por cargas elétricas, e essas agem na superfície da peça posicionada próxima ao eletrodo. A peça está submersa em um líquido dielétrico que funciona como refrigerante durante o processo de erosão. Ressalta-se que esse processo é muito comum para a fabricação de formas geométricas contidas em moldes de injeção e gravação, como peças em forma de chapas, gravações de logotipos, peças com geometrias complexas, entre outras.

Na eletroerosão à fio, utiliza-se um fio de latão eletricamente carregado, tornando-o ionizado. Tal fio atravessa a peça previamente furada e que está submersa no fluido.

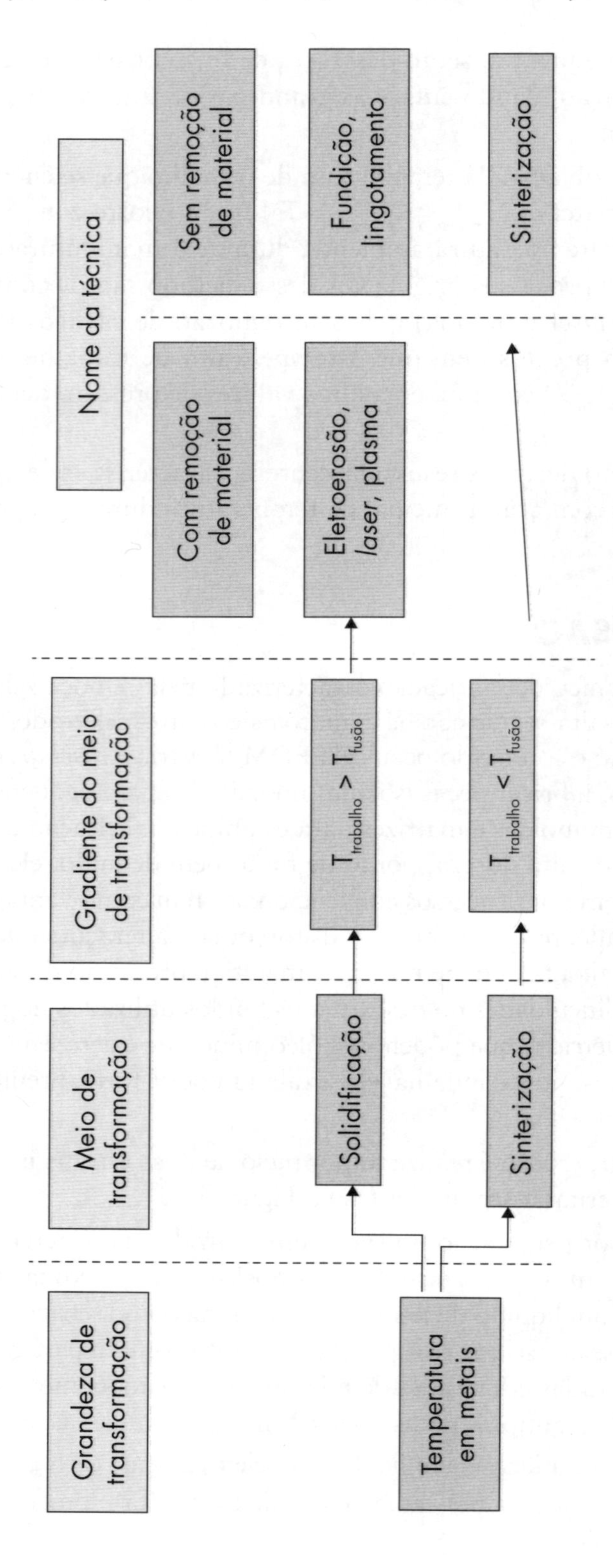

Figura 3.2 Representação dos vários processos de manufatura classificados em função da aplicação da temperatura como grandeza principal na transformação do estado físico da matéria-prima.

O fio, ao percorrer a peça em movimentos constantes, provoca descargas elétricas que cortam o material (erosão). Essa estratégia é utilizada para a fabricação de formas geométricas contidas em peças vazadas, como matrizes para extrusão, como se vê na Figura 3.3.

Na Figura 3.3, tem-se também uma representação do equipamento utilizado para realizar a operação de eletroerosão. Tal equipamento é composto por um controle CNC, que permite realizar toda a trajetória em X e Y no caso de eletroerosão a fio e por furação. Já a eletroerosão por penetração permite o controle dos movimentos em Z.

Ainda na Figura 3.3, tem-se a distância mínima entre a peça e a ferramenta (eletrodo), na qual é produzida a centelha. Tal distância é chamada GAP (do inglês *gap*, "folga") e depende da intensidade da corrente aplicada.

O tamanho da GAP pode determinar a rugosidade da superfície da peça. Com uma GAP alta, o tempo de usinagem é menor, mas a rugosidade é maior. Já um GAP mais baixa implica maior tempo de usinagem e menor rugosidade de superfície.

A Figura 3.4 apresenta várias ferramentas (eletrodos de cobre) perfiladas geometricamente ao perfil da peça.

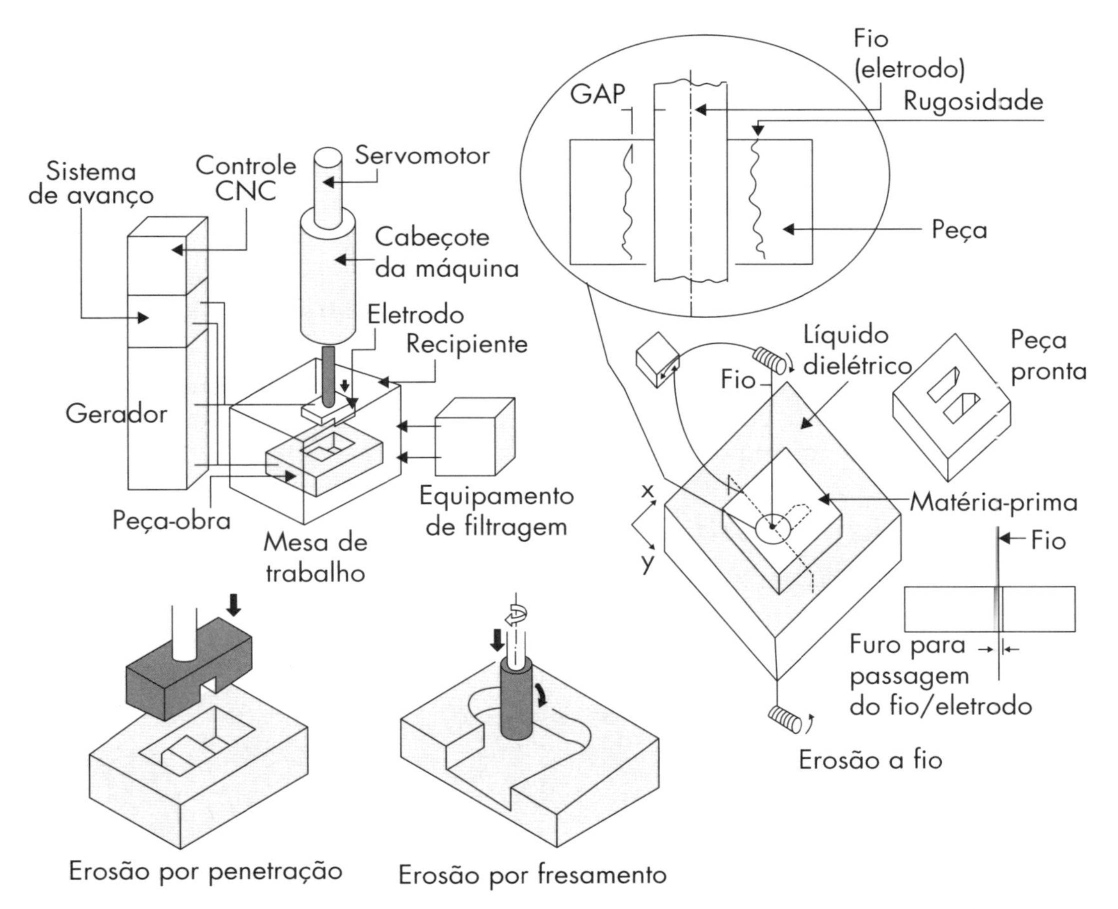

Figura 3.3 Representação esquemática do equipamento utilizado na eletroerosão por penetração a fio e por fresamento.

Figura 3.4 Ferramentas (eletrodos de cobre) de eletroerosão com formatos diversos.

Vídeos sobre eletroerosão:

livro.link/ppf001

livro.link/ppf002

livro.link/ppf003

Condições operacionais de processamento

A polarização dos eletrodos afeta a velocidade de descarga, o que pode influenciar na qualidade do acabamento da região erodida, proporcionando maior desgaste do eletrodo. Especificamente a polaridade positiva do eletrodo resulta em usinagem com menor velocidade, mas, por outro lado, protege o eletrodo do excessivo desgaste.

O controle da potência de abertura do arco pode minimizar o desgaste do eletrodo, pois a potência é resultante tanto da tensão quanto da corrente, e esta última tem como grandeza a quantidade de elétrons utilizada durante o processo.

A temperatura tem pouca influência nesse processo. Ocorre rápida dissipação, pois a peça, durante o processo, está submersa. Esse processo é isento de forças e tensões, pois não há contato físico entre ferramenta (eletrodo) e peça.

A limitação desse processo reside no fato de que os materiais a serem usinados devem ser eletricamente condutivos e a quantidade de peças fabricadas é inversamente proporcional ao tempo de usinagem.

Grandezas do processo de eletroerosão

- Curso da mesa em X e Y: 300x250, por exemplo.
- Curso do cabeçote (Z): 200, por exemplo.
- Distância da porta do eletrodo à mesa: 200, por exemplo.
- Peso da peça: de 400 a 2000 kg.
- Peso do eletrodo: de 80 a 250 kg.
- Capacidade da unidade dielétrica: de 250 L a 1573 L.
- Corrente de erosão: 60ª.
- Potência: 4,5 KVA.
- Rugosidade (ver Apêndice A) de trabalho, por exemplo, 0,18 um/Ra.

3.2.1 Eletroerosão: exemplo

Na Figura 3.5, tem-se um exemplo de confecção de molde via eletroerosão por penetração da parte frontal de um telefone sem fio. Nota-se que o eletrodo tem o formato geométrico do produto e isso é uma vantagem do processo por penetração em relação aos processos de usinagem por fresamento.

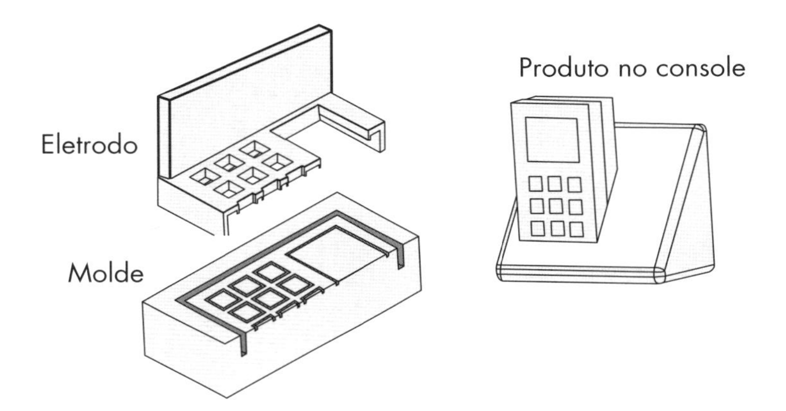

Figura 3.5 Representação esquemática do processo de manufatura de eletroerosão por penetração da parte frontal de um molde de um aparelho telefônico.

3.2.2 Eletroerosão: referências

MÉROZ, R.; CUENDET, M. **As estampas**: a eletroerosão, os moldes. São Paulo: Hemus, 1982.

FULLER, J. E. Electrical discharge machining. **ASM Handbook**, v. 16, p. 557-564, 1990.

GUITRAL, E. B. **The EDM Handbook**. Cincinnati: Hanser Gardner Publications, 1997.

3.3 *LASER*

A palavra *laser* é uma abreviação de *light amplification by stimulated emission of radiation* (amplificação da luz por emissão estimulada de radiação). A luz do *laser* é altamente concentrada (Figura 3.6) e isso lhe dá grande alcance (pode chegar até a Lua) e grande potência (corta materiais com alta dureza, como o aço).

A geração do *laser* se dá pela aplicação de descarga elétrica em um ambiente envolvido por uma mistura de gases (hélio e néon). A energia elétrica faz que os elétrons dos gases emitam fótons (partículas luminosas contidas na onda do *laser*), e esses se chocam com novos elétrons, provocando a emissão de mais fótons em uma reação em cadeia. O resultado é uma luz monocromática composta de prótons em forma de um feixe fino. Tal feixe tem grande potência, pois a luz está concentrada.

O *laser* tem diversas aplicações, como na medicina (cirurgias, quimioterapia, radioterapia), em aplicações tecnológicas, como sistemas de telemetria (medição de objetos muito distantes), telecomunicações e especificamente em sistemas de fabricação de peças precisas ou em alguns processos como soldagem, usinagem, tratamento térmico, prototipagem rápida (holografia – *solid ground couring*, sinterização, estereolitografia, ver item 6.1). Especificamente na indústria, o *laser* de dióxido de carbono tem sido muito utilizado, pois possibilita um processo rápido de corte e solda de materiais.

Vídeos sobre laser:

livro.link/ppf004

livro.link/ppf005

livro.link/ppf006

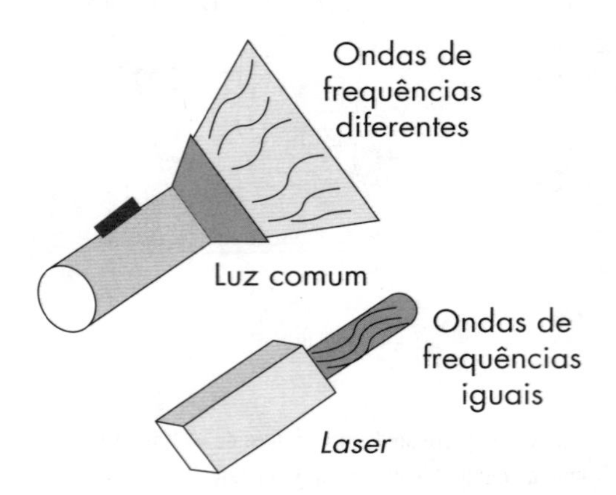

Figura 3.6 Representação esquemática dos feixes de uma luz comum e do *laser*.

Características básicas do laser

- Potência: é determinada pela quantidade de fótons, quanto maior a quantidade, maior sua intensidade.
- Forma de emissão: a luz pode ser em pulso ou contínua.
- Matéria-prima: conforme a composição do *laser*, pode reagir com substâncias presentes em que ele está incidindo.

O *laser* pode ser obtido por outros elementos da natureza, como gás carbônico (CO_2), diodo, neodímio e argônio. As características de cada tipo de *laser* estão descritas na Tabela 3.1.

Tabela 3.1 Tipos e algumas características de *laser*

Tipo de *laser*	Características
(CO_2)	Pode chegar a 0,2 mm de profundidade; tem alta potência.
Diodo	Pode chegar a 2 mm de profundidade; a potência pode variar de baixa a média.
Neodímio	Pode chegar a 5 mm de profundidade; a potência pode variar de baixa a média.
Argônio	A profundidade pode ser variável entre 0,005 e 0,8 mm; a potência pode ser regulada como muito baixa.

As espessuras de corte via *laser* de materiais como aço-carbono podem chegar a 20 mm. Já para alguns materiais como alumínio e cobre, que são bons condutores de calor e refletem bem a luz, as espessuras são menores, em torno de 6 mm.

A Figura 3.7 apresenta um gráfico da relação entre várias grandezas operacionais do *laser*. Nota-se que quanto menor a velocidade de corte, maior a espessura do material. Já para a potência da máquina e a do raio do *laser* ocorre uma tendência de aumento à medida que a velocidade de corte diminui.

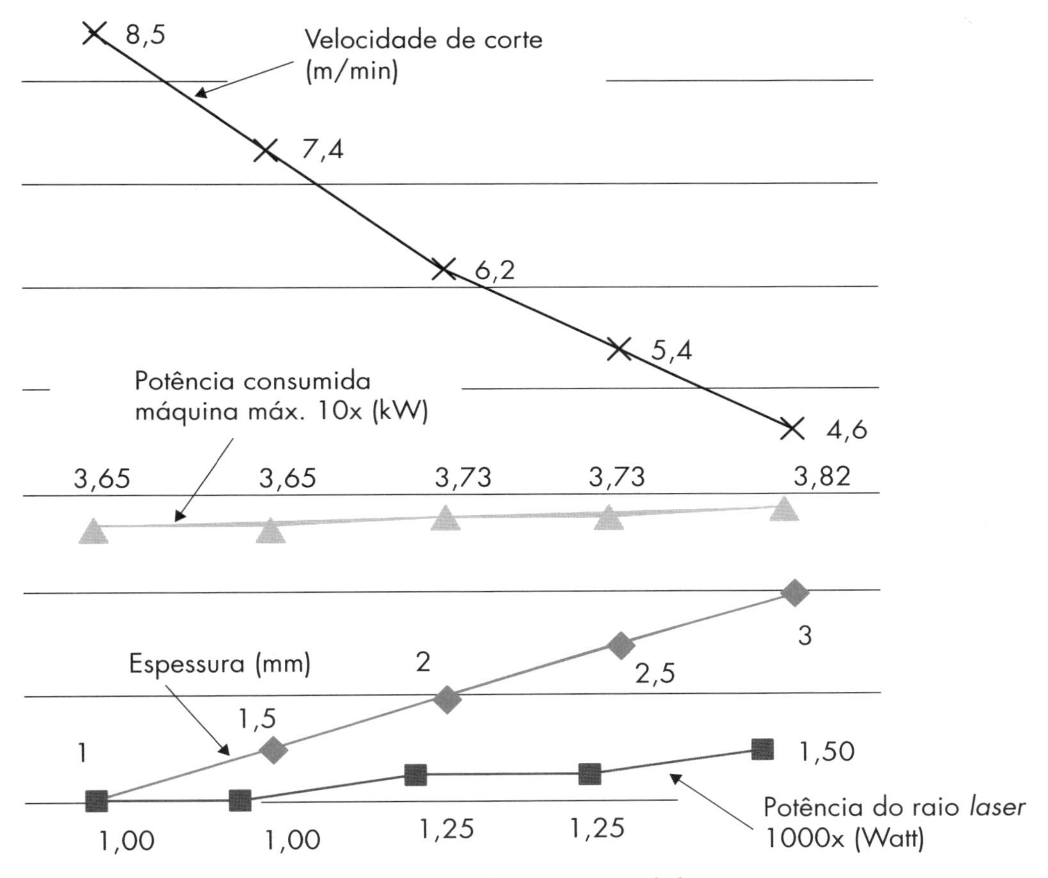

Figura 3.7 Grandezas operacionais do *laser*.

3.3.1 *Laser*: exemplo

O processo é muito preciso em impor aquecimento seletivo sobre áreas bem específicas. Como exemplo, tem-se a chapa de metal (liga de magnésio de 1,6 mm de espessura) da Figura 3.8, dobrada com auxílio do *laser*.

O feixe de *laser* aquece o material ao longo da linha de dobragem. Tal temperatura está entre 150°C e 300°C, o que é abaixo da temperatura de recristalização.

Essa condição reduz o limite de elasticidade e aumenta o alongamento de ruptura. Dessa forma, o uso do feixe de *laser* possibilita dobrar materiais duros e frágeis, tais como as ligas de magnésio, alumínio ou titânio, tornando-as facilmente dobráveis, pois tais materiais, ao serem dobrados no estado normal, seriam rompidos imediatamente.

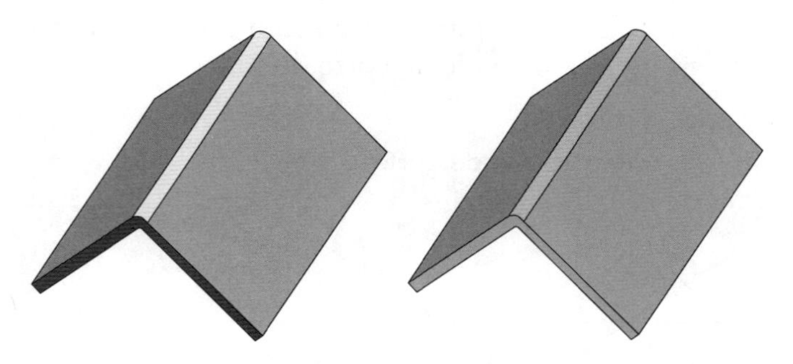

Figura 3.8 Uso do *laser* como auxílio no processo de dobra de chapa de magnésio de 1,6 mm de espessura (esq.) e chapa dobrada (dir.).

3.3.2 *Laser*: referências

TELECURSO 2000. **Corte com *laser*.** Aula 62.

TRUMPF. **Corte, uma das principais aplicações do *laser* no setor metal-mecânico.** Disponível em: <http://www.br.trumpf.com/101.news28509.html> Acesso em: 2 ago. 2014.

VASCONCELLOS, E. **O *laser*.** São Paulo, 2001. Disponível em: <http://www.comciencia.br/reportagens/fisica/fisica13.htm> Acesso em: 2 ago. 2014.

3.4 PLASMA

O plasma é um gás ionizado composto por elétrons livres, íons e átomos neutros, diferentemente do estado gasoso em que o elétron gira em torno do seu núcleo (Figura 3.9).

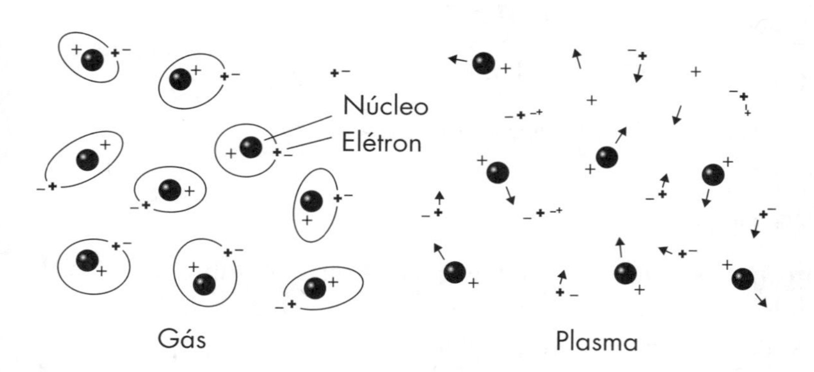

Figura 3.9 Matéria no estado gasoso e no estado de plasma. À esquerda, há um gás de átomos neutros; à direita, um gás de íons e elétrons livres.

Vídeos sobre plasma:

livro.link/ppf007

livro.link/ppf008

livro.link/ppf009

A energia cinética das partículas do plasma contribui para classificar o plasma como o quarto estado da matéria, correspondente a 99,99% da matéria divisível no Universo. Durante o processo de plasma ocorrem reações físicas e químicas entre partículas e superfícies sólidas em contato com o plasma, como erosão, deposição de filmes finos, proteção de superfícies por tratamentos especiais, endurecimento de superfícies e implantação iônica.

As técnicas de fabricação utilizam o plasma, pois os íons podem ser acelerados na direção do material ou de peças devido à aplicação de um campo elétrico negativo. Tal estratégia foi inicialmente utilizada no processamento de pós micrométricos, como o silício, cromo, manganês, vanádio, platina, entre outros, pois são geradas grandes quantidades desses minérios durante a mineração. Outra aplicação é na realização de transformações metalúrgicas no estado (ligas ferrosas), tratamentos termoquimicos (nitretação, cementação, carboração em substituição a processos convencionais de galvanoplastia), em metais refratários (nióbio, molibdênio, boretação) e em equipamentos, como corte de peças via CNC, tocha de plasma no lingotamento contínuo de aços e forno por indução assistido por tocha de plasma.

Especificamente o processo de tratamento de superfícies por plasma é utilizado na indústria automotiva, aeroespacial (nitretação e sinterização por plasma de aços para turbinas) e setores de produção de energia, como o elétrico, o nuclear (nitretação e sinterização por plasma de aços para rotores hidráulicos) e o petroquímico.

3.4.1 Plasma: exemplo

A Figura 3.10-a representa o corte de furos em uma chapa metálica de 4 mm de espessura. O deslocamento do bocal é de 30 mm/seg, realizado por tecnologia CNC, e o tempo de furação de cada furo é de aproximadamente doze segundos. Após a furação e corte da chapa é realizado o acabamento (Figura 3.10) com uso de lixadeira para retirar as rebarbas oriundas do corte plasma.

(a)

(b)

Figura 3.10 (a) Corte de furos com tocha plasma; (b) corte de chapa com espessura relativamente alta.

3.4.2 Plasma: referências

CHEN, F. F.; CHANG, J. P. **Lecture notes on principles of plasma processing.** New York: Kluwer Academic: Plenum Publishers, 2003.

LIEBERMAN, M. A.; LICHTENBERG, A. J. **Principles of plasma discharges and materials processing.** Hoboken: John Wiley, 1994.

SHUL, R. J.; PEARTON, S. J. (Ed.). **Handbook of advanced plasma processing techniques.** Berlin: Springer, 2000.

3.5 FUNDIÇÃO

A fundição possibilita produzir peças pelo preenchimento de um molde com o metal no estado líquido. Em relação a outros processos, tem como principal vantagem a fabricação de modo econômico de peças de geometria complexa e, como desvantagens, apresentar elevadas tensões residuais, microporosidade, zonamento e variações de tamanho de grão nos aços fundidos. Tais fatores resultam em menor resistência e ductilidade, quando comparados aos aços obtidos por outros processos de fabricação, como conformação a quente. Vários materiais podem ser fundidos, como aços, ferros fundidos, alumínio, cobre, zinco, magnésio e respectivas ligas.

Classificação:

- Fundição: em areia; em casca (*shell molding*); em coquilha (por gravidade); sob pressão; centrífuga; e de precisão pelo processo da cera perdida.

A seguir são descritos os principais processos de fundição.

3.5.1 Fundição em areia

A Figura 3.11-a mostra as etapas deste tipo de fundição. Um modelo bipartido da peça (1), que pode ser feito em madeira, metal ou argila, é moldado na areia contida na caixa de metal (2). Para as partes vazadas do modelo é colocado o macho (4), que é removido (3) após a fundição, resultando na cavidade que será em seguida feita, os canais de alimentação e a saída de ar. Após a união das duas caixas bipartidas, será vazado o metal líquido (5), o qual irá fluir por meio de seu próprio peso através dos canais de alimentação.

O processo apresenta algumas limitações, como controle da qualidade da areia (para evitar erosão para peças de volume relativo), diminuição da qualidade superficial e estabilidade dimensional em peças de grande porte.

Esse processo de fundição possibilita a fabricação de peças com formas complexas: bloco do motor de automóvel e volante de presna excêntrica (Figura 3.12), por exemplo.

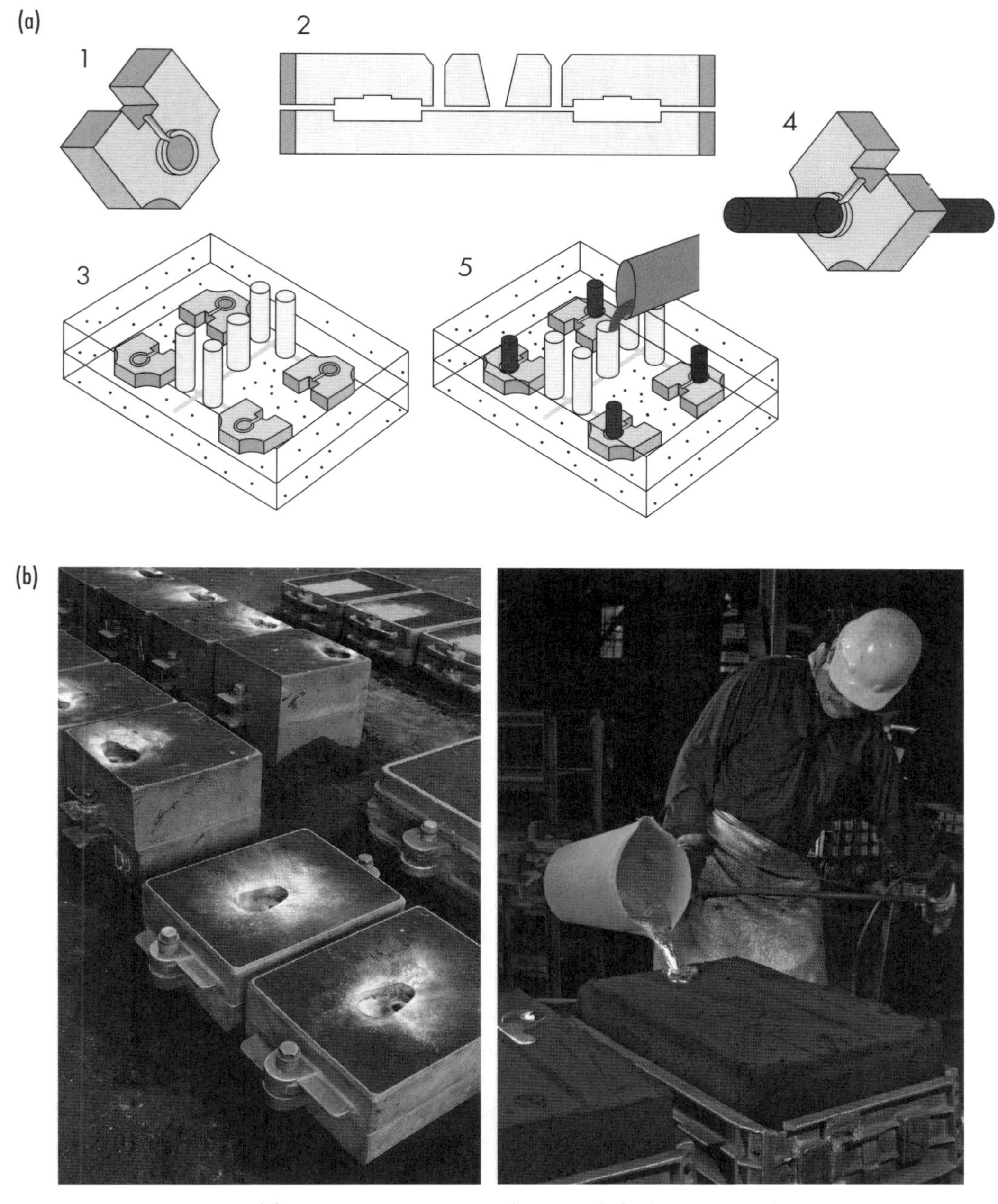

Figura 3.11 (a) Representação esquemática das etapas da fundição em areia de uma peça; (b) exemplo de enchimento manual de moldes em areia e banco de moldes.

(a)

(b)

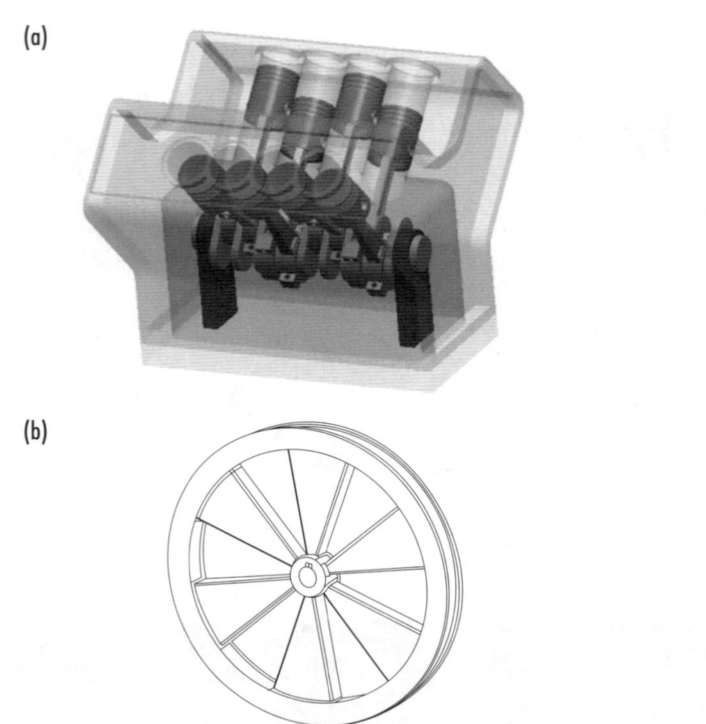

Figura 3.12 (a) Bloco do motor de automóvel; (b) volante de prensa excêntrica.

Vídeos sobre fundição em areia:

livro.link/ppf010

livro.link/ppf011

livro.link/ppf012

3.5.2 Fundição em casca

A fundição em casca (em inglês, *shell molding*) é um processo de fundição em que inicialmente é fabricado um molde bipartido.

A Figura 3.13 mostra as etapas para a produção de uma biela. O molde é fixo ou fabricado sobre uma base (1) que servirá de tampa de uma caixa que contém a areia (2). Ao girar, a superfície do molde é recoberta de areia aquecida (3) dando forma a uma casca (4) que representa o perfil geométirco da peça. A casca formada sobre o molde é destacada desse e as duas partes unidas são montadas e alojadas em uma outra caixa (5). Em seguida, despeja-se o metal líquido dentro das cascas e, ao solidificar o metal, as cascas são descartadas.

Dessa técnica de fundição, em comparação com a fundição em areia, resultam peças com maior precisão, melhor dimensional, maior taxa de produtividade, menor

Vídeos sobre fundição em casca:

livro.link/ppf013

livro.link/ppf014

livro.link/ppf015

necessidade de retrabalho. Tal técnica é indicada para peças de tamanho relativamente pequeno e médio e que tenham geometrias vazadas complexas e de paredes finas, que dificultariam ou mesmo inviabilizariam o uso da fundição em areia.

livro.link/ppf016

Esse processo de fundição possibilita a fabricação de peças com formas complexas, como a manivela de um sistema de transmissão de um automóvel (6).

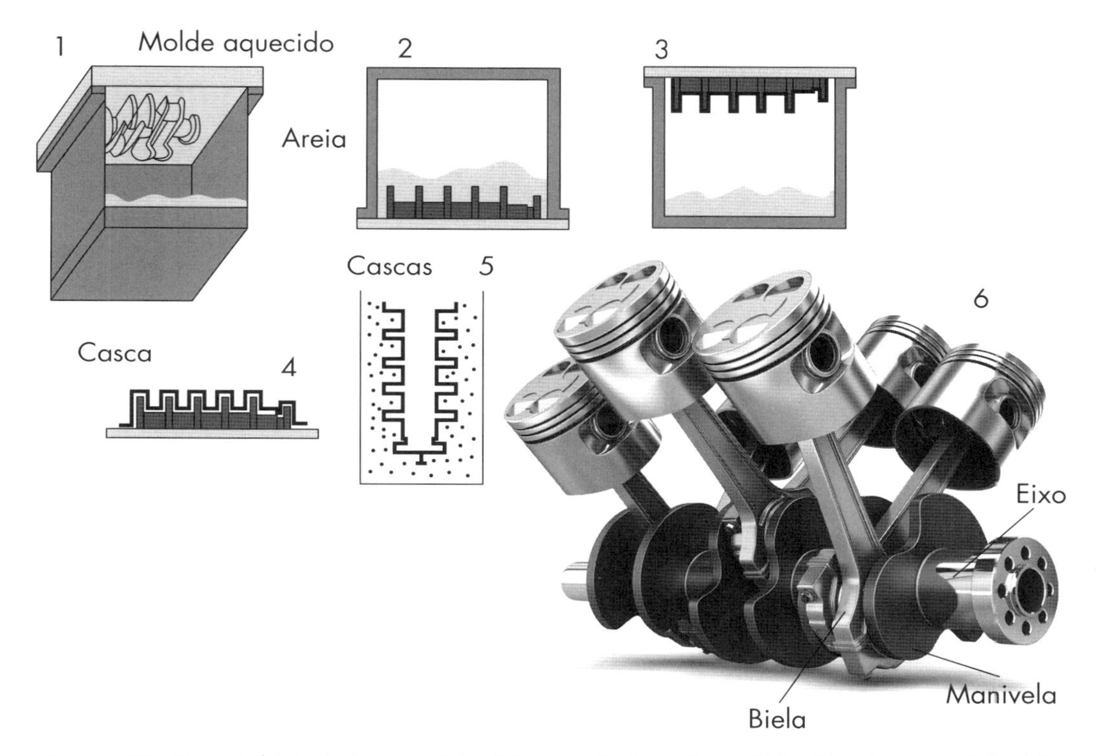

Figura 3.13 Etapas de fabricação das cascas de fundição para a fabricação de uma biela utilizando processo de fundição denominado *shell molding* (moldagem por casca).

3.5.3 Fundição em coquilha (por gravidade)

Nessa técnica de fundição, necessita-se de um molde metálico dentro do qual é vazado, por gravidade, ligas de metal leve (alumínio, antimônio, chumbo, zinco). O molde bipartido permite obter peças com maior precisão comparativamente ao processo de areia, além de microestrutura mais fina, maior resistência, maior precisão dimensional e qualidade superficial. Ressalta-se que o uso dessa técnica

Vídeos sobre fundição por gravidade:

livro.link/ppf017a

para peças mais complexas deverá ser realizado com o uso de prensa, para que o metal líquido preencha todas as cavidades internas do molde.

livro.link/ppf017b

As etapas da fundição com prensa são mostradas na Figura 3.14. Inicialmente, o molde está instalado e aberto (A). Em seguida, ocorre o fechamento do molde e o metal fluidificado é pressurizado entre 0,3-0,7 bar e direcionado para a cavidade do molde (B). Na etapa seguinte (C), ocorre o resfriamento do molde. Ao extrair a peça (D), deverá ser realizada a extração dos canais de alimentação e do maçalote e posterior usinagem, quando necessário.

livro.link/ppf018

livro.link/ppf019

Esse processo de fundição possibilita a fabricação de peças com formas complexas que contenham partes vazadas e maciças conforme exemplo da Figura 3.14b.

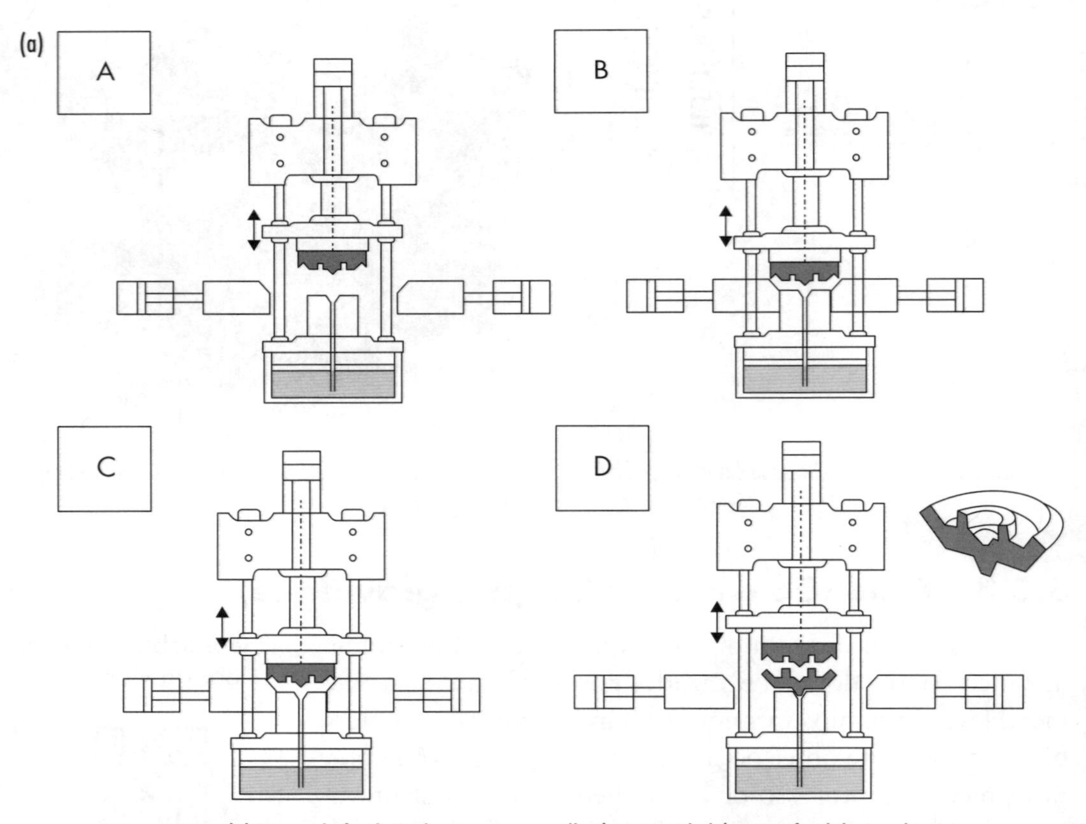

Figura 3.14 (a) Etapas da fundição de peças em coquilha (por gravidade) e peça fundida em alumínio; (b) exemplo de peça fundida.

(b)

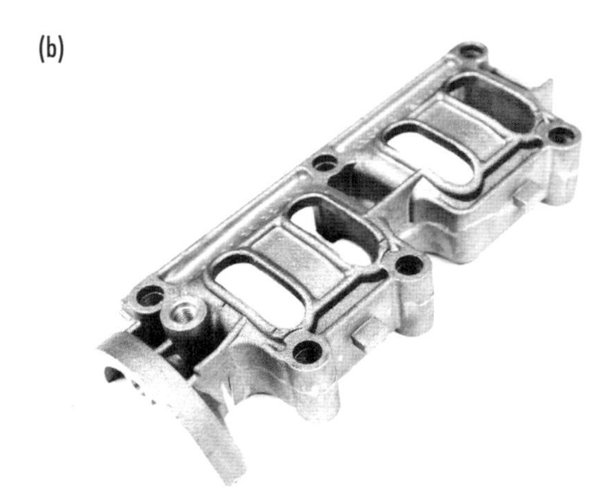

Figura 3.14 (a) Etapas da fundição de peças em coquilha (por gravidade) e peça fundida em alumínio; (b) exemplo de peça fundida.

3.5.4 Fundição sob pressão

Essa técnica de fundição tem os mesmos princípios da fundição em coquilha (por gravidade). A diferença é que o processo deve ser realizado em prensa hidráulica (Figura 3.15) e o metal fundido é injetado e compactado dentro da cavidade do molde, pois as peças são mais complexas, embora tenham ponto de fusão baixo (zinco, alumínio, cobre, bronze etc.), e necessitam de maior pressão de trabalho, como a fundição sob pressão de zinco sob alta pressão de aproximadamente 100 bar a 2000 bar. Essa técnica proporciona menor ciclo de produção e isso é interessante para a produção em série de peças estruturais (Figura 3.16a, bloco de um motor de automóvel).

Ressalta-se que podem ser fundidas peças com paredes delgadas (Figura 3.16b, carcaça de sistema de transmissão de automóvel) e que podem chegar a 1 mm de espessura e com alto grau de complexidade, e a tolerância dimensional entre ±0,15 mm até ±0,05 mm, o que proporciona peças praticamente acabadas. O limitante dessa técnica reside nos altos custos relativos ao equipamento e ao ferramental e também nas pequenas dimensões das peças (normalmente até 5 kg e no máximo 25 kg).

Vídeos sobre fundição sob pressão:

livro.link/ppf020

livro.link/ppf021

livro.link/ppf022

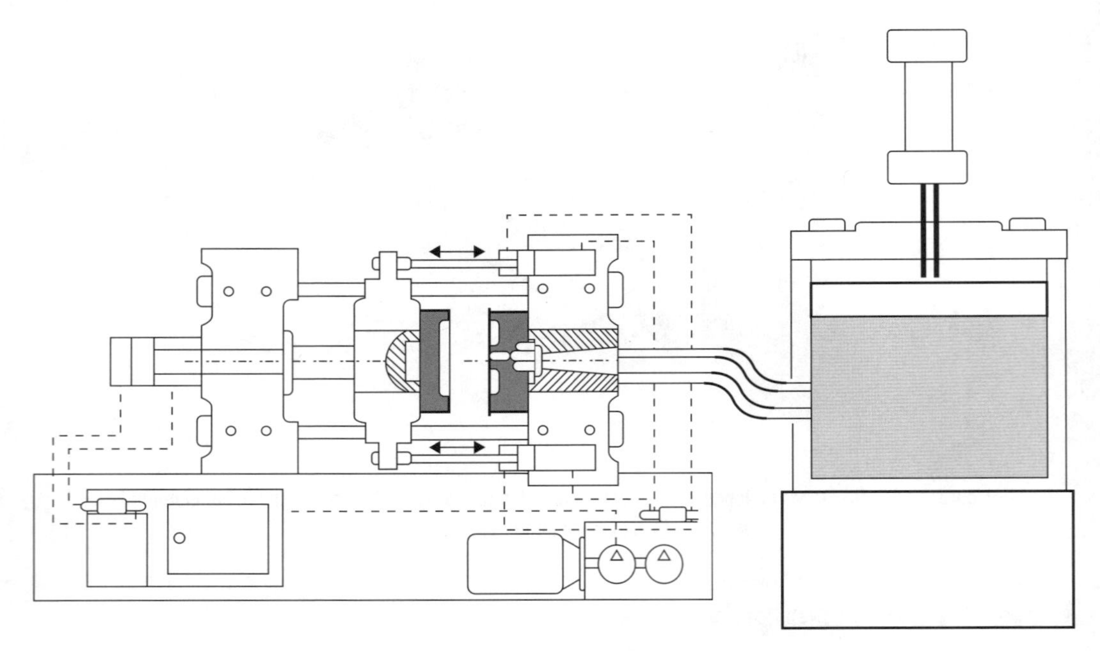

Figura 3.15 Injetora hidráulica para fundição sob pressão.

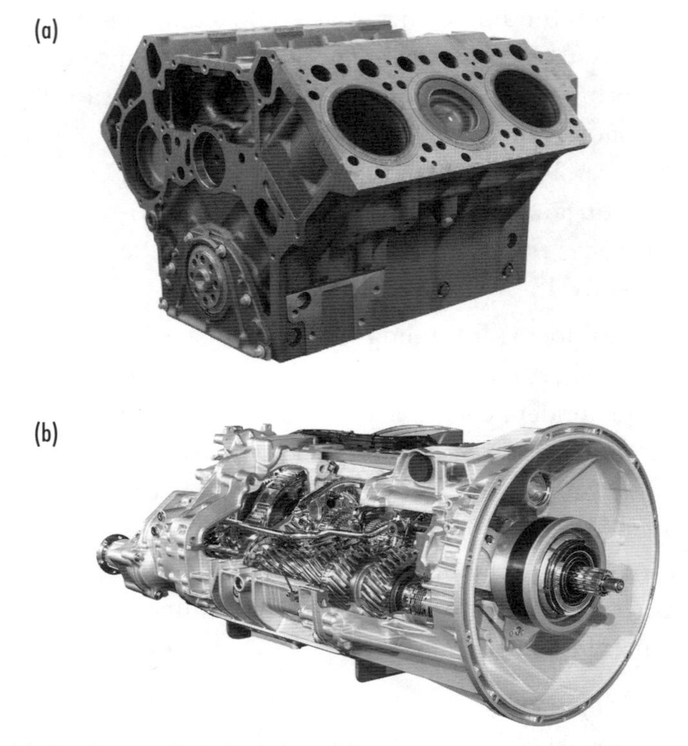

Figura 3.16 (a) Bloco de motor de um automóvel e (b) carcaça de sistema de transmissão de automóvel.

3.5.5 Fundição centrífuga

A fundição centrífuga é normalmente utilizada para a fundição de peças rotacionalmente simétricas. O método de trabalho é muito simples, pois se dá com o uso de um molde (Figura 3.17a) que é instalado em um sistema que proporciona movimentação rotacional e longitudinal. Em seguida, uma calha alimenta de metal liquefeito o interior do molde, que é simultaneamente rotacionado e movimentado longitudinalmente, fabricando assim um tubo. Ressalta-se que o molde pode ser revestido com material cerâmico para possibilitar o processamento de materiais metálicos de alto ponto de fusão.

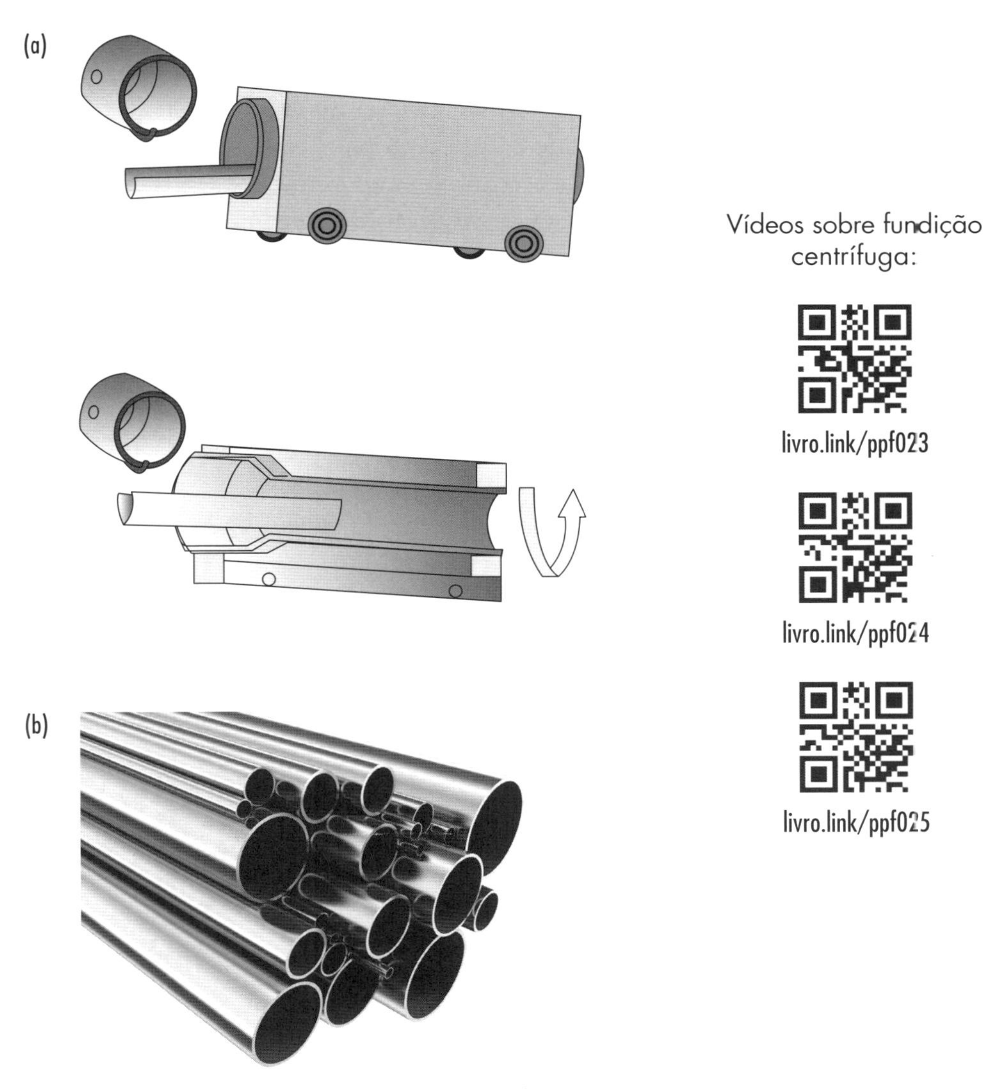

Figura 3.17 (a) Etapas da fundição centrífuga; (b) Exemplo de tubos sem costura.

3.5.6 Fundição de precisão pelo processo da cera perdida

Vídeos sobre fundição cera perdida:

livro.link/ppf026

livro.link/ppf027

livro.link/ppf028

Por meio dessa técnica de fundição são fabricadas pequenas peças utilizando-se de modelos descartáveis em cera ou termoplástico. As etapas com cera perdida são esquematizadas na Figura 3.18. O modelo da peça é fabricado (1) a partir da injeção no molde (alumínio ou aço) ou por técnica de prototipagem rápida (Capítulo 6). Os modelos são montados em número considerável (2). As peças montadas são mergulhadas em uma solução (3) que envolve toda a montagem. A próxima etapa é impregnar a montagem com pó de zircônio (4) para obter rigidez na estrutura que é aquecida para eliminar a cera (5) e obter cura. Na estrutura oca é então vazado o metal (6) e, posteriormente ao resfriamento, a estrutura é destruída (7), restando somente as peças fundidas com os canais de alimentação que serão retirados na etapa final.

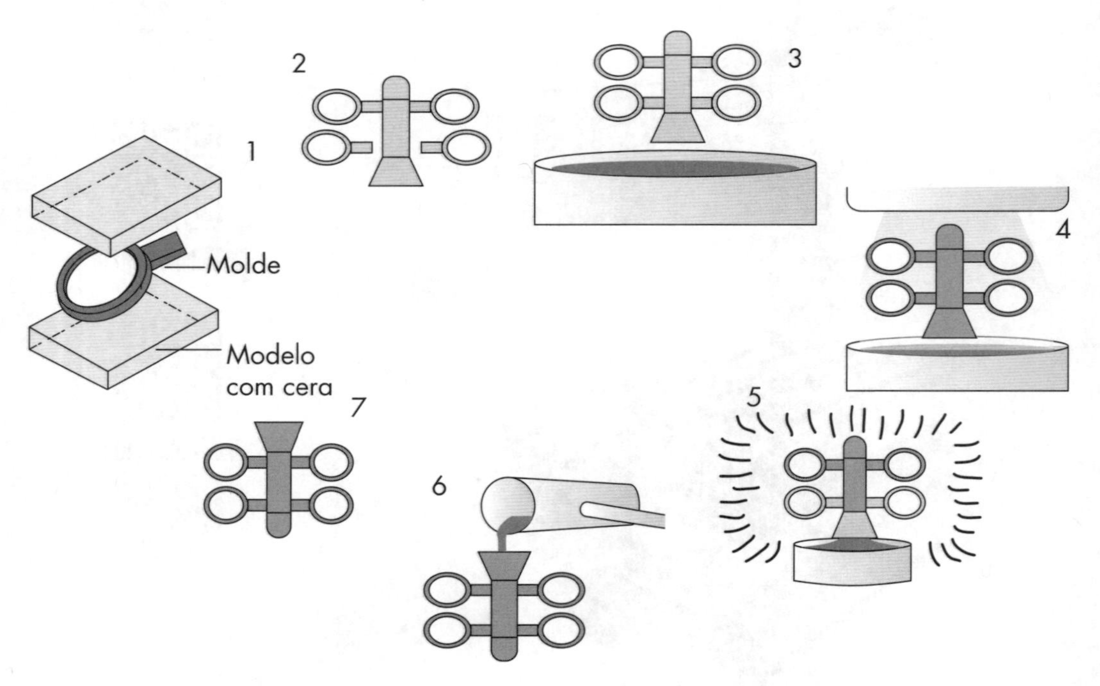

Figura 3.18 Etapas da fundição de precisão pelo processo da cera perdida.

Essa técnica é indicada para produção em massa de peças complexas. Permite fundição de peças com geometrias com cantos vivos (Figura 3.19) e pode-se fundir qualquer metal ou liga. Como desvantagem, tem-se o dimensional das peças, que devem estar em torno de 5 kg.

livro.link/ppf029

Figura 3.19 Castiçais obtidos pelo processo de cera perdida.

3.6 LINGOTAMENTO

Existem dois tipos de lingotamento de metal (aços-carbono, alumínio e cobre, entre outros), como descrito a seguir.

Lingotamento convencional é um método de fabricação em que o metal líquido é depositado em lingotes (formas), nos quais ele se solidifica considerando-se o tempo de resfriamento. Os lingotes têm formas geométricas de blocos, tarugos, placas e seguem para a laminação ou forjaria para obter outras formas, como perfis redondos quadrados, entre outros. O lingotamento convencional ocorre de duas formas: direto, no qual o aço é vazado diretamente na lingoteira; e o indireto, no qual o aço é vazado em um conduto vertical penetrando na lingoteira pela sua base.

Lingotamento contínuo: método mais empregado para se processar o aço líquido industrialmente produzido nas aciarias (unidade de uma usina siderúrgica onde existem máquinas e equipamentos voltados para o processo de transformar o ferro gusa em diferentes tipos de aço). Tal processo tem como vantagem sobre o processo convencional a eliminação de uma série de etapas intermediárias entre o aço líquido e o semiproduto (placa ou tarugo), e isso reduz o custo operacional e permite menor consumo de energia e maior produtividade. Como exemplo de redução, pode-se citar a fabricação de placas finas, com laminação direta para tiras. Tal estratégia elimina o reaquecimento tradicional e desbastes das placas e o desenvolvimento do lingotamento de tiras para posterior laminação a frio, eliminando ou reduzindo significativamente o processo de laminação a quente.

Vídeos sobre lingotamento:

livro.link/ppf030

livro.link/ppf031

livro.link/ppf032

Na Figura 3.20, tem-se a representação esquemática das instalações, da máquina de lingotamento e dos produtos acabados. Inicialmente, o aço produzido no conversor é transportado para o carro na panela e deposita o metal líquido no distribuidor. O fluxo de metal, por sua vez, é controlado pelo regulador de fluxo instalado dentro do distribuidor.

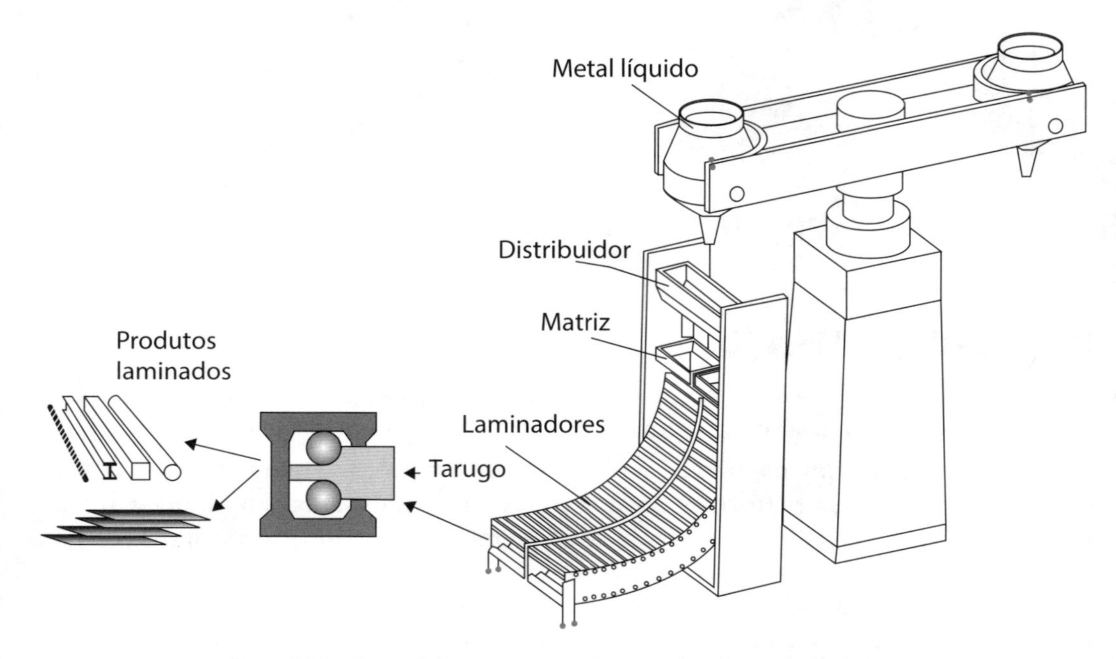

Figura 3.20 Etapas do lingotamento contínuo e produtos laminados acabados.

Abaixo do distribuidor é instalada a ferramenta matriz, onde acontece o resfriamento com uso de água industrial (0,1 l/kg a 0,5 l/kg de material lingotado), e a guia do fluxo, por onde o metal líquido escoa. O metal segue por um trem de laminadores que progressivamente vai dando forma ao metal que, ao chegar na região de solidificação, encontra-se nas dimensões finais (bitola).

As condições operacionais do processo recaem em alguns parâmetros como temperatura de fusão do metal e velocidade de lingotamento, entre outros. Especificamente, a velocidade de lingotamento varia em função do material, mas, para parametrizar o processo, tem-se os limites médios de 0,75 m a 0,90 m de peça lingotada por minuto.

3.7 SINTERIZAÇÃO

O processo de sinterização, também conhecido por "metalurgia do pó", é um processo que visa a manufatura de peças metálicas ferrosas e não ferrosas.

O processo usa pós metálicos, que são confinados em ferramental apropriado com posterior aquecimento (sinterização) sob condições controladas a temperaturas abaixo do ponto de fusão do metal-base para promover ligação metalúrgica entre as partículas.

Como exemplos de produtos obtidos, citam-se: mancais autolubrificantes (Figura 3.21); ligas metálicas-cerâmicas (cermet: uma fase cerâmica, outra metálica); eixos com excêntricos; pinhões em pontas de eixo; pistões, entre outros.

A vantagem de peças fabricadas por metalurgia do pó, em comparação, por exemplo, às fundidas ou aos produtos forjados, reside no fato de que as peças são obtidas, em muitos casos, com dimensões finais sem acabamento mecânico, mesmo com uma geometria com relativa complexidade, pois não há geração de cavacos. Tais cavacos em uma usinagem convencional podem representar até 50% do peso original da peça bruta e, na metalurgia do pó, a peça sinterizada normal utiliza mais de 97% de sua matéria original. Outro aspecto importante é o custo significativamente mais baixo de produção em comparação a outros tipos de produção.

Ainda como vantagens, pode-se citar: perdas mínimas de matéria prima; ajuste fácil dos valores de peso de cada componente do aglomerado, ou seja, da composição química desejada, o que confere à massa de pó aglomerada as propriedades físicas e mecânicas desejadas, podendo-se ainda controlar a densidade e eliminar pesos mortos indesejáveis no produto final; processo produtivo de fácil automação. Ressalta-se, contudo, que o limitante desse processo está no peso final das peças, pois a maioria das peças sinterizadas pesa menos de 2,5 kg, embora haja peças com até 15 kg.

Vídeos sobre sinterização:

livro.link/ppf033

livro.link/ppf034

livro.link/ppf035

Figura 3.21 Peças obtidas pelo processo de sinterização.

Na Figura 3.22, tem-se um exemplo da sequência de etapas do processo de sinterização para a fabricação especificamente de ferramentas de metal duro.

- **Etapa 1**: matéria-prima: scheelita é um mineral de tungstênio de cálcio ($CaWO_4$), ou seja, tem alto teor de tungstênio. Tratamentos: moagem, lavagem, filtragem e aquecimentos a altas temperaturas. Resultado: tungstênio puro (w).
- **Etapa 2**: tungstênio puro (w) é misturado ao carbono (C). Sinterização: ~1700ºC, W e C se unem. Resultando: carboneto de tungstênio (WC). O WC tem fácil dissolução em cobalto (Co) (ligante).
- **Etapa 3**: mistura do WC com o Co (ligante) com cera em pó. A mistura é prensada em forma de briquetes. Pré-sinterizado: ~900ºC. Endurecimento (dureza do grafite do lápis).
- **Etapa 4**: podem ser usinados (retífica). Sinterização: 1300ºC a 1600ºC. Cobalto (Co) (ligante) se funde e também parte dos carbetos (10% a 50%). 50% da porosidade é eliminada.

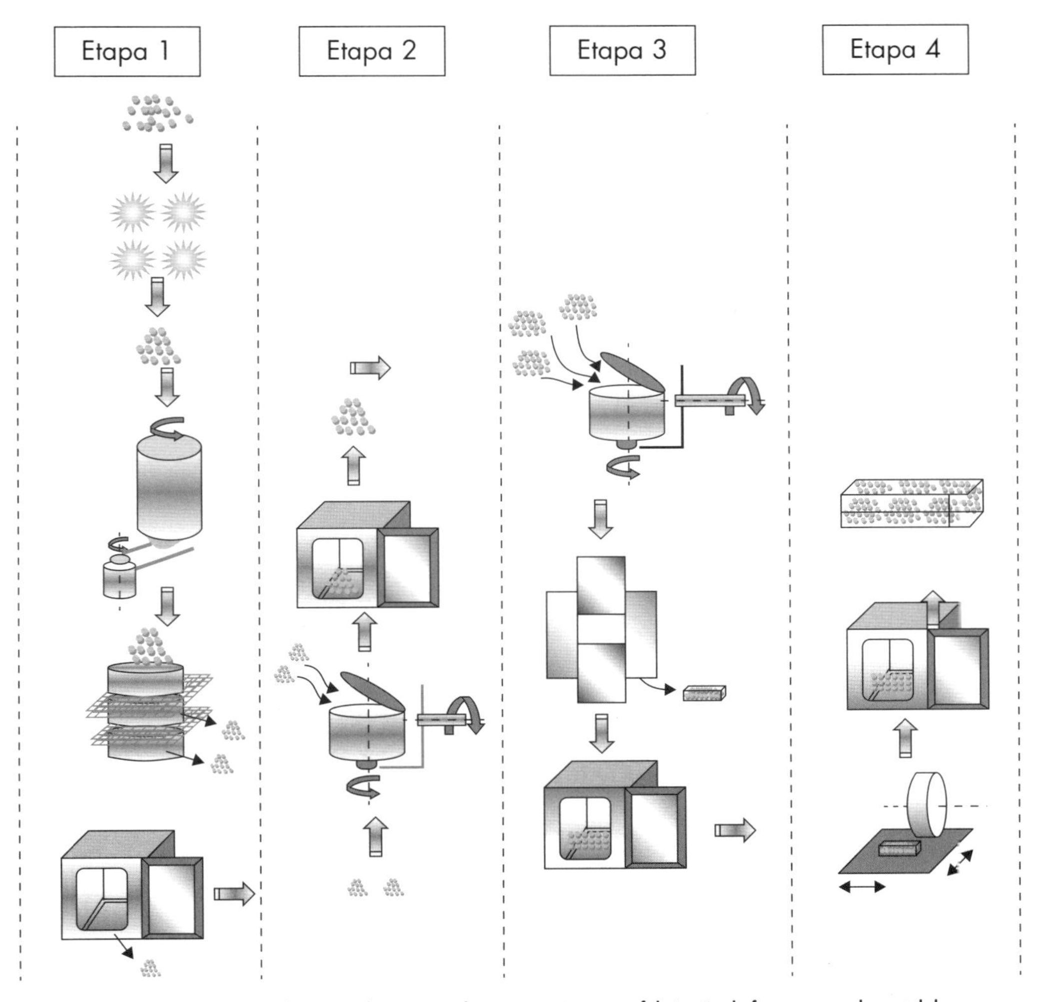

Figura 3.22 Sequência de etapas do processo de sinterização para a fabricação de ferramentas de metal duro.

3.8 EXERCÍCIOS RESOLVIDOS

3.8.1) Analise a frases abaixo e assinale **V** (Verdadeiro) e **F** (Falso):

( ) Eletroerosão: processo de usinagem em que a remoção controlada de material é feita por intermédio de fusão ou vaporização por conta das faíscas elétricas de alta frequência, denominado usinagem.

( ) Eletroquímica: quando se aciona o interruptor de um aparelho movido a pilha, fecha-se o circuito de uma corrente elétrica alimentada pela reação química que ocorre no interior das pilhas.

( ) *Laser*: "amplificação da luz por emissão estimulada de radiação", obtida por um dispositivo que produz radiação eletromagnética.

( ) Arcoplasma: é um estado da matéria similar ao gás, no qual certa porção das partículas é ionizada. A premissa básica é que o aquecimento de um gás provoca a dissociação das suas ligações moleculares.

Respostas: V; V; V; V.

3.8.2) Na Figura 3.23, tem-se um coletor turbo usado em automóvel. Para a fabricação do produto, pede-se assinalar o processo mais adequado.

a) Fundição de precisão pelo processo da cera perdida.
b) Fundição em casca (em inglês, *shell molding*).
c) Fundição em coquilha.
d) Fundição por lingotamento.
e) Fundição centrífuga.

Figura 3.23 Coletor montado no motor de um automóvel.

Resposta: alternativa b.

3.8.3) O material deve ser fundido centrifugado no molde mostrado na Figura 3.24. Pede-se determinar:

a) A força centrípeta (F_{cp}).
b) A velocidade mínima do molde ($v_{mín}$).
c) A rotação mínima do molde ($n_{mín}$): essa rotação impede que o material perca o contato com a área superficial do molde.
d) A rotação no eixo do molde ($n_{molde.}$).

Dados: motor AC de 2 CV e 1.750 Rpm, D_{molde} = 150 mm, D_1 = 50 mm e D_2 = 120 mm. Adotar g = 10 m/s^2.

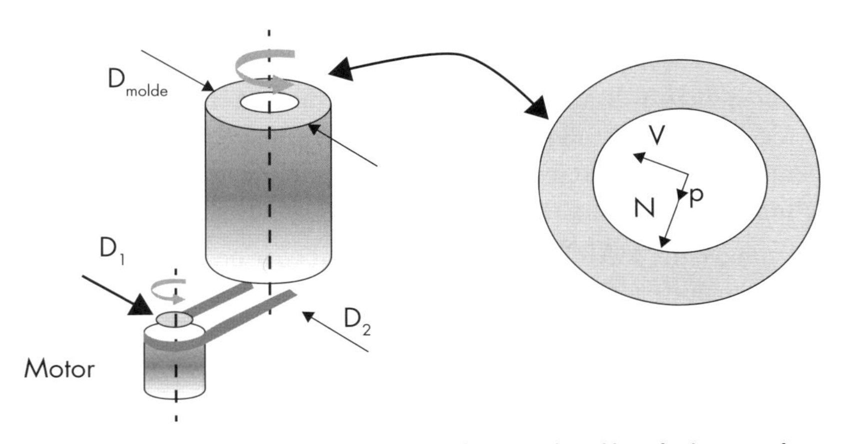

Figura 3.24 Grandezas físicas para determinação da rotação do molde na fundição centrífuga.

a) Determinação da força centrípeta (F_{cp})

Na Figura 3.24, a força peso (P) e a reação normal (N) atuam de modo a resultar na força centrípeta. Assim, temos que:

$$F_{cp} = P + N \rightarrow m * \frac{v^2}{R} = P + N$$

b) Determinação da velocidade mínima do molde ($v_{mín}$)

O menor valor da velocidade (v) é atingido quando $N = 0$, logo:

$$m * \frac{v^2}{R} = m * g \rightarrow v_{min.} = \sqrt{R * g}$$

Atribuindo-se os valores do enunciado na fórmula da velocidade mínima ($v_{mín}$), temos:

$$v_{mín} = \sqrt{0,075 * 10} \rightarrow v_{mín} = 0,866 \text{ m/s.}$$

c) Determinação da rotação mínima do molde ($n_{mín}$)

Para a determinação da rotação, utiliza-se a relação abaixo:

$$v_{mín} = w * R \rightarrow w_{mín} = \frac{v_{mín}}{R} \rightarrow w_{mín} = \frac{0,866}{0,075} \rightarrow 11,55 \text{ rad/s ou } 692,8 \text{ rpm}$$

d) Determinação da rotação no eixo do molde (n_{molde})

$$n_{molde} = n_{motor} * \frac{D_1}{D_2} \rightarrow n_{molde} = 1750 * \frac{50}{120} \rightarrow n_{molde} = 729,2 \text{ rpm}$$

Comentários

Apesar da maneira como o material flui sob a área superficial do molde, a rotação do molde desempenha um papel importante na fundição centrífuga e o fluxo do metal fundido difere em diferentes velocidades de rotação, o que afeta o vazamento final.

Por exemplo, com a Al-2Si (liga alumínio-silício) na rotação máxima de 800 rpm, um cilindro uniforme de metal fundido foi formado na área superficial do molde. Já para rotações abaixo de 800 rpm, uma fundição de forma irregular foi formada, o que pode ser decorrente da influência da fusão, pois partículas primárias de alumínio foram formadas na periferia do tubo. Isso ocorre porque os componentes das ligas têm pesos específicos diferentes entre si, possibilitando que elas sejam separadas por centrifugação. Assim, deve-se analisar as características do tubo formado após centrifugação e, se necessário, alterar a rotação.

3.9 EXERCÍCIOS PROPOSTOS

3.9.1) Analise as frases sobre processo de eletroerosão e assinale a alternativa correta.

(I) Na eletroerosão, é necessário que os materiais (peça-obra e eletrodo) sejam bons condutores de eletricidade.

(II) Peça e eletrodo são mergulhados em um recipiente que contém um fluido isolante dielétrico.

(III) Tanto a peça como o eletrodo estão ligados a uma fonte de corrente contínua por meio de cabos. Geralmente, o eletrodo tem polaridade negativa e a peça, polaridade positiva.

(IV) A distância mínima entre a peça e o eletrodo é denominada GAP (do inglês *gap*, "folga") e depende da intensidade da corrente aplicada.

(V) A dimensão da GAP pode determinar a rugosidade (ver Apêndice A) da superfície da peça. Com um GAP de dimensão relativamente alto, o tempo de usinagem é menor, mas a rugosidade é maior. Já uma GAP de dimensão relativamente menor implica maior tempo de usinagem e menor rugosidade de superfície.

a) (I), (II), (III), (IV) e (V) estão corretas.

b) (I), (II), (III) e (V) estão corretas.

c) (I), (III), (IV) e (V) estão corretas.

d) (I), (II), (IV) e (V) estão corretas.

e) NDA.

3.9.2) Analise as frases sobre processo de eletroerosão e assinale a alternativa correta.

(I) No processo de usinagem por eletroerosão, pode-se afirmar que o metal vaporizado da peça desloca-se em direção ao eletrodo e é removido pelo líquido refrigerante.

(II) Materiais metálicos porosos podem ser obtidos somente por metalurgia do pó.

(II) Uma das técnicas de fabricação de componentes por meio da metalurgia do pó é a do forjado sinterizado. Esta técnica não apresenta a seguinte vantagem: adequada para fabricação não seriada.

(IV) Os tipos de materiais que podem ser cortados pelo método de corte a plasma são: aço-carbono, aço inoxidável e alumínio.

(V) Sobre peças a serem fundidas, deve-se evitar defeitos originados a partir da solidificação do metal líquido no interior do molde. Evitar que as peças tenham espessuras de parede muito finas, pois o metal líquido pode não preencher os espaços adequadamente. Prever sobremetal nas peças, visando às operações de usinagem posteriores.

a) (I), (II), (III), (IV) e (V) estão corretas.

b) (I), (II), (III) e (V) estão corretas.

c) (I), (III), (IV) e (V) estão corretas.

d) (I), (II), (IV) e (V) estão corretas.

e) NDA.

3.10 REFERÊNCIAS

ASM INTERNATIONAL. **ASM handbook:** casting. 9. ed. Materials Park, 1988a. v. 15.

____. **ASM handbook:** forming and forging. 9. ed. Materials Park, 1988b. v. 14.

____. **ASM handbook:** welding, brazing and soldering. 9. ed. Materials Park, 1993. v. 6.

FILHO, E. B. **Conformação plástica dos metais**. 5. ed. Campinas: Editora da Unicamp, 1997.

HERFURTH, K.; KETSCHER, N.; KÖHLER, M. **Giessereitechnik kompakt**: Werkstoffe, Verfahren, Anwendungen. Düsseldorf: Giesserei-Verlag GmbH, 2003.

KALPAKJIAN, S. et al. **Manufacturing engineering and technology**. New Jersey: Prentice Hall, 2000.

OHNO, A. **Solidificação dos metais**. São Paulo: Livraria Ciência e Tecnologia, 1988.

TORRE, J. **Manual de fundição**. São Paulo: Hemus, 1975.

TSCHAETSCH, H. **Metal forming practise**: Processes – Machines – Tools. Wiesbaden: Vieweg Verlag, 2005.

REFERÊNCIAS

CAPÍTULO 4

RESISTÊNCIA MECÂNICA E TEMPERATURA COMO AGENTES DE TRANSFORMAÇÃO

O material sob ação de tensões se deforma. Isso pode ocorrer de duas formas: deformação plástica e ruptura. Na deformação plástica ($\sigma_{trabalho} < \sigma_{ruptura}$), tem-se as seguintes técnicas com ação ou não da temperatura: forjamento, extrusão, trefilação, laminação e estampagem (Figura 4.1). Nessa técnica não ocorre remoção de material, ou seja, o material é conformado dentro de um molde ou matriz. Já na técnica que remove material, a resistência mecânica está na região de ruptura ($\sigma_{trabalho} > \sigma_{ruptura}$) e os processos classificados são os seguintes: torneamento, fresamento, aplainamento, retificação, furação, mandrilamento, brunimento, superacabamento, serramento, roscamento, alargamento, jato d'água, jato abrasivo e fluxo abrasivo.

As peças fabricadas pela família de processos de fabricação sem remoção de material podem, em alguns casos, ser produzidas como produtos finais, mas normalmente precisam sofrer operações complementares para se obter o produto final.

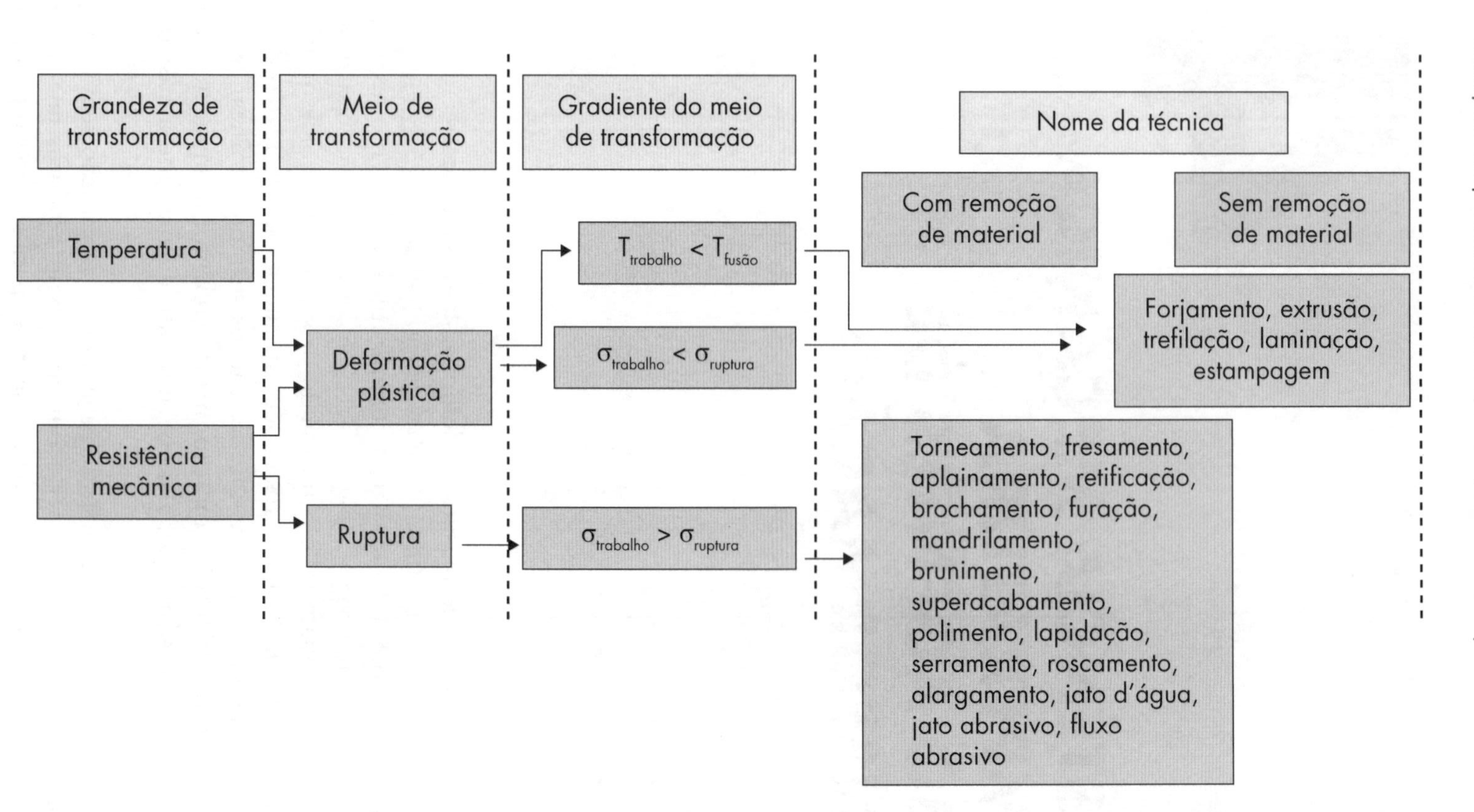

Figura 4.1 Representação dos vários processos de manufatura classificados em função da aplicação da temperatura na transformação do estado da matéria-prima.

De um modo geral, o processo de conformação (forjamento, extrusão, trefilação, laminação e estampagem) não pode produzir de forma economicamente viável o produto em sua totalidade.

Os processos de fabricação com remoção de material podem ser subdivididos em duas categorias:

- **Corte:** utilizando ferramentas monocortantes (por exemplo, torneamento) ou multicortantes (por exemplo, fresamento).
- **Abrasivo:** utiliza materiais abrasivos (por exemplo, retificação, superacabamento, brunimento).

Tais processos têm as seguintes vantagens: são relativamente mais precisos que os processos de conformação e fundição; podem produzir com geometrias complexas que não são difíceis de serem obtidas por outros processos; são adequados para operações posteriores aos tratamentos térmicos, para corrigir distorções causados por estes; podem gerar superfícies com padrões especiais; para lotes pequenos é mais econômico produzir as peças por usinagem.

Têm as seguintes limitações ou desvantagens: gasto maior de matéria-prima, trabalho, tempo e energia; não melhora e pode até degradar as propriedades mecânicas da peça.

A seguir, são descritas as técnicas de fabricação via deformação plástica ($\sigma_{trabalho} < \sigma_{ruptura}$) com presença ou não de temperatura acima da ambiente.

4.1 FORJAMENTO

Operação de conformação mecânica para dar forma aos metais por meio de martelamento ou esforço de compressão de um *blank* dentro de duas matrizes (Figura 4.2). Tal operação pode ser realizada em material nas seguintes situações de temperatura, como segue: a quente ($T_{trab} > T_{recristalização}$: ver capítulo 3), a morno; ou a frio.

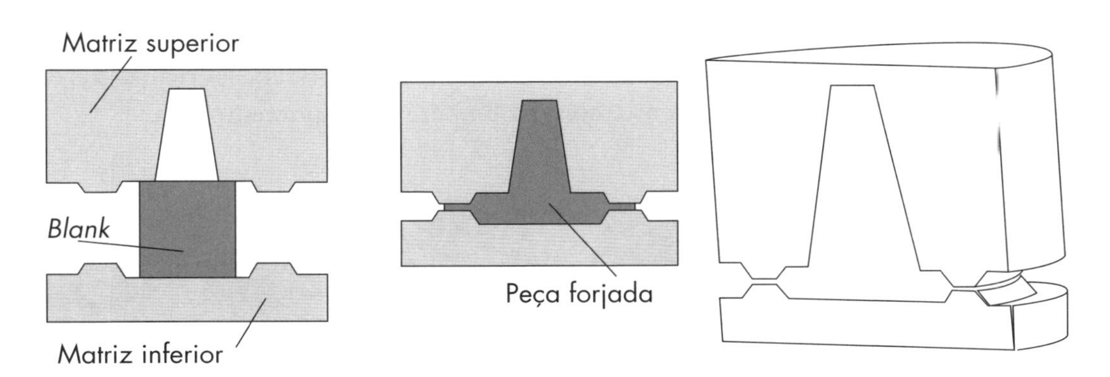

Figura 4.2 Croqui básico de uma ferramenta de forjamento.

Praticamente todos os materiais metálicos podem ser forjados, desde que a liga seja ajustada para obter a necessária conformabilidade.

Aplicações que demandam elevada resistência mecânica, tenacidade, ductilidade e resistência à fluência necessitam de aço, titânio ou alumínio de alta resistência. Em temperaturas elevadas, utiliza-se aços inox austeníticos, titânio ou superligas.

A seguir, tem-se algumas temperaturas de forjamento para diferentes materiais: aço: 1.000 °C até 1.050 °C; ligas de alumínio: 360 °C até 520 °C e ligas de cobre: 700 °C até 800 °C.

O processo de forjamento tem como vantagens: melhoria da microestrutura, resistência maior e melhor acabamento superficial que a fundição e melhor distribuição das fibras; e apresenta como desvantagem a grande quantidade de refugo.

A Figura 4.3 representa as etapas de fabricação de um pivô de automóvel no forjamento. No início tem-se o *blank* (1). Tal *blank* foi cortado por serra de disco abrasivo, ou por cisalhamento, chama, entre outros. Posteriormente, ele é aquecido em fornos a óleo, gás ou elétricos. A temperatura deve estar adequada para facilitar a deformação. O *blank* representa a porção de material que será moldada no forjamento pela ferramenta de molde (Figura 4.2). A seguir tem-se a pré-forma da peça, na qual concentrou-se material em maior volume para formar o corpo da peça (2), que representa a primeira etapa do forjamento da peça (3) e, em seguida, o forjamento completo da peça (4). Na última etapa de forjamento (5), é realizada a rebarbação (para processo a quente) e acabamento da peça.

Nas operações de usinagem são feitos os furos (6), que podem ser realizados em mais de uma operação e acabamento, como a limpeza e o tratamento.

Vídeos sobre forjamento:

livro.link/ppf036

livro.link/ppf037

livro.link/ppf038

livro.link/ppf039

livro.link/ppf040

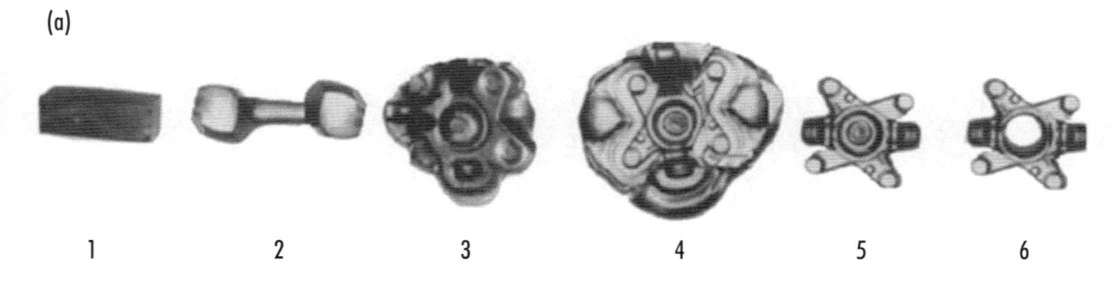

Figura 4.3 (a) Etapas do processo de manufatura de peças forjadas; (b) exemplos de peça forjada acabada e de peças forjadas.

A Figura 4.4 ilustra o trabalho de forjamento em uma forjaria.

Figura 4.4 Fotos de trabalho de forjamento a quente e peça forjada.

4.1.1 Forjamento: exercício resolvido

O objetivo é fabricar polias como na Figura 4.5. Inicialmente, tem-se o material do *blank* (1045) e a temperatura de forjamento é de 1.100 °C a 1.200 °C.

Para essa operação de forjamento, utiliza-se uma prensa fricção (Figura 4.7) com uma velocidade média de golpes de 600 mm/s (dados da prensa na Figura 4.7).

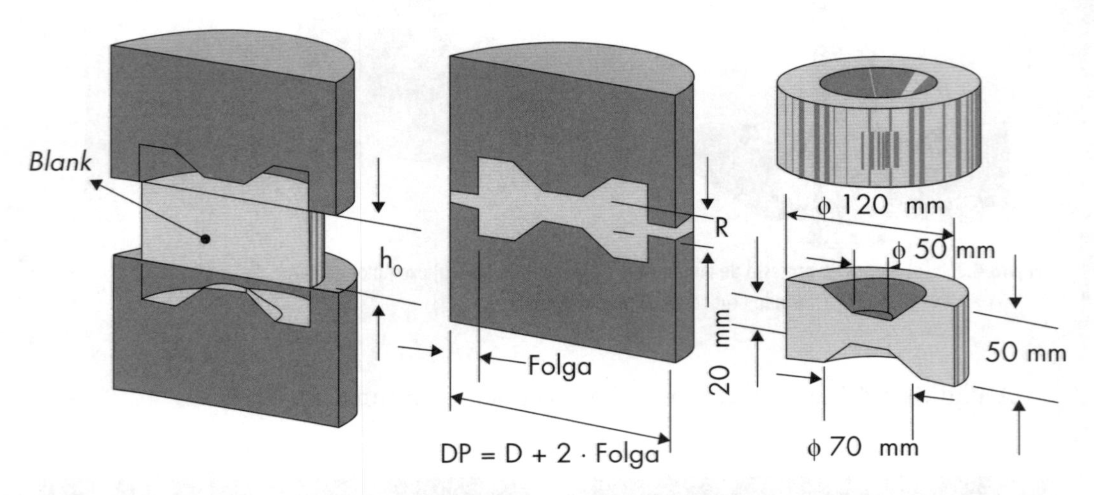

Figura 4.5 Dados geométricos básicos de uma ferramenta de forja e dimensões principais de uma polia para o forjamento.

Para o cálculo, devem ser definidas as seguintes grandezas:

a) Massa necessária de material a ser forjada.

b) Tensão de deformação no forjamento.

Solução:

a) Massa necessária de material a ser forjada ($m_{nec.}$)

1) Inicialmente, calcula-se a massa final do forjamento (m_f). Para tanto, utiliza-se a seguinte fórmula:

$$mf = (\eta^2 \cdot h_1 - d_m^2 \cdot h_2)\frac{\pi}{4} \cdot \rho = (1,2 \text{ dm})^2$$

$$0,5 \text{ dm} - (0,65 \text{ dm})^2 \cdot 0,3 \text{ dm } \frac{x}{4} \cdot 7,85 \text{ kg/dm}^3 = 3,63 \text{ kg}$$

O fator de massa (f_m) está relacionado à massa final e em que grupo de peças se encontra a polia (Figura 4.6), como segue:

- **Grupo A:** peças cilíndricas, esféricas, cubos com pequenas flanges.
- **Grupo B:** peças forjadas rotacionalmente simétricas com abaulados/nervuras em ambos os lados.
- **Grupo C:** alavancas de embreagens, pedais com secção transversal, sendo mais espessas no centro, e peças com secção transversal variada, como virabequins.

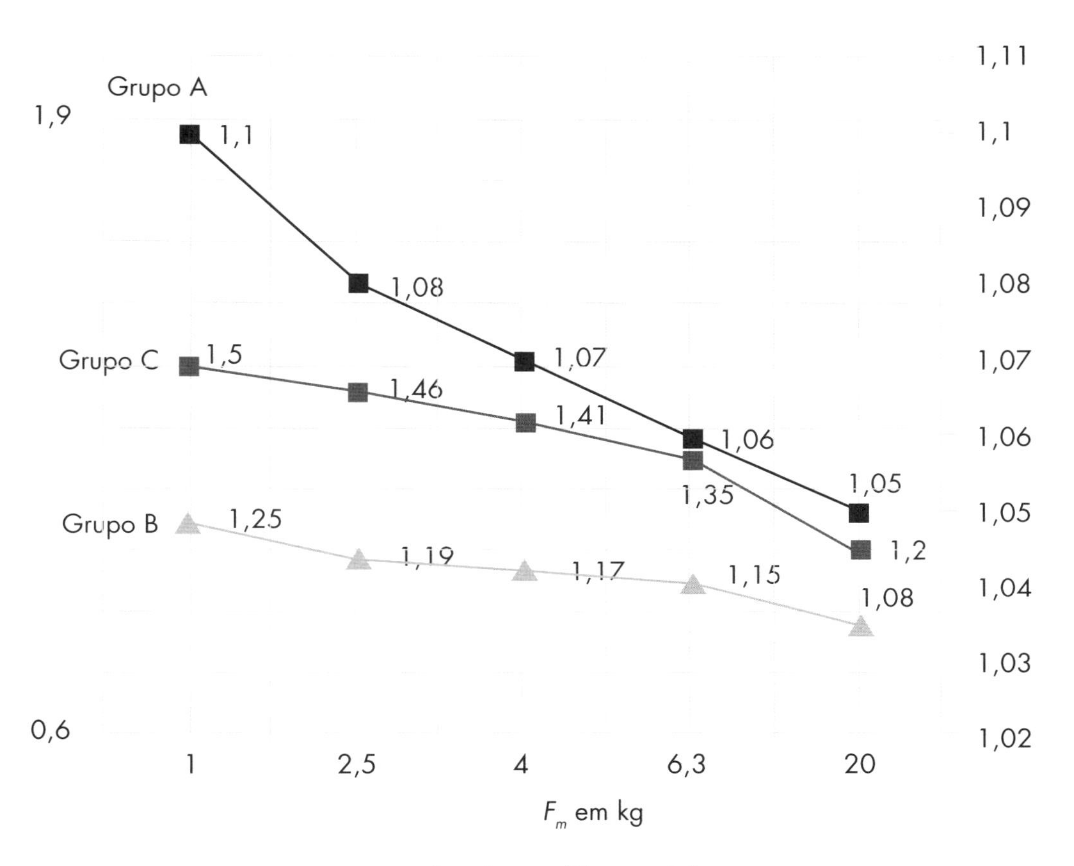

Figura 4.6 Fator de massa (f_m) e grupo de forma.

A seguir, calcula-se a massa requerida, como segue:

$$m_{req.} = f_m * m_f = 1{,}18 * 3{,}63 \text{ kg} = 4{,}28 \text{ kg}$$

Nota-se que o valor de 1,18 se refere à interpolação da massa final (3,63 kg) entre 2,5 kg e 4,0 kg.

2) Cálculo do volume do *blank* (V)

$$V = \frac{m}{p} = \frac{4.28 \text{ kg}}{7.85 \text{ kg / dm}^3} = 0.545223 \text{ dm}^3 = 545\ 223 \text{ mm}^3$$

Incialmente, calcula-se a área projetada pela seguinte fórmula:

$$A_d = D_p^2 \frac{\pi}{4} = \frac{(132 \text{ mm})^2 \pi}{4} = 13\ 678 \text{ mm}^2$$

em que: Dp = D + 2*folga = 120 + 2*6 (6 mm de folga entre *blank* e matrizes) (Figura 4.6).

As dimensões do *blank* são determinadas, como segue:

$$h_0 = \frac{V}{A_0} = \frac{545223\ \text{mm}^3}{\frac{(110\ \text{mm})^2 \pi}{4}} = 57{,}40\ \text{mm}\ h_0 = 60\ \text{mm}$$

Ressalta-se que o valor de 110 mm corresponde ao valor do diâmetro inicial do *blank*. Tal valor foi adotado.

b) Tensão de deformação no forjamento

Para o cálculo da força de deformação, inicialmente determina-se a razão de tensão (ϕ) como segue:

$$\phi = \frac{V}{h_0} = \frac{600\ \text{mm/s}}{60\ \text{mm}} = 10\ \text{s}^{\ 1}$$

A seguir é determinado o limite de escoamento:

$$K_{Lr} = K_{cr_1} \cdot \varphi^{\text{m}} = 70\ \text{N/mm}^2 \cdot 10^{0.163} = 102\ \text{N/mm2}$$

Os valores adotados relacionados ao material a ser forjado, como segue:

m = expoente do material (admensional);

K_{Lr} = limite de resistência, em N/mm^2, para a taxa de deformação ($\dot{\phi}$) na temperatura de forjamento (T);

K_{Lcr_1} = limite de resistência tabelado, em N/mm^2, para a taxa de deformação ($\dot{\phi}$) na temperatura de forjamento (T): para o material 1045, o valor é 0,163;

$\dot{\phi}$ = taxa de deformação: de até 300s^{-1} e K_{cr} para o material 1045 tem valor de: 70 N/mm^2.

A prensa de fricção (parafuso) (Figura 4.7) é utilizada no processo de forjar, em que a força é aplicada à pequena velocidade e o martelo é movimentado para cima e para baixo por meio de um fuso acionado por dois discos de fricção.

Normalmente as velocidades para esse tipo de máquina estão por volta de V = 0,3 m/s a 0,4 m/s e a força proporcionada está entre 80 e 3 mil toneladas.

4.1.2 Forjamento: referências

BRESCIANI FILHO, E. et al. **Conformação plástica dos metais**. São Paulo: Epusp, 2011.

MARCINIAK, Z.; DUNCAN, J. L.; HU, S. J. **Mechanics of sheet metal forming**. 2. ed. Butterworth-Heinemann, 2002.

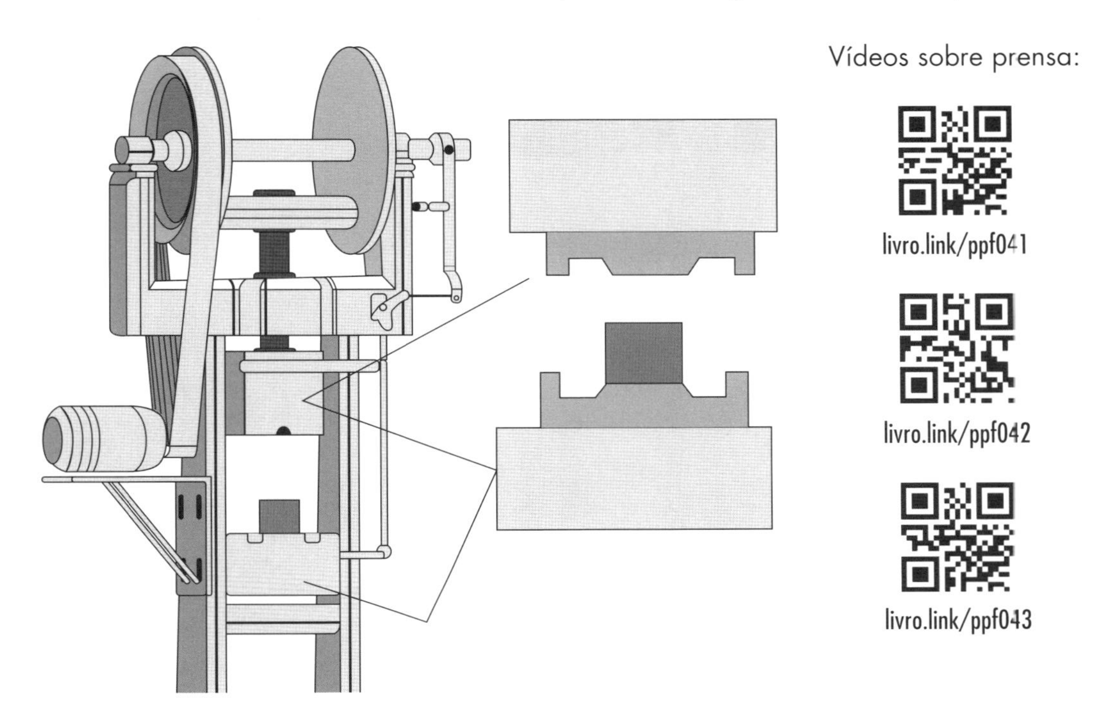

Figura 4.7 Representação de uma prensa de fricção e a disposição do ferramental para forjar.

4.2 EXTRUSÃO DE METAL

A Figura 4.8 representa um equipamento, uma ferramenta (matriz) e um produto (perfilado) do processo de extrusão para a fabricação de peças de longa, delgada e reta. As formas das seções transversais dos perfilados podem ser redonda sólida, retangular, com formas T, L, e em forma de tubos. A extrusão do *blank* é feita pressionando-o em um molde, de aço-liga ou metal duro, utilizando uma prensa, no caso, hidráulica ou mecânica (de 400 toneladas para 1600 toneladas), pois as pressões estão em torno de 35 MPa-700 MPa (5076 psi-101.525 psi).

A extrusão produz forças de compressão e de cisalhamento no material, e isso proporciona deformidade muito alta sem ruptura do metal. Isso resulta no produto final com resistência a altas cargas radiais.

O processo de extrusão apresenta algumas características, como não necessita de processo de usinagem secundária; o acabamento superficial para o aço é de 3 mm; alumínio e magnésio –0,8 mm pode ser obtida grande variedade de seções transversais, espessura mínima para aço de 3 mm; alumínio e magnésio 1 mm, secção mínima para o aço 250 mm, canto e raios de filete para o alumínio e magnésio de 0,4 mm; aço do raio de canto mínimo de 0,8 mm e raio de concordância de 4 mm.

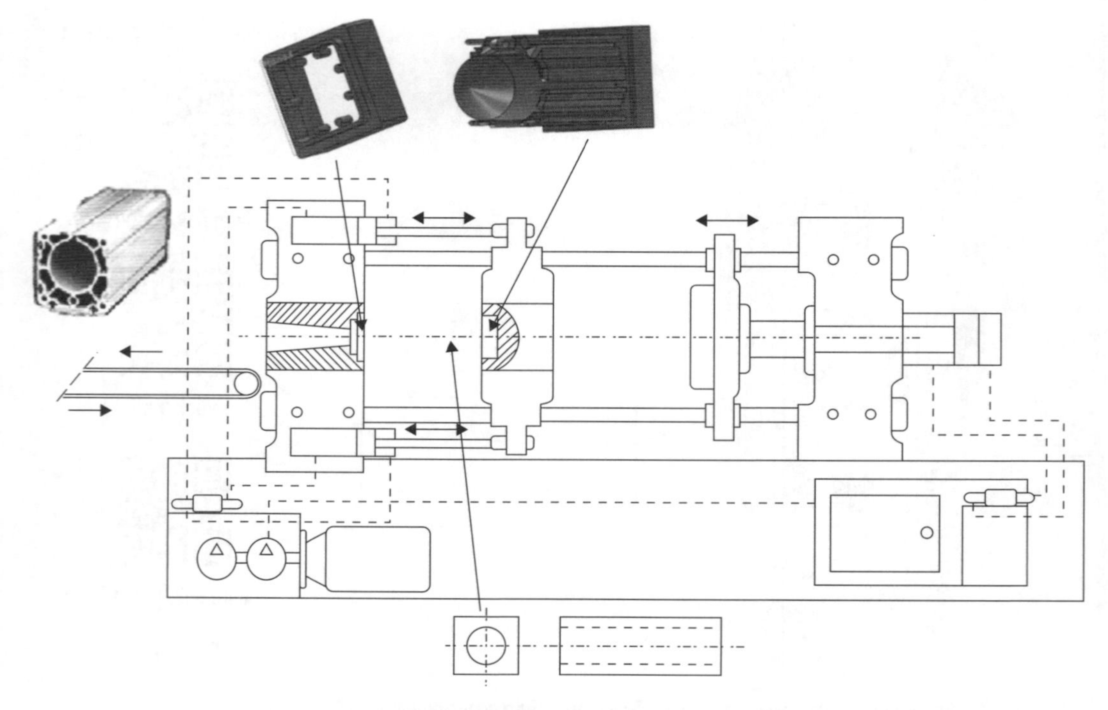

Figura 4.8 Representação esquemática de uma máquina extrusora de metais e exemplo de matriz de extrusão e da peça extrudada.

A extrusão pode ser de dois tipos: a quente e a frio. Para os dois tipos de extrusão, tem-se as seguintes variáveis: temperatura do tarugo, velocidade de deslocamento do pistão e tipo de lubrificante.

A extrusão a quente, geralmente, é realizada sob temperaturas de cerca de 50% a 75% do ponto de fusão do metal. O material, ao sair da matriz de extrusão sob altas temperaturas e pressões, deve ser resfriado e, para tanto, utiliza-se como lubrificantes grafite, óleo e pó de vidro. A seguir, tem-se alguns materiais extrudados a quente: alumínio e suas ligas (temperatura entre 375 °C-475 °C), cobre com as suas ligas (temperatura entre 650 °C-950 °C), chumbo (temperatura entre 200 °C-250 °C), aços (temperatura entre 875 °C-1300 °C) e ligas refratárias (temperatura entre 975 °C-2200 °C).

A extrusão a frio é realizada à temperatura ambiente ou a temperaturas ligeiramente elevadas. Esse processo é útil para resistir às tensões geradas pelo processo de extrusão.

Vídeos sobre extrusão de metais:

livro.link/ppf044

livro.link/ppf045

livro.link/ppf046

Os produtos obtidos pelo processo de extrusão são peças de guarnição, de automóveis e, utilizados na construção, trilhos, membros da moldura da janela, peças estruturais (Figura 4.9), entre outros.

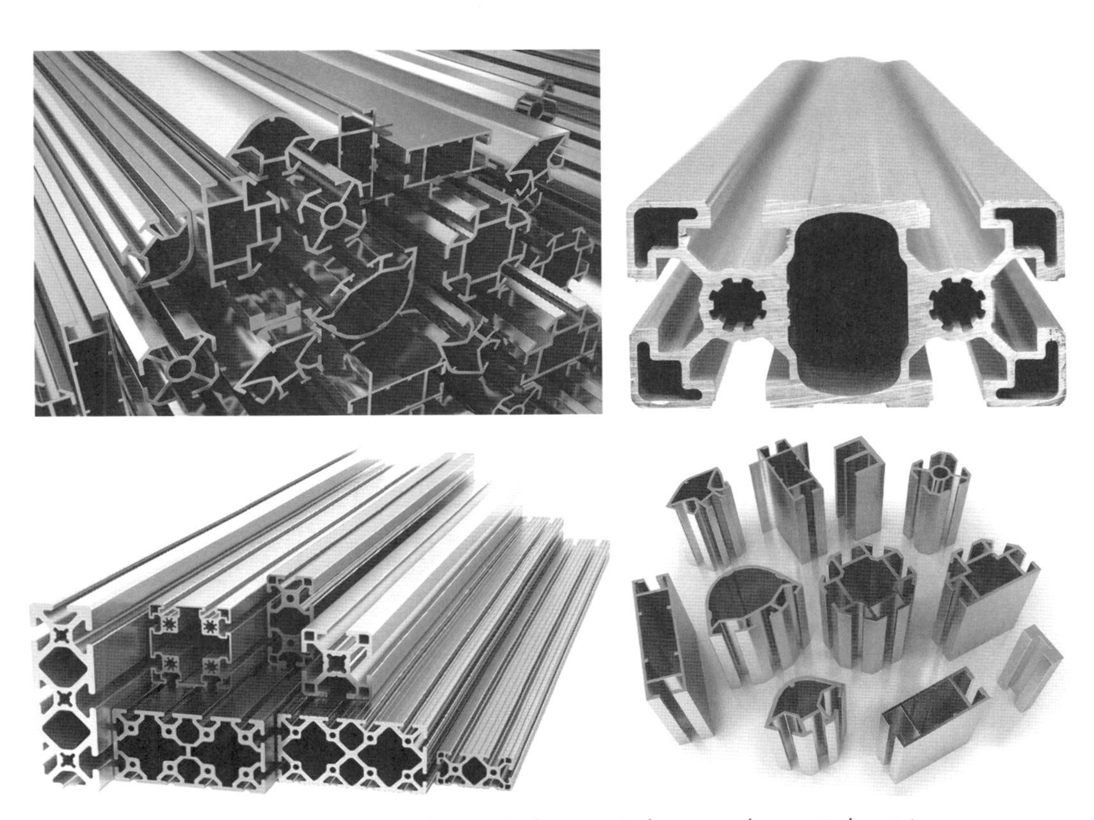

Figura 4.9 Representação de peças obtidas por meio do processo de extrusão de metais.

As vantagens da extrusão a frio são: ausência de oxidação, melhor acabamento superficial, propriedades mecânicas relativamente superiores às da extrusão a quente, visto que as temperaturas resultantes, durante a extrusão, estão em torno da temperatura de recristalização. Em contrapartida apresenta a seguinte desvantagem: a magnitude da tensão no ferramental de extrusão é muito alta, especialmente para trabalhar peças de aço. A dureza do punção varia de 60 HRc a 65 HRc e a da matriz de 58 HRc a 62 HRc.

livro.link/ppf047

4.2.1 Extrusão de metais: exercícios resolvidos

As grandezas do processo de extrusão estão relacionadas com a resistência do material, o atrito do material nas paredes da matriz, a temperatura e a velocidade de extrusão. Especificamente para o cálculo da grandeza força de extrusão, pode-se estimar seu valor pela seguinte fórmula:

$$F = A_0 K \ 1\text{n}\left(\frac{A_0}{A_f}\right)$$

em que:

A_0 e A_f são as áreas inicial e final do extrudado, e os valores da constante de extrusão (k) são dados na Tabela 4.1. Nela tem-se também os valores da pressão de extrusão (ordenada do lado direito do gráfico) em MPa.

Tabela 4.1 Constante de extrusão para metais em várias temperaturas

Materiais																			
Alumínio			**Cobre**				**Bronze**				**Aço**					**Aço inox**			
Constante de extrusão (K)																			
10	7,5	2	38	25	20	10	55	50	40	30	65	50	40	30	17	70	65	60	55
Temperatura (°C)																			
100	400	600	100	600	900	1000	350	450	650	750	800	1000	1100	1150	1300	820	900	940	1150

Assim, pede-se para calcular a força de extrusão para extrudar um tarugo (ϕ_0 = 25 mm e ϕ_f = 15 mm) de cobre na temperatura de 900 °C.

$$F = \frac{\pi 25^2}{4} \ 201\text{n}\left(\frac{\frac{\pi 25^2}{4}}{\frac{\pi 15^2}{4}}\right) \rightarrow F = 10.030{,}04\,N$$

4.2.2 Extrusão de metais: referências

DIETER, G. E. **Mechanical metallurgy**: SI metric edition. Singapore: McGraw Hill, 1988.

HELMAN, H.; CETLIN, P. R. **Fundamentos da conformação mecânica dos metais.** Rio de Janeiro: Guanabara Dois, 1983.

4.3 TREFILAÇÃO

O processo de trefilação é um processo de conformação plástica a frio pela passagem de um fio (uma barra ou tubo) através da fieira (Figura 4.12), com o intuito de reduzir ($D_{inicial} > D_{final}$) a secção transversal do fio. Essa operação se dá a frio, o que provoca o aparecimento do efeito de encruamento, no metal, que é o aumento da resistência mecânica decorrente da deformação plástica. Isso resulta no aumento da resistência mecânica em certos metais não ferrosos endurecíveis por tratamentos térmicos, como o recozimento para diminuir o efeito do encruamento e fornecer à peça ductilidade suficiente para a continuidade do processo.

Por meio da Figura 4.10, observa-se que os esforços predominantes no processo de trefilação são a compressão ($F_{compressão}$) oriunda das paredes da fieira e o efeito da tração ($F_{tração}$) aplicado axialmente para puxar, com determinada velocidade de avanço (V_a), o fio na passagem da fieira.

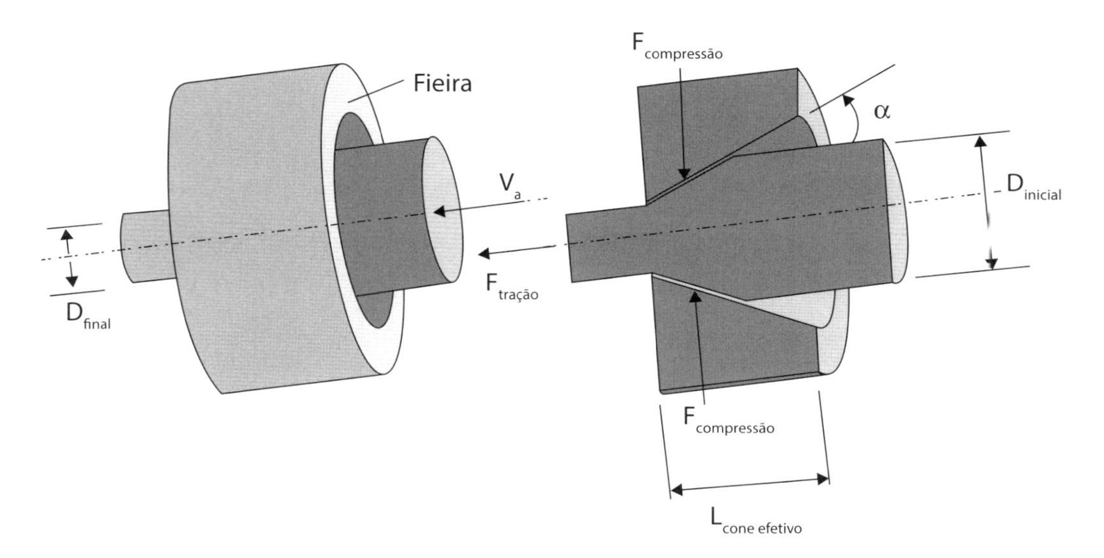

Figura 4.10 Esquema das grandezas dimensionais durante o processo de trefilação.

Normalmente, utilizam-se matérias-primas como arames obtidos pelo processo de extrusão (metais não ferrosos) ou laminados (metais ferrosos e não ferrosos). Os produtos obtidos pela trefilação são tubos, barras, arames e fios.

O processo de trefilação é utilizado para produzir fios e as hastes com superfícies acabadas e com baixas tolerâncias que servem para várias aplicações, como

- **Aços de baixo carbono:** fios, fios em malhas, arame farpado, alfinetes, pregos, parafusos, porcas e rebites.
- **Aços de alto carbono:** material em forma de haste para processamento automático, cabos de arame.
- **Aços-liga:** indústria de molas, fios para soldagem.

Vídeos sobre trefilação:

livro.link/ppf048

livro.link/ppf049

- **Cobre e ligas de cobre:** fios, fios em malhas, parafusos, porcas, peças para serem moldadas, peças para a indústria elétrica.
- **Alumínio e ligas de alumínio:** parafusos, porcas, peças para serem moldadas, linhas para a indústria elétrica.

livro.link/ppf050

Em suma, as barras podem ser trefiladas com diâmetros acima de 25 mm. Já os arames são classificados em grossos (com diâmetos entre 5 mm e 25 mm), médios (com diâmetos entre 1,6 mm e 5 mm) e finos (com diâmetos entre 0,7 mm e 1,6 mm).

O material utilizado para fabricar a fieira depende do material a ser trefilado, mas em linhas gerais os mais utilizados são: a widia; metal duro; aços hipereutetoides revestidos de Cr; aços-ligas ao Cr-Ni, Cr-Mo e Cr-W; cerâmicas e diamante.

4.3.1 Trefilação: exercício resolvido

No processo de trefilação, a tensão pode ser calculada como segue:

$\sigma_T = \overline{\sigma_O} \ln \dfrac{A_{inicial}}{A_{final}}$ (deformação homogênea) ou

$\sigma_T = \overline{\sigma_O} \dfrac{(1+B)}{B}\left[1-(1-R)^B\right]$, sendo que: $B = \mu \cot g\alpha$

e $R = 1 - \left(\dfrac{A_{final}}{A_{inicial}}\right)$ e $\phi = \ln \dfrac{A_{inicial}}{A_{final}}$

- ϕ é o grau de deformação e
- η_F = rendimento da conformação (Figura 4.11);
- $\overline{\sigma_O}$ é a tensão média de escoamento do material;
- μ é o coeficiente de atrito na interface barra-fieira;
- α é o semiângulo da fieira;
- R é o resultado da subtração do inteiro menos a relação entre as áreas $A_{inicial}$ e A_{final} (Figura 4.10), respectivamente. O ângulo ótimo para a fieira é dado pela seguinte expressão:

$$\alpha_{ótimo} = \sqrt{\frac{3}{2}\pi \ln \frac{R_{inicial}}{R_{final}}}$$

A seguir, tem-se as condições de redução máxima:

Sem atrito: $\sigma_T = \overline{\sigma_O} \ln \dfrac{1}{1-R}$

Tensão máxima admissível: $\sigma_T = \overline{\sigma_O}$

Então $\dfrac{1}{1-R} = 1$ e $R = 63\%$

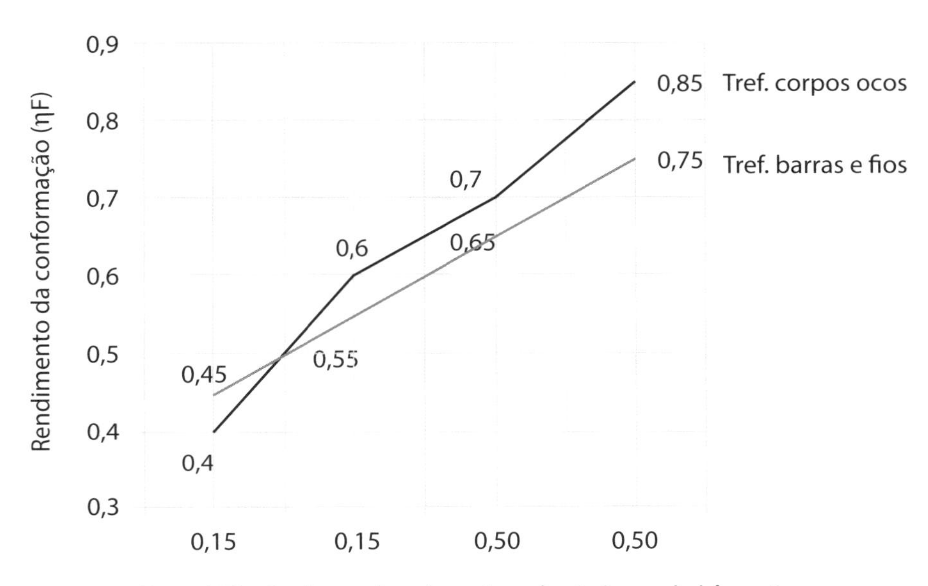

Figura 4.11 Rendimento da conformação em função do grau de deformação.

Objetiva-se obter um fio de aço (SAE 4140, tensão de 1200 N/mm²) trefilado, que inicialmente tem d_0 = 12,5 mm, e pretende-se reduzir para d_1 = 5.3 mm. Considere que a máquina a ser utilizada tem 8 estações com fieira.

Para a realização dos cálculos são dados os seguintes parâmetros operacionais:

- $\upsilon_{máx}$ = 10 m/s (puxar o fio);
- η_F = 0.6 (rendimento da conformação);

Pede-se:

Calcular a deformação total (ϕ):

$$\phi = \ln \frac{A_{inicial}}{A_{final}} \rightarrow \phi = \ln \frac{12,5^2 \cdot \pi/4}{5,3^2\ \pi/4} \rightarrow \phi = 1,72 \text{ ou } \phi = 172\%$$

A deformação por fieira é igual:

$$\phi = \frac{172\%}{8} = 21,5\% \text{ ou } 0,215$$

Calcular a força de tração ($F_{tração}$):

$$F_{tração} = \frac{\overline{\sigma_O} \cdot A_{fieira} \cdot \phi_{fieira}}{\eta_F}, \text{ em que:}$$

$$\bar{\sigma} = \frac{420 + 880}{2} = 650 \frac{N}{mm^2} \begin{pmatrix} \text{os valores de 420 e 880} \\ \text{representam a menor e a} \\ \text{maior tensão do material} \end{pmatrix}; \mathrm{A_{fiera}} = \left(\mathrm{d_{fieira}} \right)^2 \pi/4$$

Sendo que:

$$d_{fiera} = \frac{d_0}{e^{\phi/2}} \rightarrow d_{fiera} = \frac{12,5}{e^{0,215/2}} = 11,2 \text{ mm},$$

$$\text{logo: } A_{fiera} = (11,2)^2 \pi/4 = 98,52mm^2$$

Por fim, temos:

$$\mathrm{F_{tração}} = \frac{650 \frac{N}{mm^2} \cdot 98,52mm^2 \cdot 0,215}{0,6} \rightarrow \mathrm{F_{tração}} = 22946 \ N$$

4.4 LAMINAÇÃO

É também um processo de conformação de metais em que o metal é forçado a passar através de um par de rolos. O processo de conformação é realizado de duas formas: contínuo ou em etapas com uma ou mais ferramentas rotativas (cilindros de laminação); e com ou sem ferramentas adicionais (por exemplo, mandris, calços ou hastes).

Tal processo pode ser realizado a quente (Figura 4.12) ou a frio, de modo que, se a temperatura do metal está acima de sua temperatura de recristalização, então o processo é denominado laminação a quente, caso contrário (a temperatura do metal é abaixo de sua temperatura de recristalização) é denominado laminação a frio.

Durante a laminação surgem tensões de compressão, e logo é indicada a realização do processo de recozimento, que visa eliminar as tensões internas resultantes dessa laminação.

A laminação é realizada posteriormente ao lingotamento e, especificamente, na laminação a quente. A peça com aproximados 250 mm é aquecida e submetida à deformação por cilindros, que a pressionará até atingir a espessura desejada. Os produtos laminados a quente podem ser:

- **Chapas grossas:** espessura de 6 mm a 200 mm, largura de 1000 mm a 3800 mm e comprimento de 5000 mm a 18000 mm.

Vídeos sobre laminação:

livro.link/ppf051

livro.link/ppf052

livro.link/ppf053

Figura 4.12 Foto de barras saindo dos laminadores ainda incandencentes.

- **Tiras:** espessura de 1,2 mm a 12,50 mm, largura de 800 mm a 1800 mm e comprimento-padrão de 2000 mm, 3000 mm e 6000 mm.

Por meio da Figura 4.13, verifica-se que, na laminação, ocorre uma redução de espessura do laminado ($\Delta_h = h_0 - h_1$) que corresponderá também a uma diminuição do esforço de laminação.

No processo de laminação plana (Figura 4.13) o volume é constante e a mudança de largura da chapa é desprezível. A redução da espessura resulta no aumento do comprimento laminado. Esse aumento de comprimento proporciona o surgimento de velocidade (v) diferente da velocidade inicial (v_0) do cilindro.

Outra grandeza a ser considerada é a tensão de compressão (eixo x e y). Tais tensões crescem até a região de laminação e depois voltam a cair. Para tanto, observa-se o comportamento dos esforços (F_n e F_L) em função do ângulo de ataque (α).

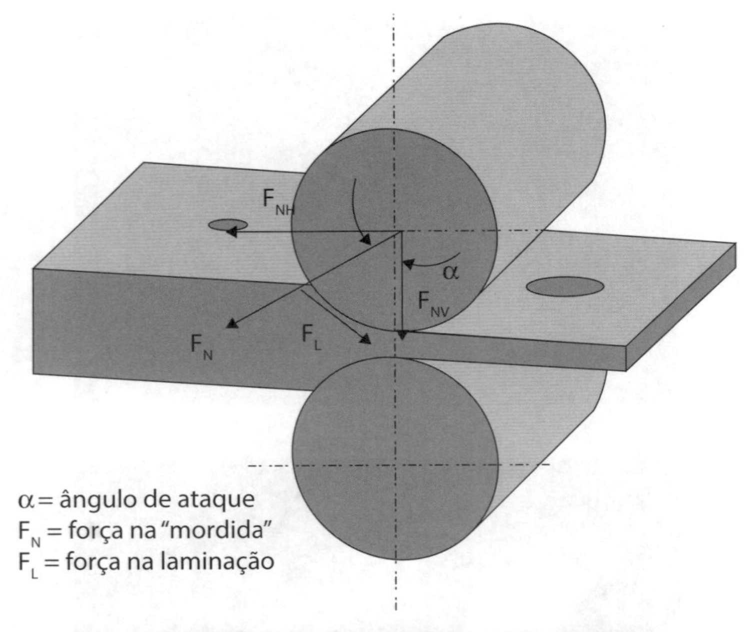

Figura 4.13 Esquema das grandezas da velocidade e da força no processo de laminação plana e representação de uma chapa sendo laminada (desenho em 3D) e de tira sendo laminada.

Tem-se ainda as seguintes grandezas:

α_L = ângulo de laminação;

X_L = zona de laminação;

α = ângulo de ataque;

F_N = força na "mordida"; e

F_L = força na laminação.

A força de compressão nos rolos laminadores é dada pela seguinte fórmula:

$$Fc = b \cdot 1,2\ \sigma_{me} \cdot Ac$$

em que:

Fc = força de compressão na laminação (kgf);

σ_{me} = tensão média de escoamento para o estado plano de deformação (kgf/ mm^2);

1,2 = corresponde ao acréscimo de 20% na tensão média de escoamento;

Δh = redução de espessura do laminado: $\Delta_h = h_0 - h_1$;

Ac = arco de contato, determinado pela seguinte fórmula: $Ac = \sqrt{R\ (\Delta h)}$;

b = largura da chapa (mm).

4.4.1 Exemplo de cálculo para a laminação

É dada uma chapa de alumínio de largura 70 mm e 3 mm de espessura inicial que deve ser laminada para uma espessura final de 2,5 mm. Calcado nos dados do laminador da Figura 4.14, pede-se para determinar:

1) a rotação do laminador;
2) o torque disponível para realizar a laminação;
3) a força disponível para realizar a laminação;
4) a força de compressão na laminação;
5) comparar o resultado da força disponível para realizar a laminação com a força de compressão na laminação.

Dados:

$$Mt\ \frac{71620 \cdot P}{\eta}$$

em que:

Mt = momento torçor (kgf.cm);

P = potência do motor (cv);

η = rotação no eixo (rpm).

(Nota: considerar que o motor tem 0,85 de rendimento; 1 hp = 1,0138 cv)

Resolução:

1) Rotação do laminador

Cálculo da rotação:

Rotação no eixo do laminador =

$$\frac{60}{250} \cdot \frac{55}{190} \cdot \frac{48}{175} \cdot 1750$$

Rotação no eixo do laminador = 33,37 rpm

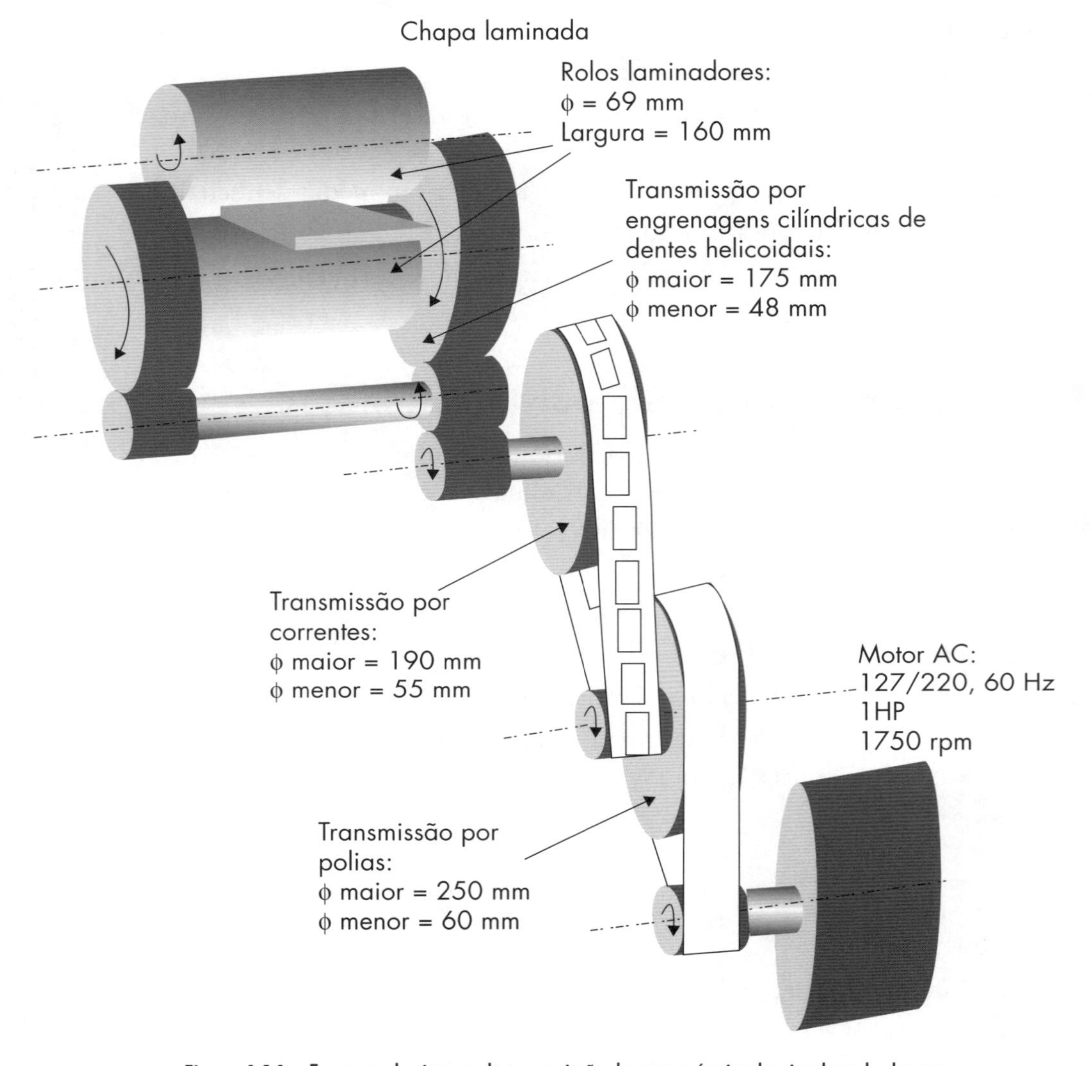

Figura 4.14 Esquema do sistema de transmissão de uma máquina laminadora de chapas.

2) Torque disponível para realizar a laminação

Cálculo do momento:

$$Mt = \frac{71620 \cdot 1{,}0138}{33{,}37 \cdot 0{,}85} \longrightarrow Mt = 2559{,}83 \text{ kgf} \cdot \text{cm}$$

3) Força disponível para realizar a laminação

Cálculo da força:

Torque $= F \cdot d$

Raio do cilindro: 65 mm ou 6,5 cm

Torque $\cong Mt = 2559,83$ kgf $\cdot$ cm $= F \cdot 6,5$ cm $\therefore$

$F = 16639,0$ kgf

4) Força de compressão na laminação

$$Fc = b \cdot 1,2\,\sigma_{me} \cdot Ac$$

$b =$ 70 mm;

$\sigma_{me} =$ 7,14 kgf/mm^2 (tensão média de escoamento para o estado plano de deformação do alumínio);

$\Delta h =$ 3,0 mm – 2,5 mm = 0,5 mm;

$R =$ 32,5 mm; $\Delta_h = h_0 - h_1$;

$Ac = \sqrt{R(\Delta h)} = Ac = \sqrt{32,5\ (0,5)} =$

$Ac = 4,03$ mm;

$Fc = 70 \cdot 1,2 \cdot 7,14 \cdot 4,03;$

$Fc = 2417,71$ kgf.

5) Compare o resultado da força disponível para realizar a laminação com a força de compressão na laminação

De acordo com os resultados dos cálculos, é possível laminar a chapa de alumínio, pois a força de compressão na laminação é menor que a força disponível para realizar a laminação.

4.4.2 Laminação: referência

BRYANT, G. F.; OSBORN, R. Derivation and assessment of roll-force models. In: BRYANT, G. F. (Ed.). **Automation of Tandem Mills.** London: The Iron and Steel Institute, 1973.

4.5 ESTAMPAGEM

O processo de estampagem objetiva afeiçoar um pedaço de metal, por deformação plástica/ruptura a frio ou a quente e com auxílio de matrizes (Figura 4.15), a fim de dar-lhe forma e dimensões determinadas, muito próximas das da peça final (produto).

A estampagem tem como vantagens: maior produção, menor custo, dimensões precisas, igualdade entre peças, entre outras.

É possível estampar diversos materiais, como aço-carbono, ferro, latão, bronze fosforoso, alumínio, entre outros.

Figura 4.15 Produtos estampados.

A estampagem é feita com ferramentas, que estampam peças, realizando operações de furar, dobrar ou cortar. Tais procedimentos podem ser realizados em uma operação ou com ferramenta progressiva, que realiza uma progressão de operações.

As ferramentas de estampo são montadas em equipamentos denominados prensas, as quais podem ser classificados em dois tipos: mecânicas ou hidráulicas.

- **Prensas mecânicas**: têm um volante mecânico para armazenar a energia e transferi-la em forma de golpe sobre a peça. Variam em tamanho de 20 até 6 mil toneladas. O curso varia de 5 mm a 500 mm e velocidades de 20-1500 golpes por minuto. Prensas mecânicas são adequadas para golpear com alta velocidade.
- **Prensas hidráulicas** (Figura 4.16): permitem controle de força avanço e posicionamento; a tonelagem pode variar de 20 a 10 mil toneladas; cursos podem variar de 10 mm a 800 mm; proteção contra sobrecarga. As prensas hidráulicas são indicadas para fabricar todo tipo de peça estampada.

Vídeos sobre estampagem:

livro.link/ppf054

livro.link/ppf055

livro.link/ppf056

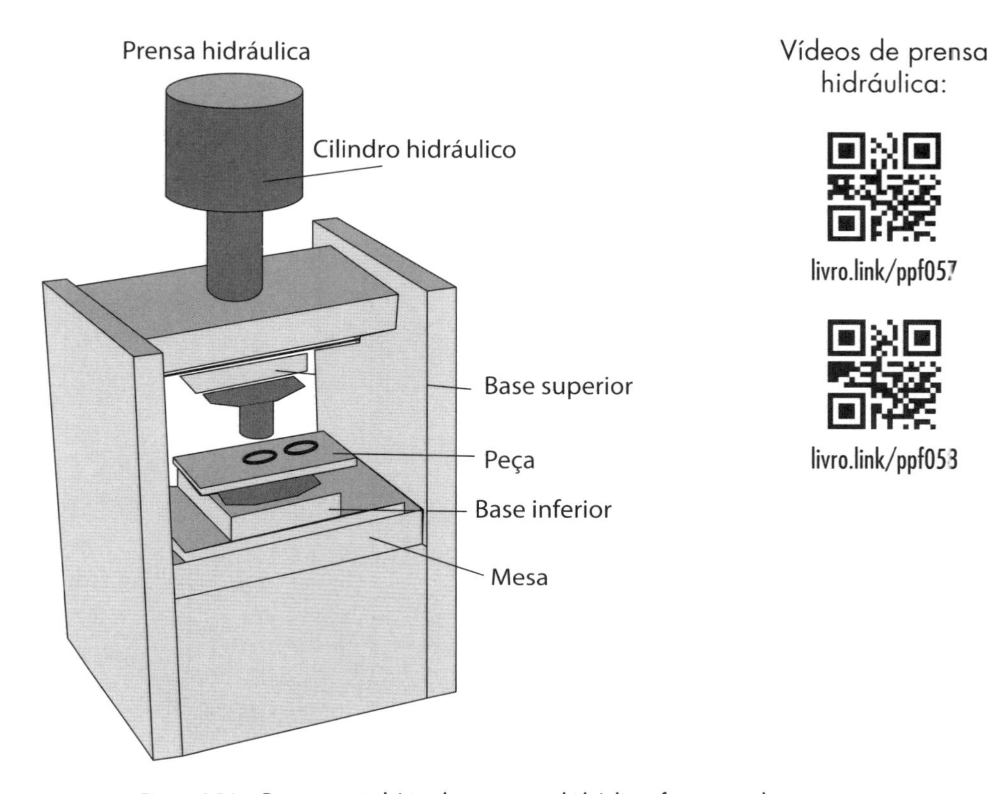

Figura 4.16 Representação básica de uma prensa hidráulica e ferramenta de estampar.

4.5.1 Estampagem: exercício resolvido

O exemplo abaixo refere-se ao cálculo da força de corte (F_c) de uma chapa de aços-carbonos 1010, utilizando-se uma ferramenta de estampo montada em uma prensa excêntrica (Figura 4.17). Nessa prensa, o martelo é acionado por meio de um volante acoplado a um sistema de biela manivela e pode proporcionar velocidades entre 0,4 m/s e 0,6 m/s e força de até 10 mil toneladas.

Para o cálculo são dados:

- Chapa = 1,25 mm (espessura) x 60 mm (comprimento) x 40 mm (largura).
- Fórmula para cálculo da força de corte

$$F_c = \tau_{cisalhamento} \cdot A$$

em que: F_c = força de corte (N).

- $\tau_{cisalhamento} \approx$ tensão de cisalhamento (N/mm^2, kgf/cm2) e corresponde a $\cong_{0,8\,*}\,\sigma_{ruptura}$ (tensão de ruptura do material);
- área de corte (mm^2).

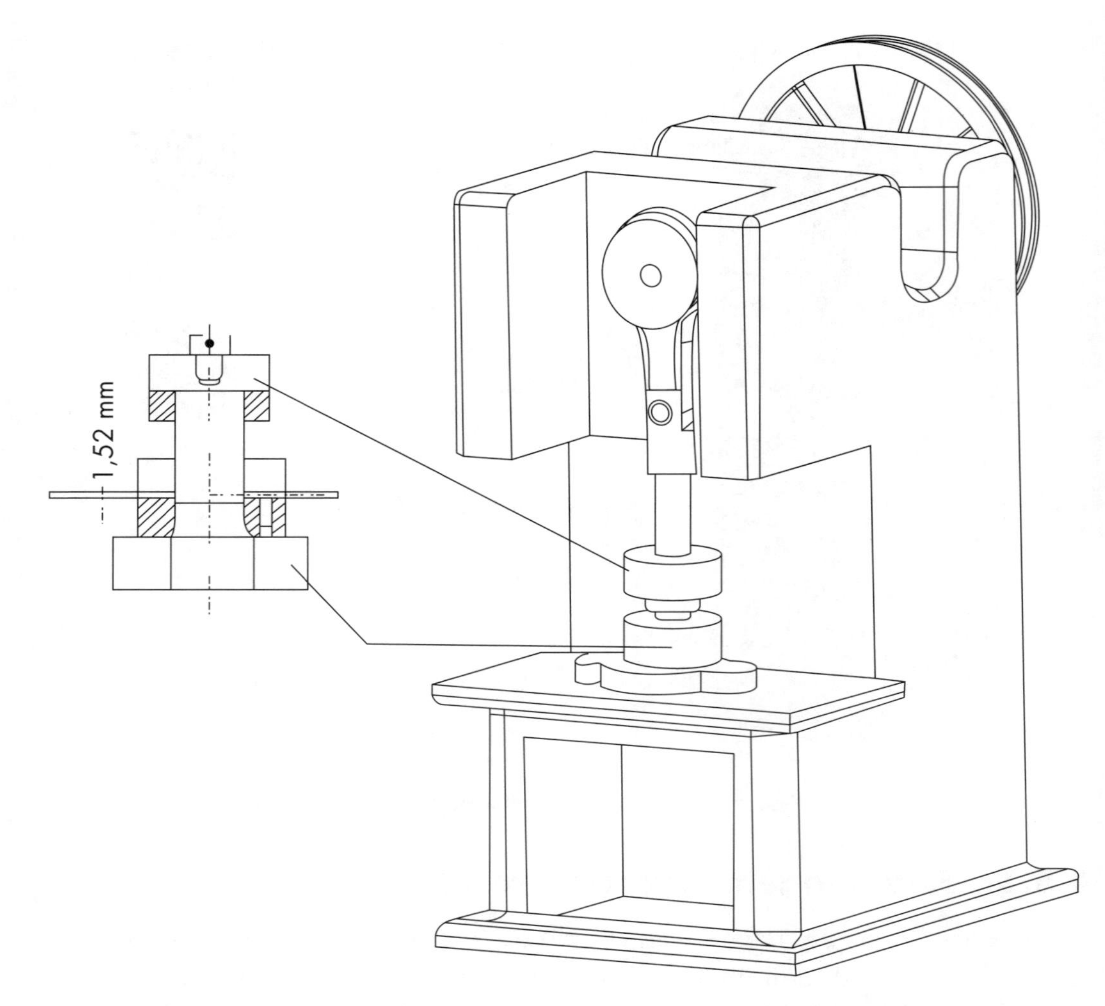

Figura 4.17 Representação básica de uma prensa excêntrica e disposição de uma ferramenta de corte de chapa.

Vídeos sobre prensa de biela:

livro.link/ppf059

livro.link/ppf060

Resolução:

- $\tau_{cisalhamento} \approx 2600$ kgf/cm2 (Tabela 4.2);
- $A = (6{,}0 + 4{,}0)*2*0{,}125 = 2{,}50$ cm^2.

Temos que:

$F_c = 2600$ kgf/cm^2 $*2{,}50$ mm^2 $= 6.500$ kgf

4.5.2 Estampagem: referência

LIRA, V. M. Processo para obtenção de estampos de alto desempenho na indústria automobilística. **Corte e conformação de metais**, São Paulo, v. 108, p. 54-65, 2014.

Nos processos de fabricação em que ocorrem ruptura ($\sigma_{trabalho} > \sigma_{ruptura}$) de material, utilizando ferramentas de propulsão mecânica de máquinas (Figura 4.17), tais como serras, tornos, fresadoras e furadeiras, são utilizados ferramenta de corte ou meio líquido para remover o material físico para alcançar uma geometria desejada. A usinagem é uma parte da fabricação de produtos de metal, mas também pode ser utilizada em materiais como madeira, plástico, cerâmica e compósitos.

livro.link/ppf061

livro.link/ppf062

Tabela 4.2 Tensões médias e alongamento aproximado de alguns aços-carbono

Material	Tensão de ruptura (kgf/cm²)			Tensão de escoamento(sE) (kgf/cm²)	Alongamento (γ%)	Obs.:
	Tração(σR)	Compressão(sR.CO)	Cisalhamento(τR.CI)			
Aço estr.	4000	4000	3000	2000	30	Aços-carbonos, recozidos ou normalizados
SAE 1010	3500	3500	2600	1300	35	
SAE 1015	3850	3850	2900	1750	30	
SAE 1020	4200	4200	3200	1930	26	
SAE 1025	4650	4650	3500	2100	22	

A seguir são descritas resumidamente as técnicas de fabricação via ruptura ($\sigma_{trabalho} > \sigma_{ruptura}$).

4.6 TORNEAMENTO

É o processo pelo qual uma ferramenta de corte (Figura 4.18a) é deslocada por meio de avanço manual ou automático, paralela ou com determinada profundidade (*ap*) relativa à superfície da peça. Na Figura 4.18 tem-se um esquema simplificado de um torno em que é possível observar o sistema de transmissão, placa, peça fixa na placa e contra ponta.

A ferramenta se desloca ao longo de dois eixos de movimento (radial (X): eixo do diâmetro da peça; e axial (Z): eixo do comprimento da peça) para produzir geometrias de revolução precisas, como cilíndrica, cônica, para executar ranhuras, entre outras. O torneamento pode ser realizado tanto do lado de fora do cilindro quanto no interior para produzir componentes tubulares com diversas geometrias (Figura 4.19).

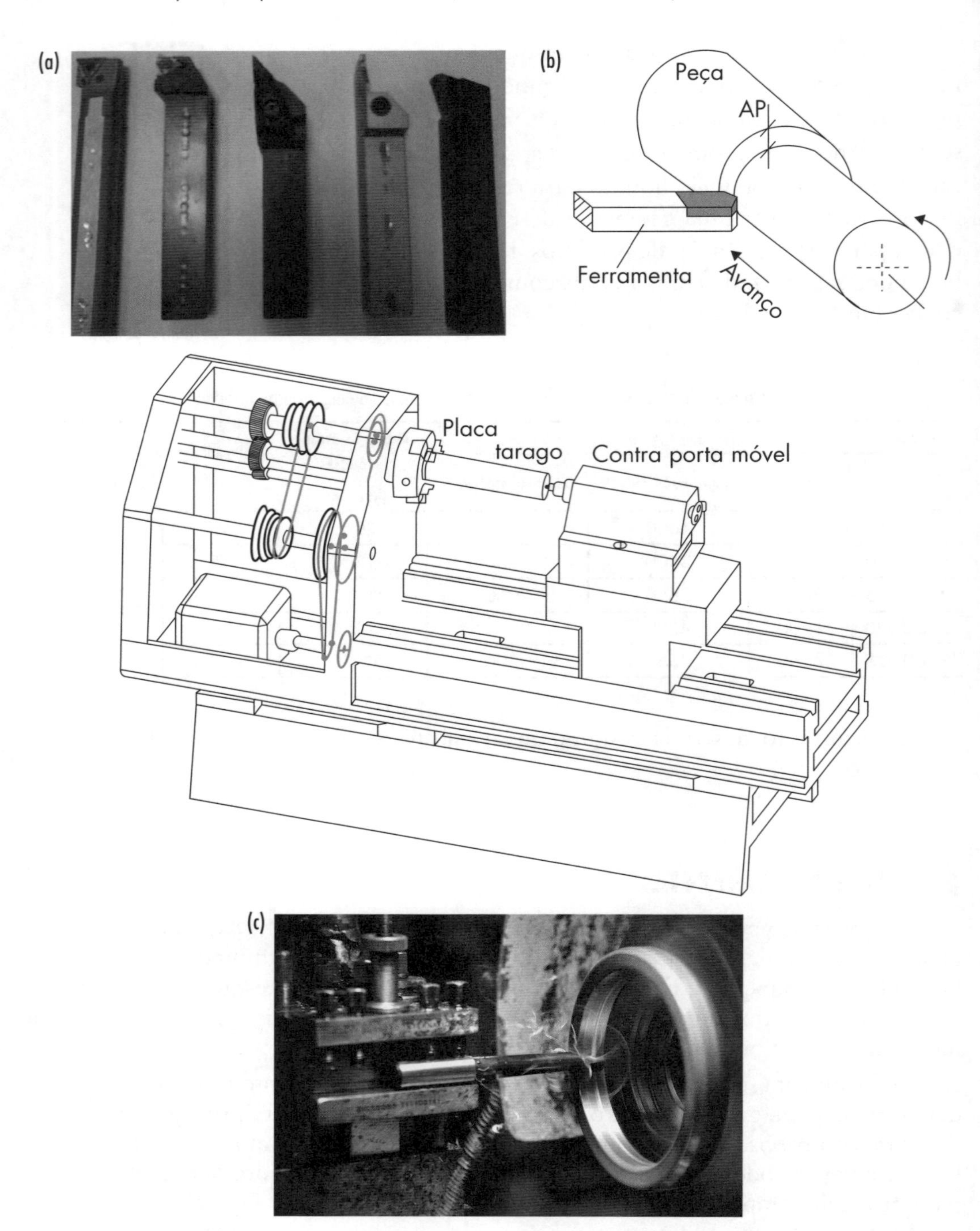

Figura 4.18 (a) Representação de algumas grandezas geométricas entre ferramenta e peça; (b) esquema simplificado de um torno, suportes e pastilhas usados no torneamento; (c) foto de um torneamento interno em uma peça de metal e exemplo de peça torneada de dimensões relativamentes grandes.

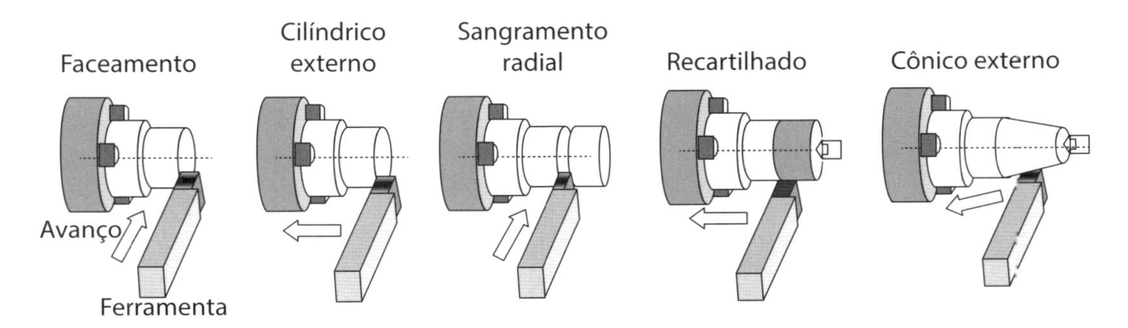

Figura 4.19 Representação de algumas formas geométricas obtidas pelo torneamento.

Nessa técnica de fabricação são utilizadas também máquinas por controle numérico computadorizado (CNC) (Figura 4.20), que posibilitam controle mais precisos de posicionamento, trocas rápidas de ferramentas (Figura 4.21), entre outras vantagens.

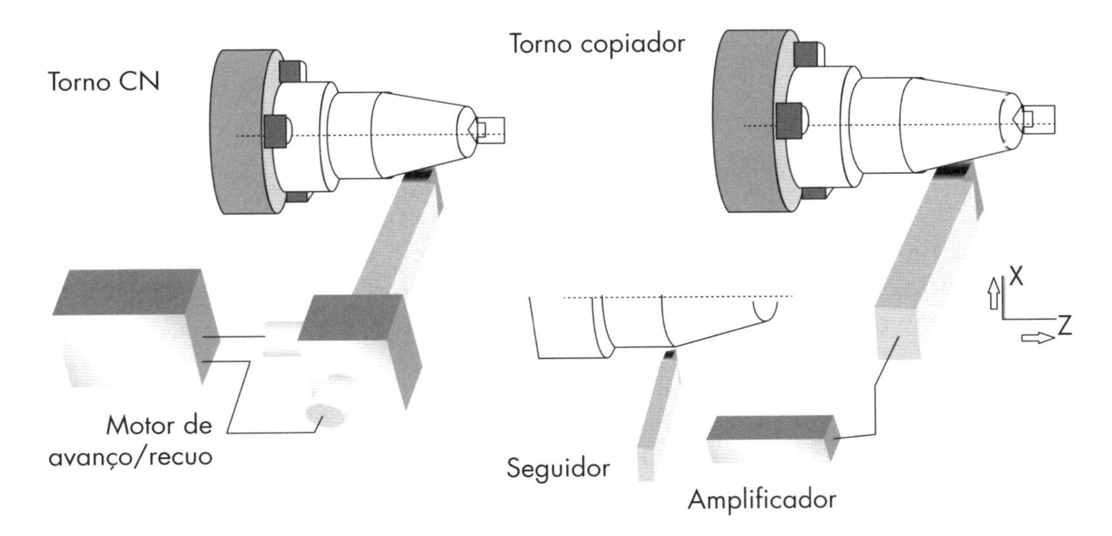

Figura 4.20 Tipos de estratégias de formas construtivas para comandar a trajetória da ferramenta ao longo dos eixos X e Z (torno CN) e a trajetória do seguidor (torno copiador).

A máquina operatriz de torno pode ter forma construtiva diversa, como torno copiador (Figura 4.20) e torno CN. Tais formas construtivas estão relacionadas às características das peças e ao volume de produção.

A matéria-prima utilizada no torneamento é geralmente obtida por outros processos, como fundição, forjamento, extrusão (metal/polímero), entre outros.

Figura 4.21 Cabeçote indexador com dez posições de ferramentas utilizado em máquina CNC para troca rápida.

Vídeos sobre torneamento:

livro.link/ppf063

livro.link/ppf064

livro.link/ppf065

4.6.1 Torneamento: exercícios resolvidos

4.6.1.1) Para o torneamento de acabamento de um eixo com 100 mm de diâmetro e 500 mm de comprimento (Figura 4.22), será utilizada uma velocidade de corte de 314 m/min e um avanço de 0,1 mm/rot. Calcular o tempo aproximado para a realização do passe de acabamento.

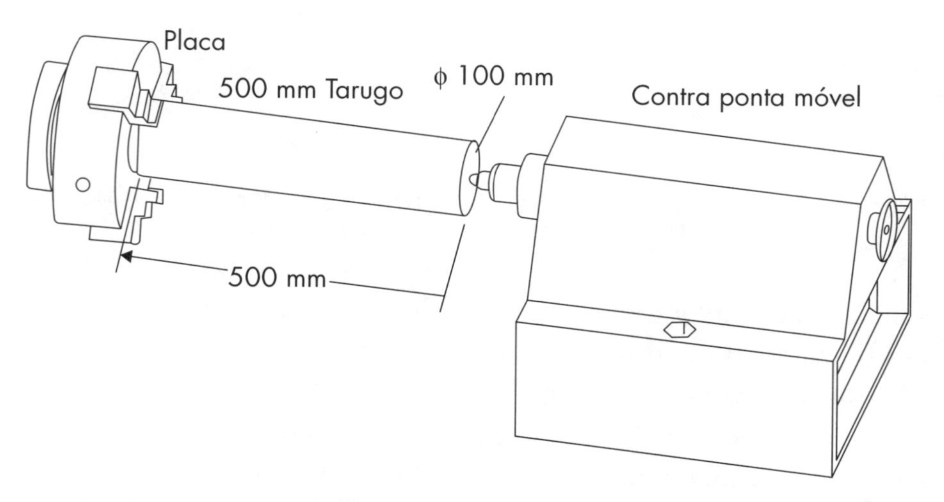

Figura 4.22 Representação básica de uma placa, de um contraponto móvel e de eixo fixo nesses dispositivos de um torno.

Resolução:

Para o cálculo do tempo de usinagem (T_u), tem-se a seguinte fórmula:

$$T_u = \frac{l_m}{f_n \cdot n}$$

em que:

T_u = tempo de usinagem (min.);

l_m = comprimento de usinagem (mm);

f_n = avanço por rotação (mm/rot.);

n = velocidade do fuso (rpm).

Ao analisar a fórmula acima, não está enunciada a grandeza velocidade do fuso. Logo, deve-se determiná-la por meio da seguinte da fórmula da velocidade de corte (V_c):

$$V_c = \frac{\pi \cdot d \cdot n}{1000}$$

em que:

V_c = velocidade de corte (min/min);

d = diâmetro do eixo (mm);

n = velocidade do fuso (rpm).

Atribuindo-se valores do enunciado, tem-se

$$314 \frac{m}{\min} = \frac{\pi \cdot 100 \cdot n}{1000} \rightarrow n = 1000 \text{ rpm}$$

Substituindo-se na fórmula do tempo de usinagem (T_u) os dados do enunciado, tem-se:

$$T_u = \frac{500 \text{ mm}}{0{,}1 \cdot 1000}, \text{ temos que}: T_u = 5 \text{ min}$$

4.6.1.2) Deve-se tornear desbastando um eixo com 100 mm de diâmetro (Figura 4.22). Para tanto, utiliza-se a velocidade de corte de 200 m/min. Desprezando-se nos cálculos o escorregamento do moto, pode-se estimar os pares de redução para obter a rotação do eixo árvore mais próxima à calculada, como indicado na Figura 4.23.

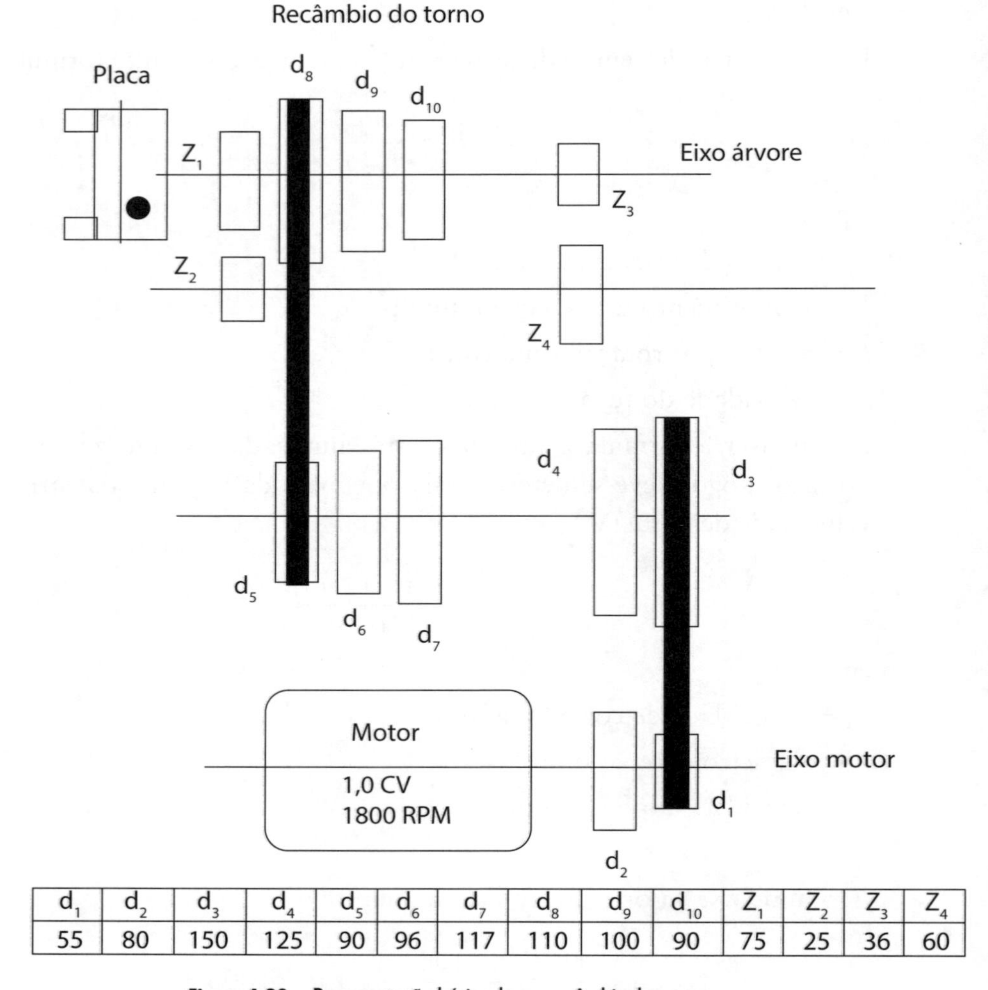

d_1	d_2	d_3	d_4	d_5	d_6	d_7	d_8	d_9	d_{10}	Z_1	Z_2	Z_3	Z_4
55	80	150	125	90	96	117	110	100	90	75	25	36	60

Figura 4.23 Representação básica de um recâmbio de um torno.

Resolução:

Atribuindo-se valores à fórmula da velocidade de corte, temos que: 200 m/min. = (ϖ.100.*n*)/1000. Logo, tem-se *n* = 636,62 rpm.

Temos que: $[(d_3/d_1)^* \ (d_9/d_6) = 2{,}8409$, logo a rotação é igual a: 1800 rpm/2,8409 = 633,6 rpm.

4.6.1.3) Em um processo de torneamento cilíndrico no qual o passe com 30 mm de diâmetro tenha uma velocidade de corte de 24 m/min, tem-se uma velocidade de rotação da árvore, em rpm, igual a:

a) 300/ϖ;

b) 400/ ϖ;

c) 600/ ϖ;

d) 800/ ϖ;

e) 900/ ϖ.

Resolução:

24 m/min. = (ϖ.30.*n*)/1000, logo tem-se *n* = 800/ ϖ rpm (alternativa D).

4.6.1.4) Nas operações de usinagem em tornos mecânicos, a direção da velocidade de avanço é paralela ao eixo principal de rotação. Assim, analise a alternativa com as operações corretas:

a) Faceamento e cilíndrico externo.

b) Cônico e sangramento radial.

c) Cilíndrico externo e recartilhamento.

d) Recartilhamento e cônico.

e) Sangramento radial e faceamento.

Resolução:

Analisando a Figura 4.19, temos que as operações nas quais a direção da velocidade de avanço é paralela ao eixo principal de rotação em um torno mecânico são as da alternativa C, cilíndrico externo e recartilhamento.

4.6.1.5) Nas operações de torneamento existem várias grandezas tecnológicas envolvidas (velocidade de corte, avanço, rotação, entre outros). Tais grandezas podem ser determinadas inicialmente via consulta de tabelas de fabricantes de ferramentas para usinagem, e depois proceder a um *try-out* para poder obter melhor aproveitamento da ferramenta, qualidade do produto compatível com as especificações do projeto e maior produtividade. Como exemplo de determinação das grandezas tecnológicas, tem-se um eixo de material inox (HB 180) fundido, com resistência à tração = 610 N/mm^2. Consultando um catálogo de fabricante, calcado no tipo de material a ser usinado e no tipo de operação (desbaste), tem-se os seguintes dados:

- Velocidade de corte (m/min): V_c = 205 m/min;
- Avanço (m/rot.): f_c = 0,1 mm/rot;
- Profundidade de corte (mm): a_p = 2,7 mm (determinado via análise da Figura 4.24, ou por consulta ao catálogo do fabricante);
- Velocidade do fuso (rpm): $n = (V_c * 1000)/\varpi * d \rightarrow n = (205 * 1000)/\varpi * 25{,}4 \rightarrow n = 2569$ rpm;
- Tempo de corte (seg.): $Tc = \dfrac{lm}{fn \cdot n}$, onde:

lm = comprimento usinado (mm).

$$Tc = \frac{100}{0{,}1 \cdot 2569} \rightarrow T_c = 23{,}3 \text{ seg.}$$

- Potência líquida (kW): $Pc = \dfrac{V_c \cdot a_p \cdot f_n \cdot k_c}{60 \cdot 10^3}$.

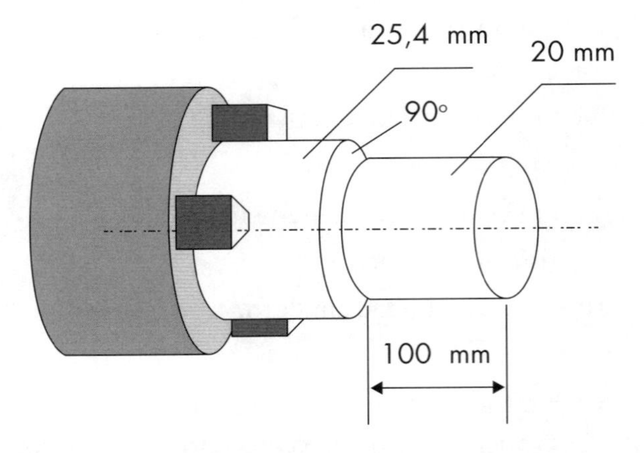

Figura 4.24 Representação básica de um eixo fixo em uma placa de um torno.

A potência líquida revela a intensidade necessária para usinar o metal. Com isso, pode-se verificar se determinada máquina dispõe da intensidade de potência durante a operação.

Das grandezas contidas na fórmula, falta determinar k_c (força de corte específica) (N/mm²), a qual é determinada empiricamente em função do tipo de material, da resistência a tração, da espessura de corte, entre outros. Como não é o objetivo deste exemplo determinar tal grandeza, adotou-se $k_C = 4500$ N/mm² (dado consultado em tabela de fabricante).

Atribuindo-se valores na fórmula da potência, temos: $P_C = 4{,}15$ Kw ou 5,5 cv (para: 1 cv = 745,7 W).

4.6.1.6) Com base nos dados de uma operação de torneamento indicados abaixo, determinar:

a) O valor da força de corte (F_C).

b) A potência de corte ($N_C N_C$) dada uma eficiência da máquina de 0,95.

- $\phi = 200$ mm (diâmetro inicial do tarugo);
- $a_p = 3{,}5$ mm (profundidade de corte);
- $V_c = 250$ m/min. (velocidade de corte);

- n = 1000 rpm (rotação do eixo árvore);
- f = 0,3 mm/ver. (avanço);
- k_c = 4000 N/mm² (força específica de corte).

Resolução:

a) Utilizando a fórmula abaixo é determinada a força de corte (F_C):

$$F_c = ap \cdot f \cdot K_c$$

$$F_c = 3,5 \cdot 0,3 \cdot 4000 \rightarrow F_c = 4200\ N\ (420\ \text{kgf})$$

b) Cálculo da potência de corte (N_c):

$$N_c = \frac{F_c V_c}{60 \cdot 75} \rightarrow N_c = \frac{420 \cdot 250}{60 \cdot 75 \cdot 0,95} \rightarrow N_c \cong 25\ CV$$

4.7 FRESAMENTO

O processo de fresamento utiliza ferramentas (Figura 4.25) que rotacionam no seu próprio eixo enquanto a peça é fixa em uma mesa que se desloca ao longo dos eixos X, Y e Z (Figura 4.26). Nessa técnica são consideradas as grandezas tecnológica como velocidade de corte, penetração de avanço (*af*), penetração de trabalho (*ae*), largura de usinagem (*ap*) e os parâmetros geométricos (coordenadas em X, Y e Z), entre outros.

Vídeos sobre fresamento:

livro.link/ppf066

(a)

(b)

Figura 4.25 (a) Ferramentas de fresar montadas em mandris para serem utilizadas em máquina CNC; (b) suporte para pastilhas redondas usadas no fresamento.

As máquinas fresadoras são geralmente classificadas em duas formas básicas, horizontal e vertical, que se referem à orientação do eixo principal (Z). Os movimentos de corte são precisos e podem ser controlados em 0,01 mm. Tais máquinas podem ser operadas manualmente ou a serem mecanicamente automatizadas ou digitalmente automatizadas por controle numérico computadorizado (CNC).

livro.link/ppf067

livro.link/ppf068

As fresadoras podem executar um grande número de operações, desde simples corte de chavetas, aplainamento, furação ou geometrias complexas. O fluido de corte é frequentemente bombeado para o local de corte para resfriar e lubrificar a região.

Em termos operacionais, o fresamento tem como grandezas operacionais a velocidade de corte, proporcinada pela rotação da peça, e a velocidade de avanço, provocada pela translação da ferramenta sobre a peça. Além dessas grandezas, pode-se observar pela Figura 4.26 outras grandezas como a_p = profundidade ou largura de usinagem; a_e = penetração de trabalho; e a_f = penetração de avanço.

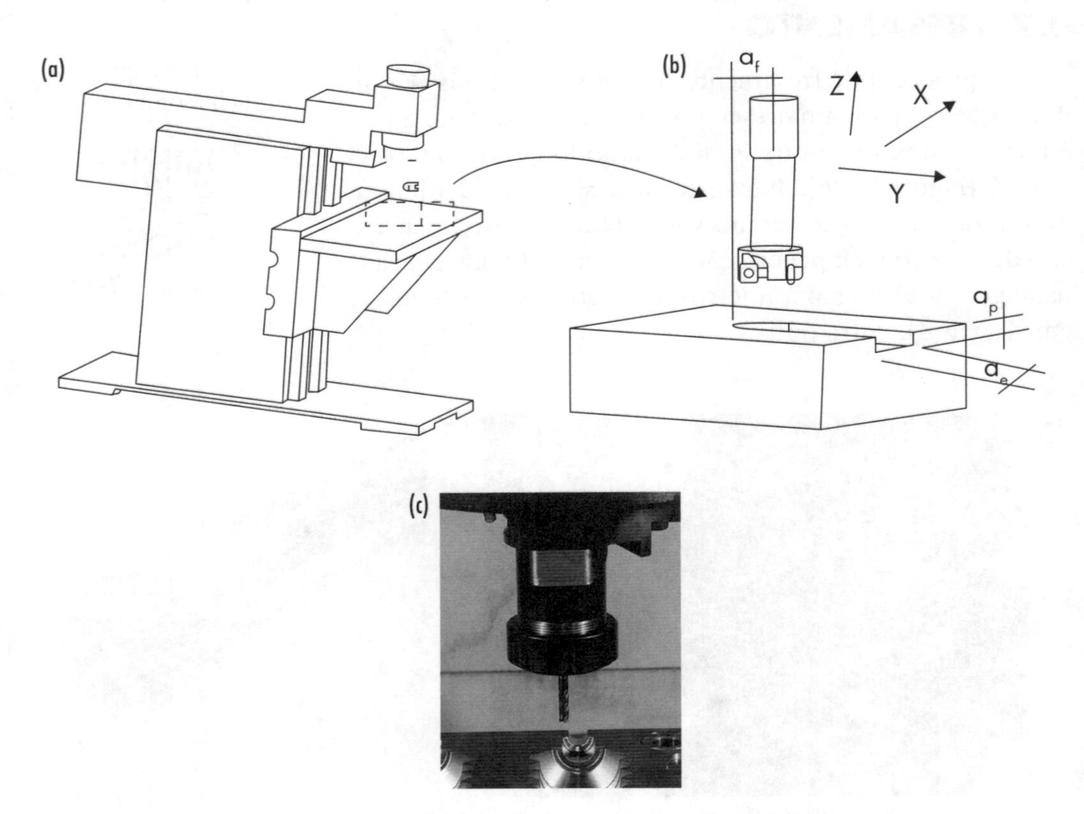

Figura 4.26 (a) Esquema de uma máquina fresadora; (b) representação básica de algumas grandezas geométricas entre fresa e peça; (c) foto do processo de fresamento lateral de uma peça em aço.

O deslocamento da peça em direção à ferramenta pode ocorrer de duas formas: concordante ou discordante. No deslocamento concordante (Figura 4.27), a peça tem mesmo sentido que a rotação do dente da fresa, enquanto no movimento discordante ocorre o oposto.

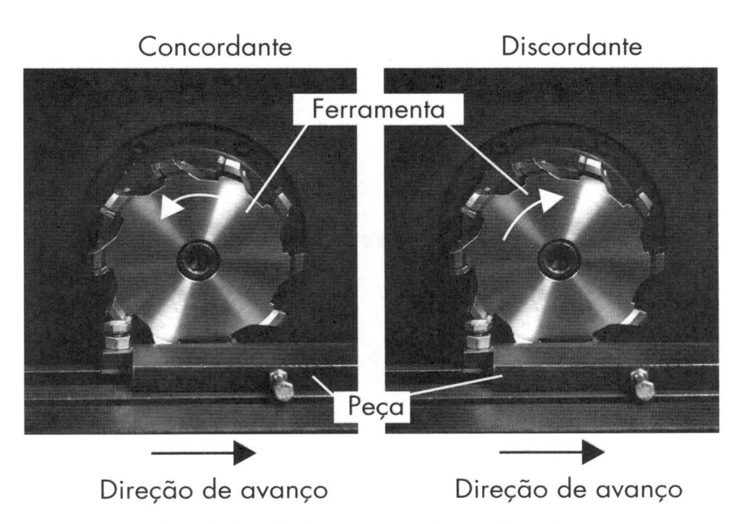

Figura 4.27 Movimentos concordante e discordante.

4.7.1 Fresamento: exercícios resolvidos

4.7.1.1) Utilizando-se uma fresa cilíndrica de diâmetro de 4 cm e 8 dentes para usinar uma peça de aço de 100 kgf/mm², qual será o avanço de mesa mais adequado durante o acabamento, sabendo que a rotação é de 120 rpm?

Resolução:

$$\text{Avanço da mesa (velocidade de avanço) (mm)}$$
$$V_f = f_z \cdot n \cdot z_n$$

em que:

f_z = avanço por dente [mm];

n = rotações do fuso;

z_n = número total de arestas na ferramenta.

Considerando que o material a ser cortado tem 100 kgf/mm² de dureza e que a operação é de acabamento, e consultando a tabela da fabricante de ferramentas (fresas de aço rápido), utiliza-se avanço de 0,06 mm/dente. Assim, realiza-se o seguinte cálculo:

$$V_f = f_z . n . z_n \rightarrow V_f = 0{,}06 \text{ mm x } 120 \text{ rpm x } 8 \text{ dentes} \rightarrow$$

$$V_f = 57{,}6 \text{ mm/min}$$

4.7.1.2) Em uma operação de fresagem, utiliza-se uma fresa de 50 mm de diâmetro e 20 dentes, a uma rotação de 450 rpm, com um avanço por dente de 0,15 mm. Pede-se para calcular a velocidade de avanço.

Resolução:

Avanço da mesa (velocidade de avanço) (mm)

$$V_f = f_z \cdot n \cdot z_n$$

onde:

f_z = avanço por dente [mm];

n = rotações do fuso;

z_n = número total de arestas na ferramenta.

$$V_f = f_z . n . z_n \rightarrow V_f = 0{,}15 \text{ mm x } 450 \text{ rpm x } 20 \text{ dentes} \rightarrow$$

$$V_f = 1350 \text{ mm/min}$$

4.7.1.3) É possível determinar por cálculo a potência líquida no fresamento (P_{Cf}). Tal grandeza, assim como no torneamento, revela a intensidade necessária para usinar o metal e é estimada por meio da seguinte fórmula:

$$Pcf = \frac{K_s \cdot a_e \cdot b \cdot V_f}{60 \cdot 75 \cdot 10^3}$$

em que:

K_s = pressão específica de corte (kgf/mm²);

a_e = largura de material a ser removida pela fresa (mm);

b = largura da pastilha (mm);

v_f = velocidade de avanço da mesa (m/min.):

$$V_f = f_z \cdot Z \cdot n$$

em que:

f_z = avanço por dente da fresa (mm/rot.);

Z = número de dentes da fresa (admensional);

n = velocidade do fuso (rpm).

A relação prática entre o diâmetro de corte da fresa (D_c) e a largura de material a ser removida pela fresa (a_e) (Figura 4.28) é indicada como $Dc/a_e = 4/3$.

Calcado nos dados dimensionais da Figura 4.28 e sendo fornecidas Vc = 250 m/min, $f_z = 0{,}2$ mm/rot, número de 8 pastilhas, pede-se para determinar a velocidade do fuso em rpm e avanço da mesa.

Resolução:

Dada a relação: $Dc/a_e = 4/3$, temos que:

$a_e = 94$ mm. Então: $Dc = 125$ mm.

$$n = \frac{V_c \cdot 1000}{\pi \cdot D_c}$$

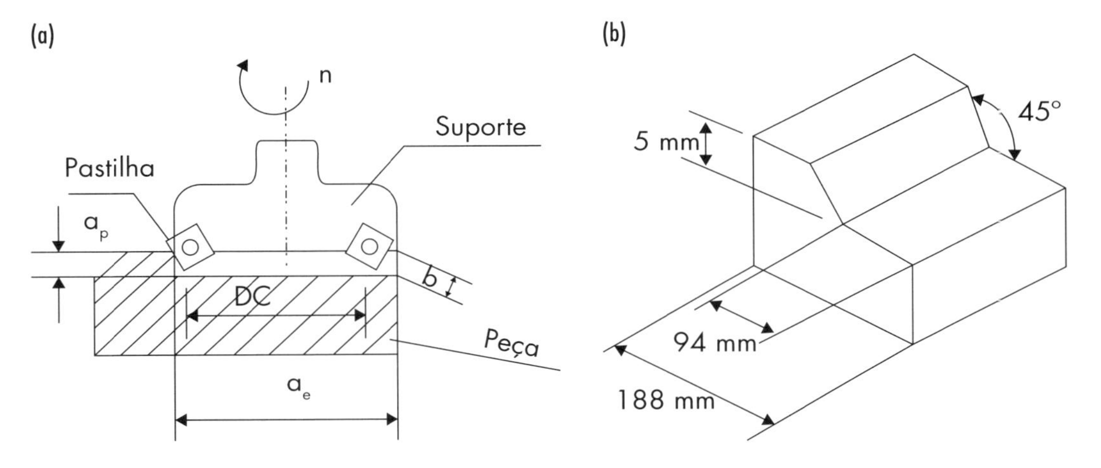

Figura 4.28 (a) Representação básica de algumas grandezas geométricas entre fresa e peça; (b) dados dimensionais da peça para operação de fresamento.

O cálculo da velocidade do fuso (n) é realizado pela seguinte fórmula:

$$n = \frac{250 \cdot 1000}{\pi \cdot 125} \rightarrow n = 637 \text{ rpm}$$

O cálculo do avanço da mesa (*Vf*) é realizado pela seguinte fórmula: $V_f = f_z \cdot n \cdot Z$

$$V_f = 0{,}2 \cdot 637 \cdot 8 \rightarrow V_f = 1070{,}2 \text{ m/min}$$

A Figura 4.29 representa as possíveis montagens do recâmbio para assim determinar a gama de rotações de saída no eixo do mandril. Os valores dos números de dentes de cada engrenagem e polias do recâmbio estão descritas na tabela da Figura 4.29.

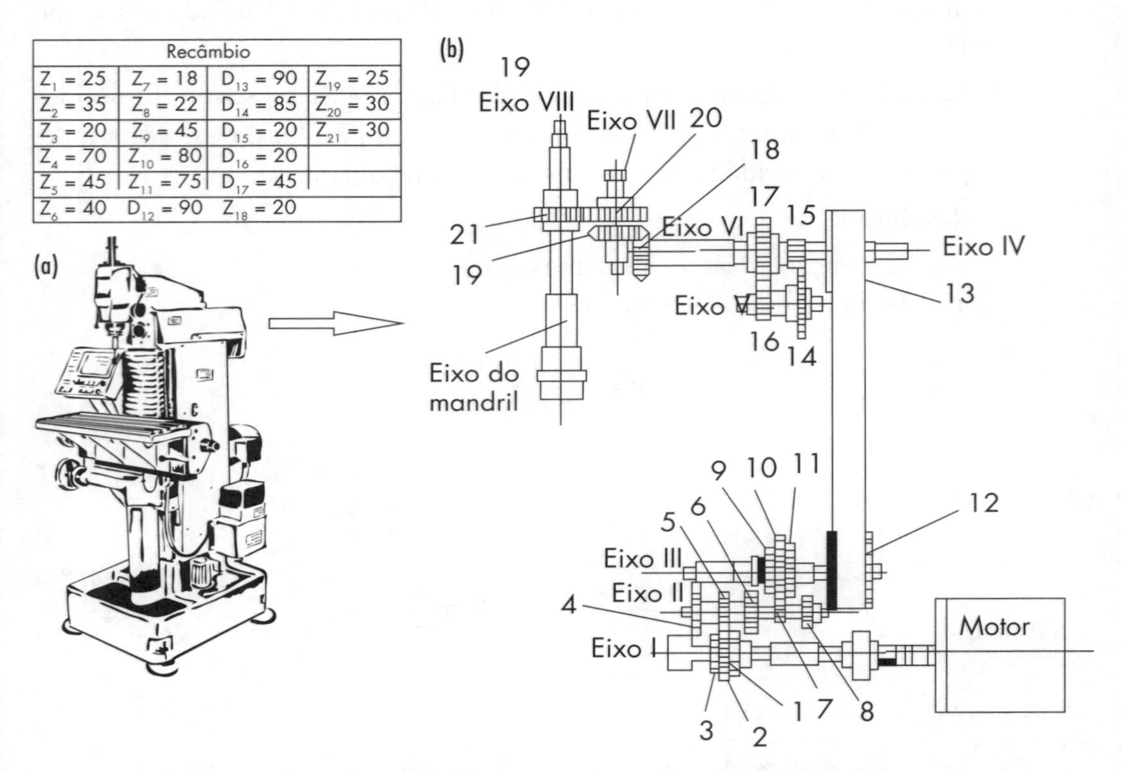

Recâmbio			
$Z_1 = 25$	$Z_7 = 18$	$D_{13} = 90$	$Z_{19} = 25$
$Z_2 = 35$	$Z_8 = 22$	$D_{14} = 85$	$Z_{20} = 30$
$Z_3 = 20$	$Z_9 = 45$	$D_{15} = 20$	$Z_{21} = 30$
$Z_4 = 70$	$Z_{10} = 80$	$D_{16} = 20$	
$Z_5 = 45$	$Z_{11} = 75$	$D_{17} = 45$	
$Z_6 = 40$	$D_{12} = 90$	$Z_{18} = 20$	

Figura 4.29 (a) Ilustração de uma fresadora; (b) representação esquemática do recâmbio e respectiva tabela de recâmbio.

4.7.1.4) De posse dos dados de rpm do Exercício G.1.2 e o número de dentes das engrenagens da tabela da Figura 4.29, pede-se para determinar a montagem do recâmbio para satisfazer a rotações do eixo do mandrial, sendo dada a rotação do motor elétrico de 1800 rpm (potência: 3 cv).

Resolução: $\left(\frac{Z2}{Z5}\right) \cdot \left(\frac{Z6}{Z9}\right) \cdot \left(\frac{Z17}{Z13}\right) \cdot \left(\frac{Z16}{Z17}\right) \cdot \left(\frac{Z18}{Z19}\right) \cdot \left(\frac{Z20}{Z21}\right) \cdot 1800$

Substituindo-se por valores, temos: $\left(\frac{35}{45}\right) \cdot \left(\frac{40}{45}\right) \cdot \left(\frac{90}{90}\right) \cdot \left(\frac{20}{20}\right) \cdot \left(\frac{20}{25}\right) \cdot \left(\frac{30}{30}\right) \cdot 1800$

Resolvendo-se, temos: 442,47 Rpm

4.8 APLAINAMENTO

Aplainamento é uma operação que consiste basicamente em aplainar uma superfície retilínea utilizando-se uma máquina-ferramenta, denominada plainadora. Os movimentos retilíneos sobre a superfície de um material geram rasgos (Figura 4.30) e o material retirado denomina-se cavaco.

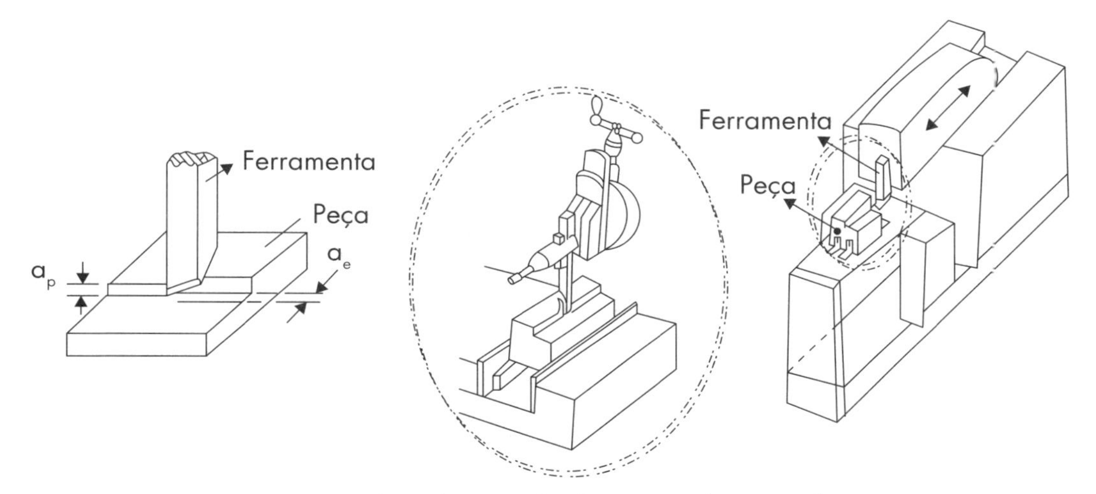

Figura 4.30 Representação básica do processo de aplainamento e algumas grandezas operacionais.

As ferramentas utilizadas nesse processo são normalmente feitas de aço rápido com extremidades de materiais mais resistentes, pois diversos materiais são usinados, como alumínio, latão, bronze, ferro fundido, cobre e aços-carbonos em geral.

Esse processo apresenta certas limitações, como baixo nível de acabamento e maior tempo de usinagem, pois a ferramenta só retira material em um sentido, com curso de corte relativamente pequeno (~600 mm).

Vídeos sobre aplainamento:

livro.link/ppf069

livro.link/ppf070

livro.link/ppf071

4.8.1 Aplainamento: exercício resolvido

Deseja-se calcular o número de golpes por minuto em um processo de aplainamento em um aço doce (baixo carbono) e o tempo de usinagem necessário para efetuar o processo. Para tanto, a regulagem do número de golpes por minutos é calculada por meio da seguinte fórmula:

$$gpm = \frac{V_C \cdot 1000}{2 \cdot C_{ef}}$$

em que:

V_C = velocidade máximas de corte (m/min) (ver Tabela 4.3);

C = curso de corte (mm) (Figura 4.31);

C_{ef} = C + X + Y (curso efetivo) (mm) (Figura 4.31).

Tabela 4.3 Velocidades de cortes em plainas com uso de ferramentas de aço rápido

Material	Velocidades de corte (m/min)	Material	Velocidades de corte (m/min)
Alumínio	43	Cobre	25
Latão	46	Aço 1010/1015/1020	16
Bronze (cobre (98%)-estanho (2%))	43	Aço 1030/1040/1050	14
Bronze (cobre (90%)-estanho (10%))	15	Aço 1060/1080/1085	11
Ferro fundido cinzento	18		

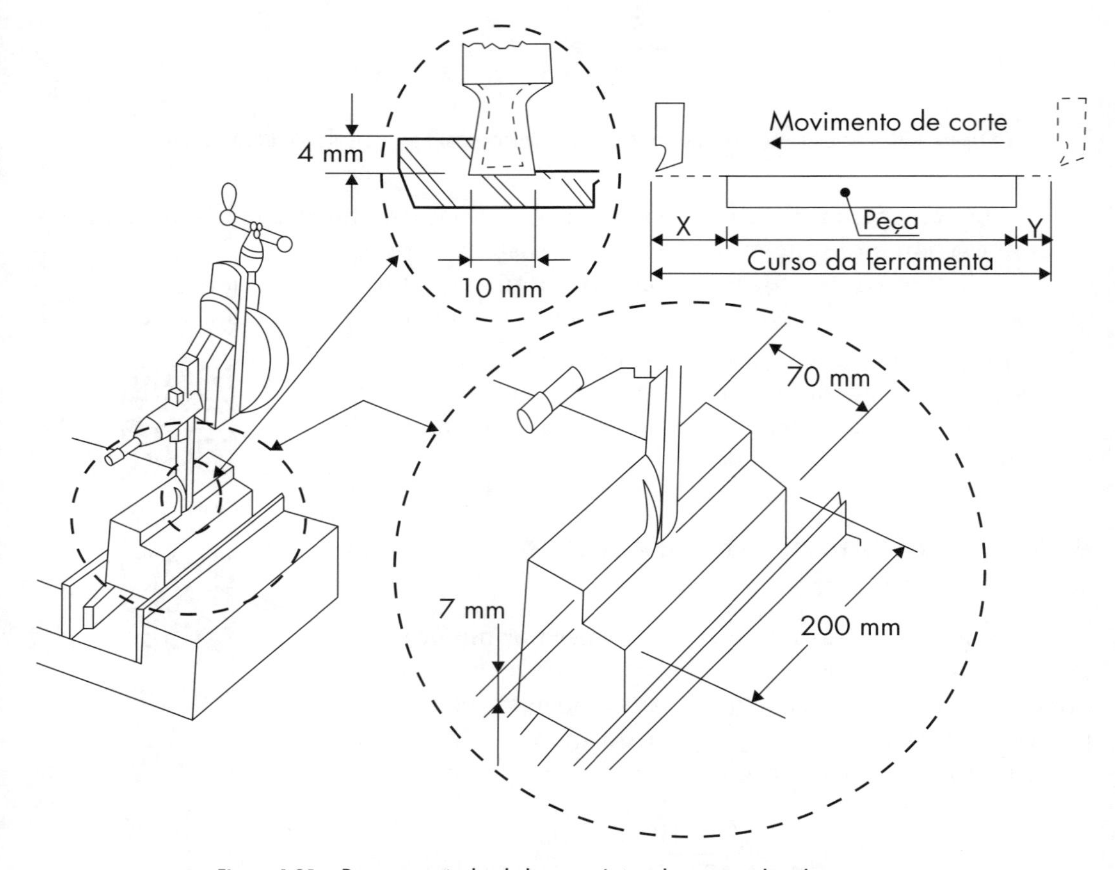

Figura 4.31 Representação dos dados geométricos do processo de aplainamento.

Para o cálculo, considerar que X e Y são folgas entre o início do curso e o término do curso. Adotar: X = 10 mm e Y = 10 mm.

A espessura de corte (a_e) por passada é igual a 9 mm e a profundidade de corte (a_p) igual a 4 mm.

Resolução:

a) Cálculo do número de golpes por minutos

$$C_{ef} = C + X + Y = 200 + 10 + 10 = 220 \text{ mm}$$

$$V_C = 15{,}24 \text{ (m/min)}$$

Atribuindo-se os dados na fórmula: $gpm = \dfrac{V_C \cdot 1000}{2 \cdot C_{ef}}$

Temos: $gpm = \dfrac{15{,}24 \cdot 1000}{2 \cdot 220} \cong 34{,}64$

b) Cálculo do tempo de usinagem

A peça tem largura de 70 mm e a espessura de corte é igual a 9 mm; logo, são necessárias: 70 mm/9 mm ≈ 8 passadas para retirar 4 mm de material dos 70 mm. Portanto, são necessárias 16 passadas para se retirar 7 mm de material dos 70 mm.

Tempo de usinagem = 34,64 gpm · 16 passadas = 271,3 minutos.

4.9 FURAÇÃO

É um método de fabricação que visa obter ou expandir cavidades cilíndricas em peças sólidas via uso de ferramenta multicortante (Figura 4.32).

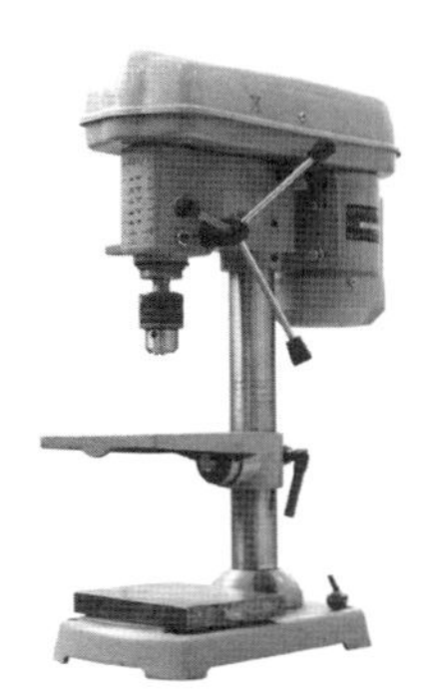

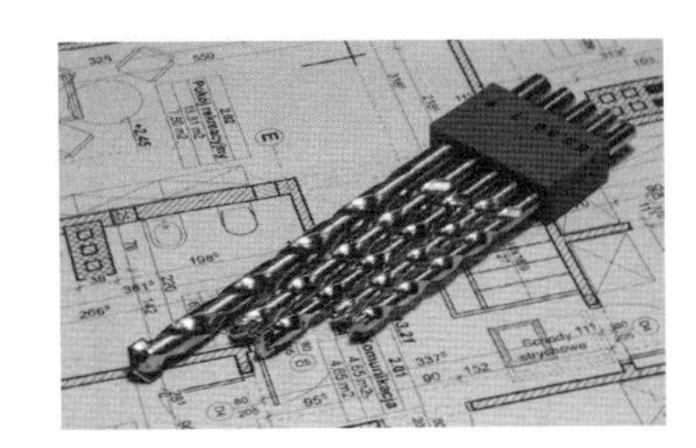

Figura 4.32 Fotos de uma furadeira de bancada, várias brocas e broca fixa em mandril.

Quando o processo é realizado em uma furadeira (Figura 4.32), a broca gira enquanto a peça está fixa. O movimento da ferramenta segue uma trajetória retilínea, coincidente ou paralela ao eixo principal da máquina. No processo de furação podem ser furadas peças de diferentes materiais, como metal, madeira, polímeros, entre outros.

Vídeos sobre furação:

livro.link/ppf072

livro.link/ppf073

livro.link/ppf074

4.9.1 Furação: exercício resolvido

Deseja-se usinar um furo de 12 mm de diâmetro com 15 mm de profundidade em um aço-carbono de 650 N/mm^2 de resistência à tração. Para tanto, deve-se utilizar uma broca de aço rápido.

Pede-se para determinar as seguintes grandezas de corte:

a) Velocidade de corte (m/min).

b) Avanço (mm/rot.).

c) Selecionar a rotação do fuso da furadeira calcado nos dados da tabela e do motor.

d) Determinação da rotação do fuso via recâmbio da furadeira.

Para a resolução, utilizar a Tabela 4.4 e dados técnicos da Figura 4.33.

Tabela 4.4 Dimensões das polias

Diâmetros das polias (mm)					
Motora 1	74	Interm. 1	39	Fuso 1	114
Motora 2	61	Interm. 2	54	Fuso 2	103
Motora 3	45	Interm. 3	71	Fuso 3	89
Motora 4	38	Interm. 4	77	Fuso 4	82

a) **Determinação da velocidade de corte**

Dada a resistência à tração do material a ser usinado de 650 N/mm^2 e consultando a tabela de fabricante de brocas, temos que: velocidade de corte entre 25 m/min a 28 m/min; fator M = 0,8; e lubrificante: óleo solúvel.

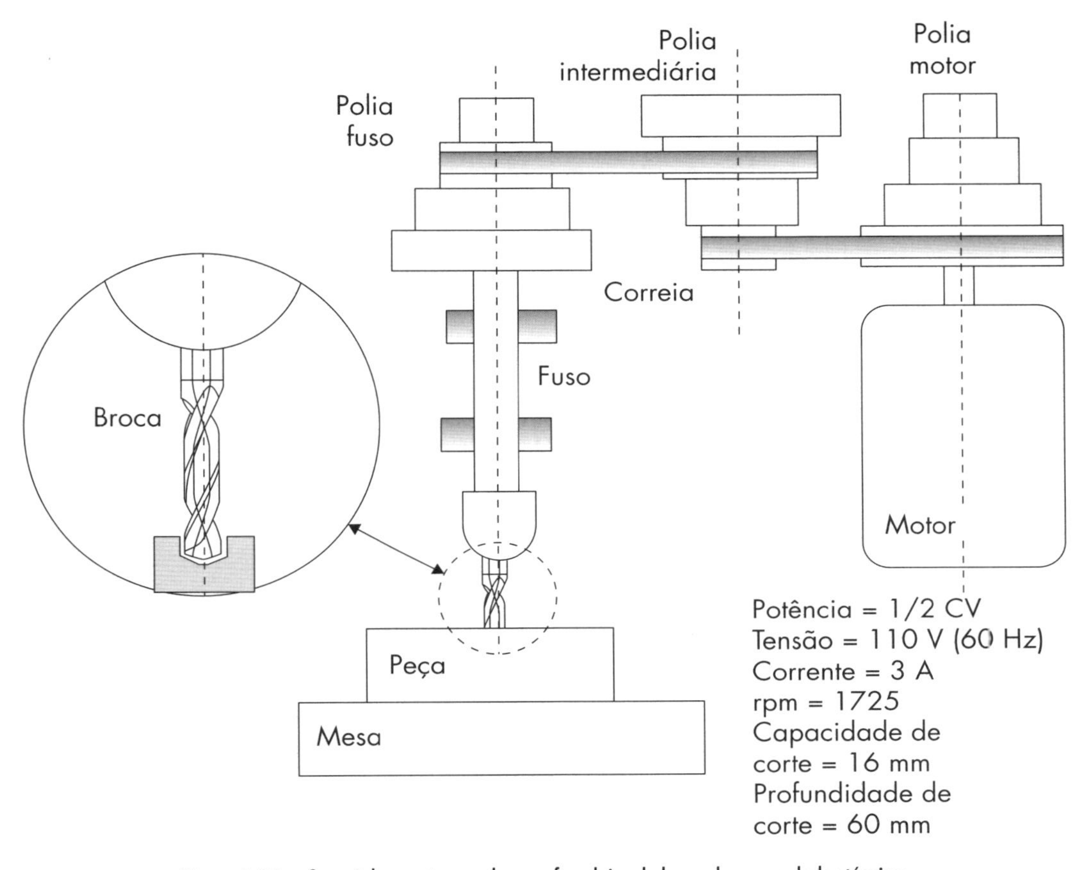

Figura 4.33 Croqui da montagem de uma furadeira de bancada e seus dados técnicos.

b) Determinação do avanço

Consultando-se o diagrama de avanços (tabela de fabricante de brocas), temos as características das curvas, como segue:

Campo I: para diâmetros até 8 mm → $s = (0{,}0250 \times d).M$.

Campo II: para diâmetros de 8 mm até 20 mm → $s = (0{,}0125 \times d + 0{,}1).M$.

Campo III: para diâmetros acima de 20 mm → $s = (0{,}0080 \times d + 0{,}19).M$.

Assim, dado o diâmetro de 12 mm, temos o campo II para diâmetros de 8 mm até 20 mm → $s = (0{,}0125 \times d + 0{,}1).M$.

Atribuindo-se os dados obtidos na equação do campo II, temos que:
$s = (0{,}0125 \times 12{,}0 + 0{,}1).0{,}8 = 0{,}20$ mm/rotação.

c) **Determinação da rotação do fuso da furadeira**

$$V_c = \frac{\pi \cdot d \cdot n}{1000} \text{ (m/min)}$$

em que:

V_c = velocidade de corte (m/min);

$\pi \cong$ 3,141592 (admensional);

d = diâmetro do furo (mm);

n = rotação do fuso (rpm)

Para a situação descrita no enunciado do problema, temos:

- velocidade de corte entre 25 a 28 m/min;
- d = 12,0 mm.

Logo, pode-se determinar a rotação em função da velocidade do diâmetro do furo.

$$\text{Para } V_c = 25 \text{ m/min} \rightarrow 25 = \frac{\pi \cdot 12 \cdot n}{1000} \rightarrow n \cong 663{,}146 \text{ rpm}$$

$$\text{Para } V_c = 28 \text{ m/min} \rightarrow 28 = \frac{\pi \cdot 12 \cdot n}{1000} \rightarrow n \cong 742{,}723 \text{ rpm}$$

d) **Determinação da rotação do fuso por recâmbio da furadeira**

Analisando-se o recâmbio, tem-se a rotação mais próxima de 650 rpm.

e) **Determinação da potência na furadeira**

Para o cálculo da potência na operação de furação, utiliza-se a fórmula:

$$P = \frac{1{,}25 \cdot \phi^2 \cdot k \cdot n\,(0{,}056 + 1{,}5 \cdot f_n)}{1000}$$

em que:

P = potência (KW);

ϕ = diâmetro da broca: 12 mm (conforme enunciado do problema);

k = fator de correção do material (admensional): 1,9 (para aços-carbonos conforme tabela de fabricante de ferramentas);

n = rotação no eixo do mandril (rpm): 650 rpm (item d);

f_n = avanço da broca (mm/rot.): 0,20 mm/rotação (item b acima).

Atribuindo-se valores na fórmula, temos:

$$P = \frac{1,25 \cdot 12^2 \cdot 1,9 \cdot 650\,(0,056 + 1,5 \cdot 0,2)}{100000}$$

$$P = 0,6331 \text{ KW ou}$$

$$P = 1,341 \cdot 0,6331 = 0,85 \text{ HP} = 0,83 \text{ CV}$$

$$(1 \text{ cv} = 0,9863 \text{ hp})$$

Conclusão: não é possível realizar essa operação de furação para tais parâmetros. Assim, deve-se alterar alguns parâmetros ou realizar a furação em uma máquina de maior potência.

4.10 SERRAMENTO

Nesse processo, o material é seccionado ou recortado (Figura 4.34). As ferramentas utilizadas são multicortantes e tem movimento alternado.

Normalmente é um processo utilizado para cortar *blanks*, tubos, sextavados, quadrados, entre outros, e para operações posteriores.

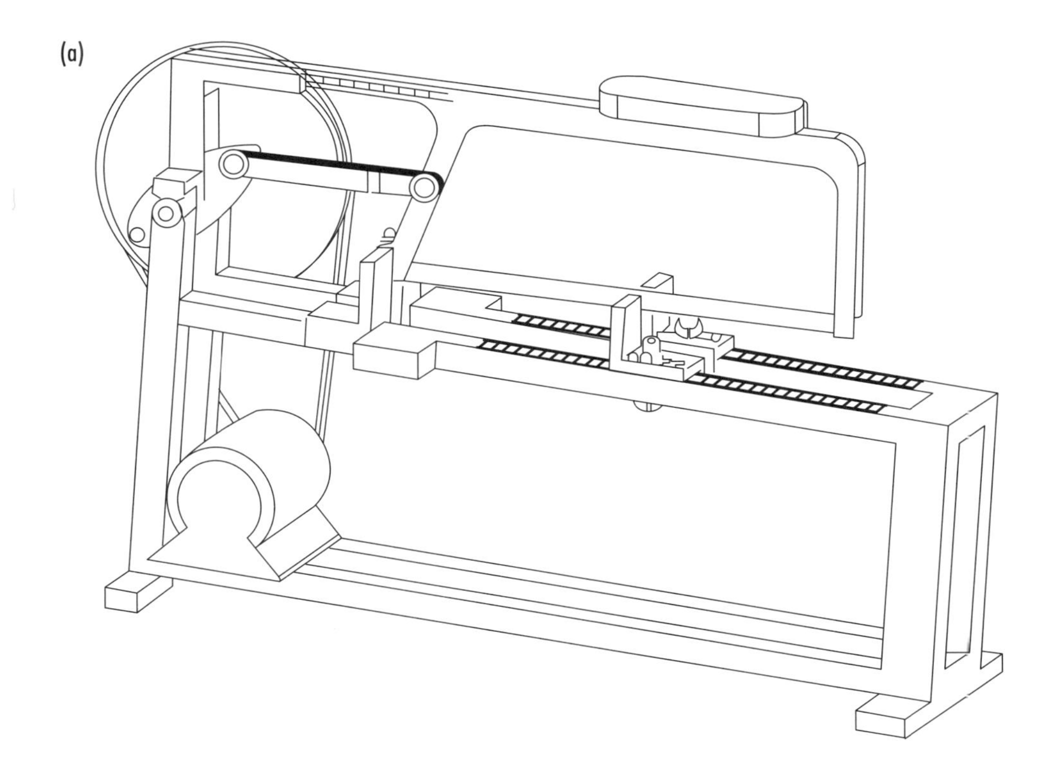

(b)

Figura 4.34 Representação de algumas serras em forma de disco: (a) croqui de uma máquina de serrar com movimentos alternativos; (b) serra atuando na peça.

4.10.1 Serramento: exercício resolvido

Assim como descrito no aplainamento (item 4.8.1), o procedimento para o cálculo das grandezas no serramento é semelhante. Ressalta-se que os valores das máximas velocidades indicadas na Tabela 7 também são os mesmos do aplainamento.

No processo de serrar, o movimento da serra é linear e, assim, a ferramenta, no caso a serra, atua sobre a peça em golpes de ir e vir. Dessa forma, o número de golpes por minutos é calculado por meio da seguinte fórmula:

$$gpm = \frac{V_C \cdot 1000}{2 \cdot C_{ef}}$$

em que:

$V_C =$ velocidade de corte (m/min) (ver Tabela 7);

$C =$ curso de corte (mm) (Figura 4.35);

$C_{ef} =$ C + X + Y (curso efetivo) (mm) (Figura 4.35).

Deseja-se calcular o número de golpes por minutos em um processo de serramento de uma barra redonda de 4" (101,6 mm) de aço médio carbono e o tempo de usinagem necessário para efetuar o processo.

Vídeos sobre serramento:

livro.link/ppf075a

livro.link/ppf075b

livro.link/ppf076

livro.link/ppf077

a) **Cálculo do número de golpes por minutos (adotar folga X e Y de 50 mm cada)**
- $C_{ef} = C + X + Y = 101{,}6 + 50 + 50 = 201{,}6$ mm
- $V_C = 13{,}72$ (m/min)

Atribuindo-se os dados na fórmula: $gpm = \dfrac{V_C \cdot 1000}{2 \cdot C_{ef}}$

Temos: $gpm = \dfrac{13{,}72 \cdot 1000}{2 \cdot 201{,}6} \cong 34{,}03$

b) **Cálculo do tempo de usinagem**

A peça tem diâmetro de 101,6 mm. Considerar avanço da serra em direção à peça de 3 mm. Logo, são necessárias: 101,6 mm/3 mm ≈ 34 passadas para retirar 3 mm. Portanto, tempo de usinagem = 34,03 gpm * 34 passadas ≈ 1157 minutos.

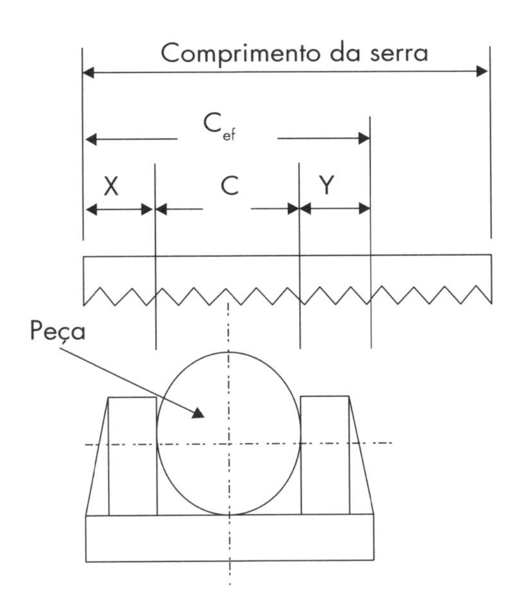

Figura 4.35 Grandezas para o cálculo da operação de serramento.

4.11 ALARGAMENTO

É um processo de acabamento, pois proporciona, em furos previamente usinados, superfícies com alta qualidade superficial e precisão dimensional e de forma. Tal processo utiliza ferramenta de corte com geometria definida, a qual tem forma cilíndrica ou cônica e, por meio de movimento rotativo de corte e de avanço axial, usina furos.

A precisão e acabamento do furo alargado dependem da fixação da peça, da rigidez da máquina-ferramenta, dos parâmetros de corte, da aplicação de fluido de corte e, principalmente, da condição do pré-furo. O processo de alargamento necessita de um furo preexistente realizado em furadeira.

Ressalta-se que as velocidades de avanço utilizadas para esse processo são, usualmente, maiores daquelas utilizados para a furação – geralmente de 2,5 a 3 vezes maior. Em termos de materiais a serem usinados, tem-se as seguintes velocidades de corte: entre 15 m/min e 92 m/min (ligas de aço carbono), entre 15 m/min e 76 m/min (ferros fundidos) e entre 153 m/min e 305 m/min (plásticos, ligas de magnésio e alumínio).

O processo de alargamento é empregado na usinagem de diferentes peças, como a usinagem em: válvulas hidráulicas e componentes da indústria aeronáutica, fabricação de várias peças para motores de combustão interna (cabeçote: linha da árvore de comando, tucho hidráulico, guia de válvula e seu alojamento, alojamento da vela de ignição; bloco: linha da árvore do virabrequim; biela e bomba de óleo; carcaça de transmissão; cilindro de freio e braço da suspensão).

Na Figura 4.36 é possível visualizar a cinemática do processo de corte, com um alargador expansível com quatro arestas e ângulo de hélice neutro. Tem-se ainda algumas grandezas como *X* (ângulo de entrada ou direção); *fz* (avanço por aresta de corte); *f* (direção de avanço); *vf* (velocidade de avanço); *ap* (profundidade de corte); e *Vc* (velocidade de corte).

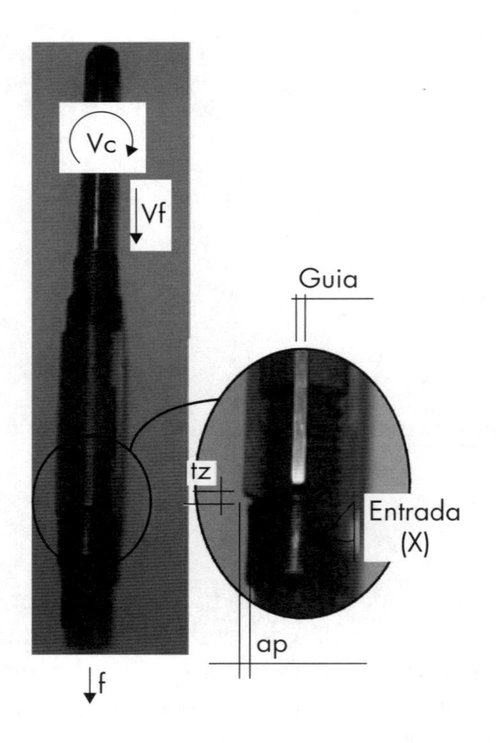

Figura 4.36 Grandezas geométricas e cinemáticas da ferramenta e do processo de alargamento.

Vídeos sobre alargamento:

livro.link/ppf078

livro.link/ppf079

livro.link/ppf080

4.11.1 Alargamento: exemplo de aplicação

As guias de válvulas (Figura 4.37) desempenham um papel importante na fabricação de motores de combustão. Primeiramente, elas têm a função de proteger o cabeçote, geralmente feito em liga de alumínio ou ferro fundido, do desgaste excessivo promovido pelo contato com as hastes das válvulas. Na Figura 4.37 é possível visualizar o esquema da válvula montada em um cabeçote de um motor de combustão interna. Tolerâncias dimensionais (0,01 mm a 0,025 mm) ou inferiores e desvios de forma menores que 0,008 mm são condições necessárias para tais componentes. O material utilizado da guia de válvula é uma liga de cobre (latão de alta resistência) $CuZn_{36}Mn_3Al_2SiPb$ (ver tabela na Figura 4.37), que sofreu tratamento de estabilização (1 hora a 400 °C). As propriedades mecânicas dessa liga de cobre são as seguintes: resistência à tração: 600 MPa a 800 MPa; tensão de escoamento: 400 MPa a 650 MPa; alongamento: 10%; e dureza Brinell: 165 HB a 220 HB.

Tabela 4.5 Composição química do material da guia de válvula

Elemento	Cu	Zn	Pb	Fe	Si	Al	Mn
%	57 a 60	Balanço	0,3 a 0,7	0 a 0,25	0,6 a 0,9	1,5 a 2,0	2,0 a 4,0

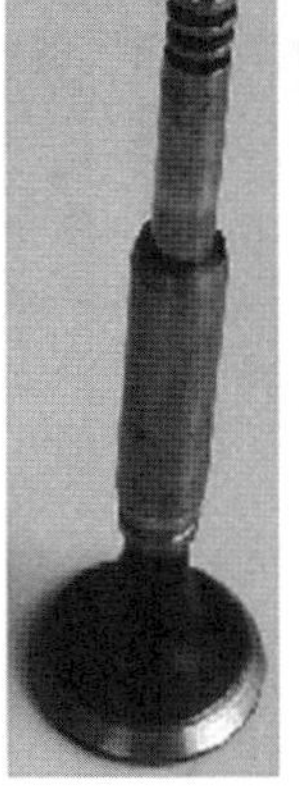

Figura 4.37 Dados do material da guia e representação da guia de válvula montada no cabeçote de um motor de automóvel.

A guia de válvula (Figura 4.38) tem um diâmetro interno de 5 mm e um erro de concentricidade com relação ao diâmetro externo da peça de no máximo 0,05 mm. Dessa forma, a profundidade de corte para o acabamento dessa peça é de 0,255 mm. O furo foi usinado com uma ferramenta de duas arestas de corte em diamante policristalino (PCD) somente utilizado em materiais não ferrosos.

Na Figura 4.38, tem-se as etapas de usinagem:

1ª etapa: é realizada usinagem de alargamento visando à confecção do alojamento da guia de válvula.

2ª etapa: a guia de válvula foi lubrificada e montada com uma prensa hidráulica manual. A interferência existente para a montagem da guia de válvula é, em média, de 0,060 mm.

3ª etapa: para a usinagem de alargamento foi utilizado um alargador do fabricante com quatro arestas de corte e diâmetro de 8,032 mm. Essa operação tem como objetivo guiar a ferramenta na parte final da usinagem que ocorrerá na próxima etapa.

4ª etapa: por fim, realiza-se o alargamento passante da guia.

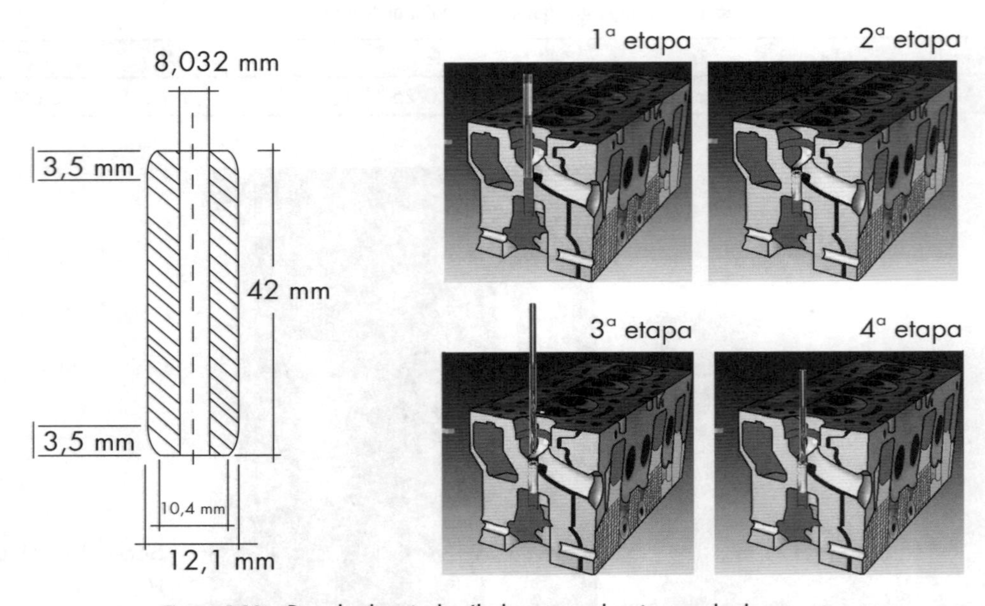

Figura 4.38 Desenho da guia de válvula e etapas da usinagem de alargamento da guia e da sede de válvula em bloco de motor.

4.11.2 Alargamento: referências

ALMEIDA, D. O. **Investigação de desvios geométricos no processo de alargamento de ferro fundido com ferramentas revestidas.** Uberlândia: UFU, 2008. Disponível em: <http:// www.ftdb.com.br/alargadores>. Acesso em: 7 abr. 2012.

SANTOS, R. G. **Avaliação do processo de alargamento de guias de válvulas.** Dissertação (Mestrado em Engenharia Mecânica) – Universidade Federal do Paraná, 2004.

4.12 BROCHAMENTO

Processo mecânico de usinagem destinado à obtenção de superfícies quaisquer com o auxílio de ferramentas multicortantes, normalmente de grande comprimento. Tal ferramenta executa movimento de translação, enquanto a peça permanece estática, mas em alguns casos pode existir movimento rotativo relativo entre as duas. O cavaco da matéria-prima é arrancado progressivamente por ruptura.

O brochamento pode ser interno ou externo (Figura 4.39) e a superfície usinada resultante em geral é curva.

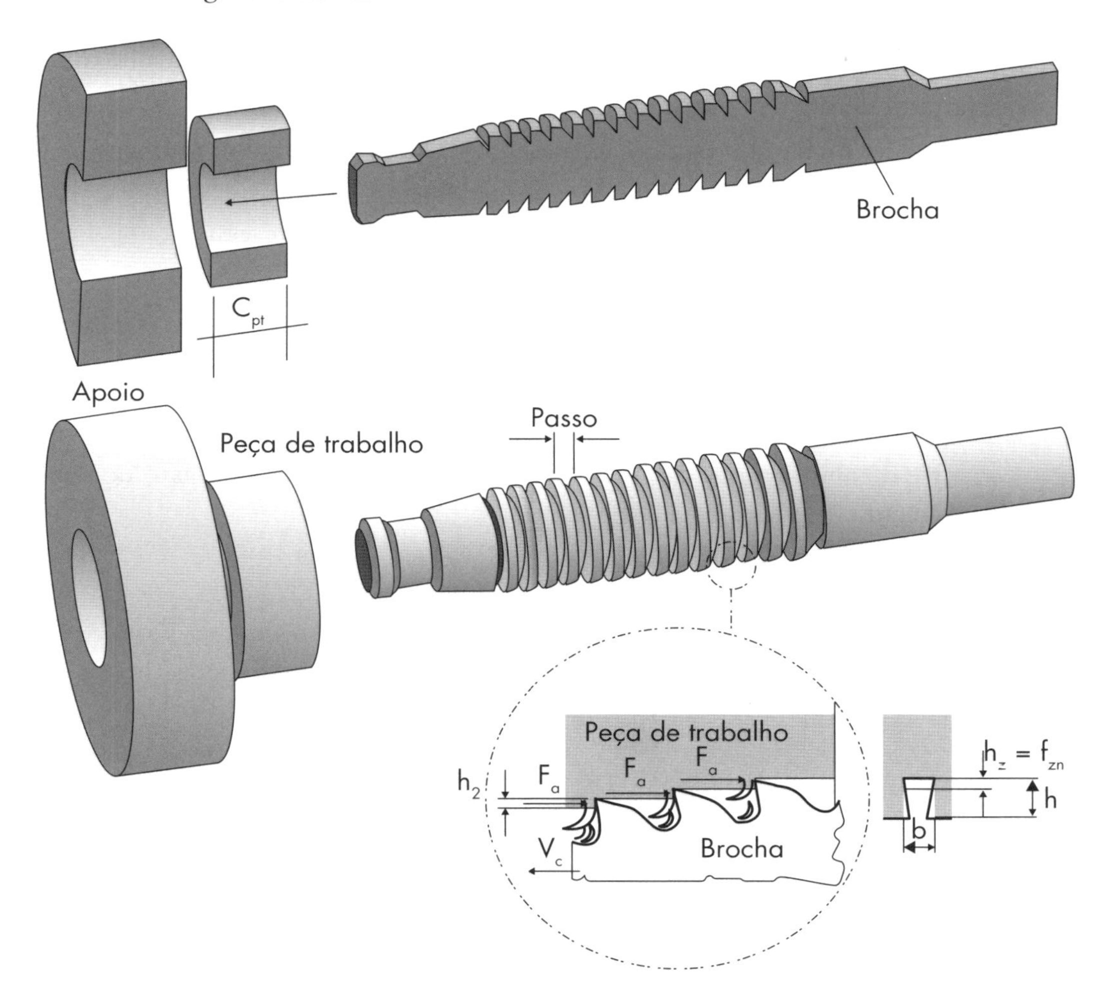

Figura 4.39 Croqui do processo de brochamento interno e grandezas geométricas durante o brochamento.

Se, por um lado, na rugosidade da superfície $Ra = 1{,}25 \dots 10$ microns (ver Apêndice), o grau de acabamento do brochamento é superior em relação à eletroerosão, por outro lado, o processo é caro devido ao custo da ferramenta. Assim, esse processo é indicado para produção em massa.

No brochamento, a força da ferramenta para o desbaste da peça (Figura 4.39) é calculada como segue:

$$F_{cz} = k_c \cdot A_z = k_c \cdot f_{zn} \cdot b = k_{c\ 1.1} \cdot f_{zn}^{\ 1-z} \cdot b \quad [N]$$

em que:

F_{CZ} = força de corte em cada dente no brochamento (N);

força específica de corte = kc1.1 (N/mm²). A força específica de corte kc1.1 e os valores do expoente z em termos de aço estrutural são apresentados em tabela;

$h_z = f_{zn}$ = profundidade escalonada de ataque da ferramenta na peça trabalho (mm);

b = largura do dente da brocha (mm);

z = expoente númerico relativo ao material da peça de trabalho (admensional, apresentado em tabela).

O cálculo da força de corte no brochamento é obtido como segue:

$$F_c = F_{cz} \cdot \Psi \quad [N]$$

em que:

F_C = força de corte no brochamento (N);

ψ = número de dentes encravado na peça de trabalho, obtido pela relação entre o comprimento da peça de trabalho (Figura 4.39) e o passo do dente (Figura 4.40).

ψ = c_{pt}/passo (admensional).

Por fim, é calculada a potência média:

$$P_c = F_c \cdot v_c \quad [W]$$

em que:

P_C = potência média de corte no brochamento (W);

V_c = velocidade de avanço da brocha (m/min) (valores obridos em tabela de acordo com o tipo de material).

4.12.1 Brochamento: exemplo de aplicação

A Figura 4.40 representa as etapas de avanço da ferramenta no processo de brochamento de uma peça de aço 1015 com comprimento de 70 mm. A ferramenta tem profundidade escalonada de ataque 1 mm, largura do dente da brocha de 6 mm e passo de 10 mm. Pede-se para calcular a força de corte no brochamento e a potência média.

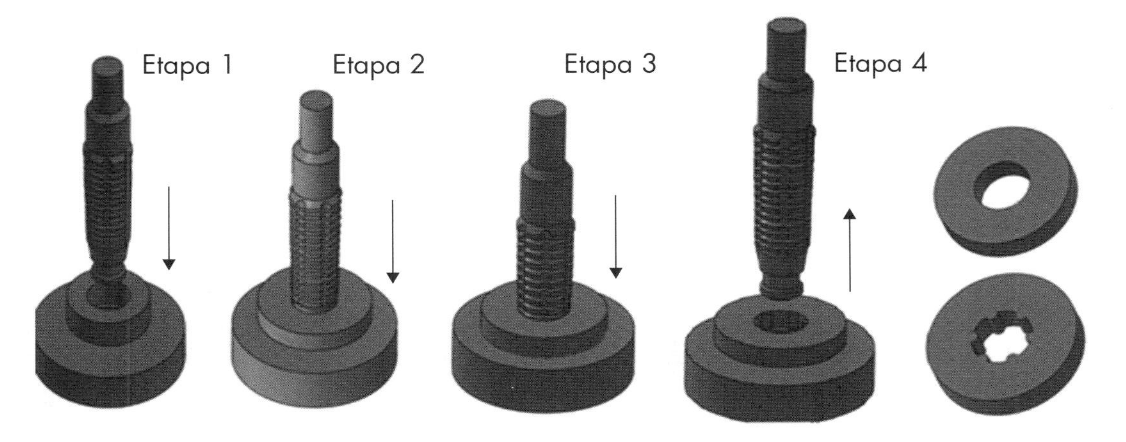

Figura 4.40 Etapas do processo de brochamento e peça antes e depois da operação de brochamento.

Resolução:

- Cálculo da força de corte no brochamento (Fc)

$$Fc = k_{\downarrow}c1.1 \cdot kf_{\downarrow}zn^{\uparrow}(1 - z) \cdot b$$

Vídeos sobre brochamento:

livro.link/ppf081

livro.link/ppf082

livro.link/ppf083

Temos que:

$K_{c1.1} =$ 1820N/mm² (para o aço 1015);

$f_{zn} =$ 1 mm;

$z =$ 0,32 (para o aço 1015);

$b =$ 6 mm;

$\Psi =$ c_{pt}/passo= 70 mm/10 mm = 7

Substituindo na fórmula, temos:

$$Fc = 1820 \cdot 1^{1-0.3z} \cdot 6 \cdot 7$$

$$Fc = 76440\ N$$

- Cálculo da potência média no brochamento (Pc)

$$Pc = Fc \cdot Vc$$

$Pc = 76440 \cdot 5.5$ (o valor de 5,5 m/min é em função do aço 1015)

$$Pc = 420420\ W$$

4.13 ROSCAMENTO

A humanidade tem usado peças rosqueadas desde os tempos de Arquimedes (278-212 a.C.), quando ele cortou uma helicoidal em um cilindro, rebaixando-o com auxílio de uma roda d'água. Atualmente, peças com roscas são encontradas em muitos componentes de fixação de máquinas e em equipamentos.

Existem vários processos para a obtenção de peças com roscas. Um deles é um processo de usinagem que visa obter filetes por meio da abertura de um ou vários sulcos helicoidais de passo uniforme, em superfícies cilíndricas ou cônicas de revolução. A peça ou a ferramenta gira e uma delas se desloca simultaneamente segundo uma trajetória retilínea paralela ou inclinada ao eixo de rotação. Dessa forma, podem-se obter peças roscadas utilizando diversas ferramentas, como as apresentadas na Figura 4.41.

O roscamento pode ser interno ou externo. O interno é realizado com uma ferramenta chamada macho para roscar, geralmente confeccionada em aço rápido. O externo pode ser executado com uma ferramenta chamada cossinete, confeccionada em aço especial com um furo central filetado, semelhante a uma porca.

As técnicas de fabricação dos filetes das roscas são: usinagem (torneamento e fresamento com ferramenta simples ou múltipla, retificação com rebolos de perfil simples ou múltiplo), cabeçotes automáticos (Figura 4.42) com pentes (tangenciais radiais ou circulares), conformação (laminação entre rolos ou entre placas planas), entre outros.

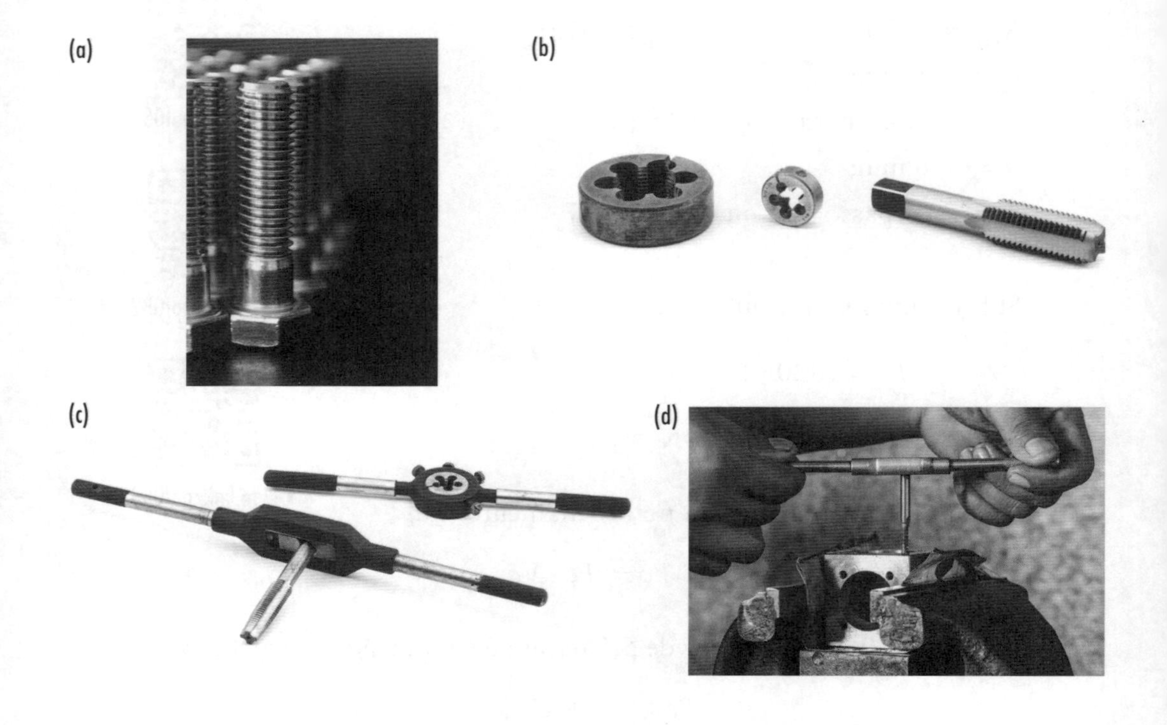

(e)

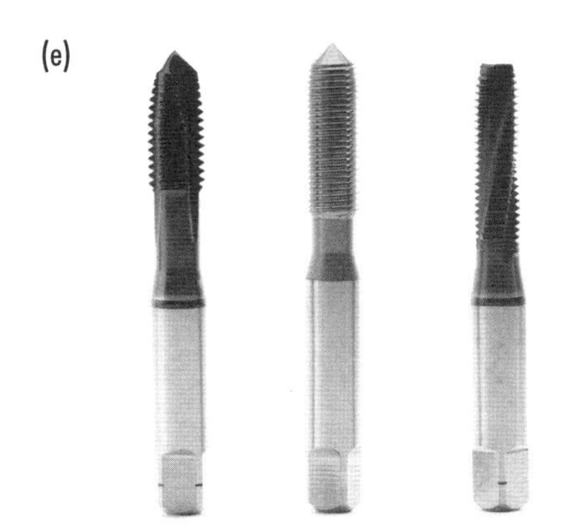

Figura 4.41 Representação de (a) parafusos; (b) cossinetes e macho; (c) cossinetes e macho montados em desandadores; (d) abrindo rosca em uma peça metálica com uso de desandador; (e) diversos tipos de machos para abrir rosca.

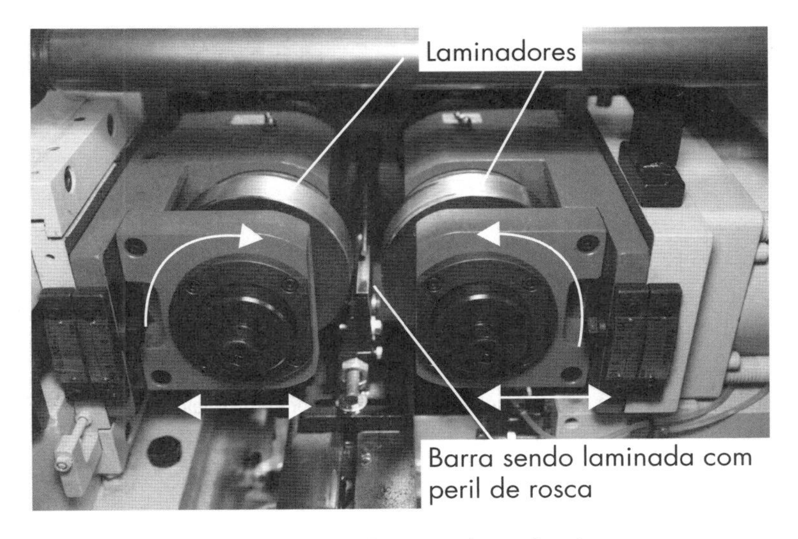

Figura 4.42 Cabeçote de máquina laminadora de rosca.

Vídeos sobre roscamento:

livro.link/ppf084

livro.link/ppf085

livro.link/ppf086

4.13.1 Roscamento: exemplo de aplicação

Os filetes do parafuso (Figura 4.43) de aço ABNT 1018 são obtidos por processo de laminação. Tal processo é muito comum para a fabricação, via tabelada, de parafuso de rosca soberba. A seguir, tem-se as descrições das operações para a fabricação.

- **Operação 1:** é estampada à medida de 6,0 mm em uma das extremidades do fio trefilado de ϕ 3,33 $^{\pm 0{,}03}$; a seguir é estampado o abaulado de 3x120°, com ϕ 3,44. Na última operação de estampagem, faz-se a fenda com as medidas especificadas no desenho.

- **Operação 2:** a arruela é encapsulada e são laminados os filetes com rosca de duas entradas.
- **Operação 3:** tratamento térmico de cementação e revenimento.
- **Operação 4:** Banho de fosfato oleado para inibir a corrosão.

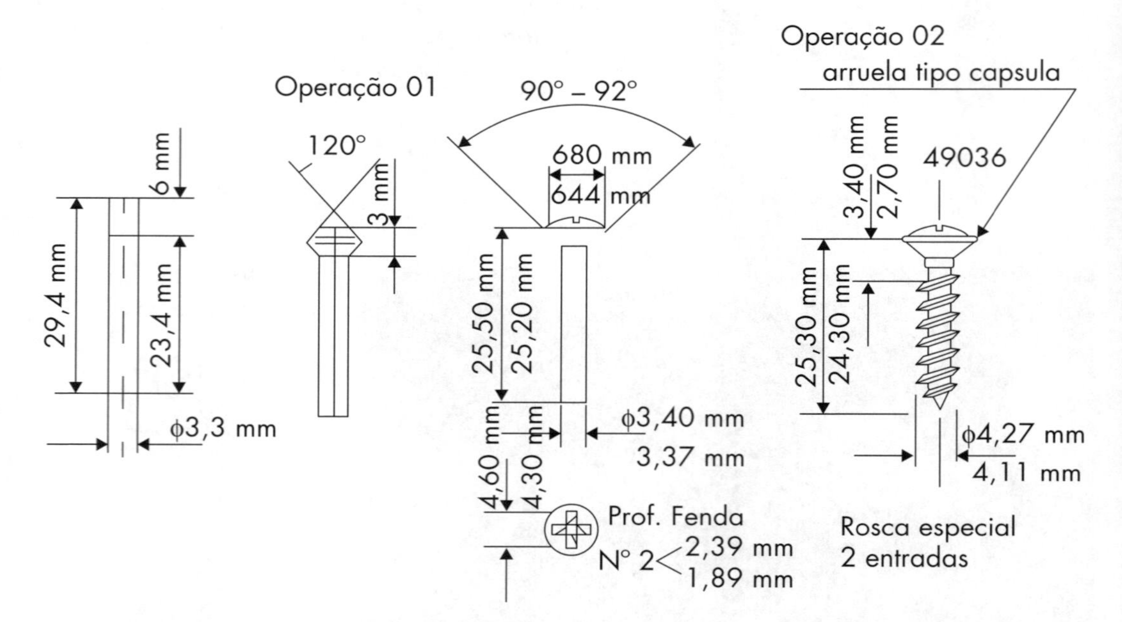

Figura 4.43 Etapas das operações para se obter um parafuso de rosca soberba via processo de laminação.

4.14 MANDRILAMENTO

Vídeos sobre mandrilamento:

livro.link/ppf087

livro.link/ppf088

Esse processo é análogo ao torneamento (item 4.6), pois durante a usinagem a ferramenta remove cavaco e descreve uma trajetória circular, gerando-se superfícies de revolução. Entretanto, existe diferença com relação à máquina, pois no mandrilamento a ferramenta (Figura 4.44) é fixa em um mandril (*W*) que rotaciona e a peça é fixa no barramento da máquina (*B*). É diferente da furação, pois nesta a ferramenta avança, ao passo que no mandrilamento a peça vai no sentido de X e Z.

No mandrilamento de desbaste, pode-se obter rugosidade entre 25 μm-225 μm e tolerância entre 30 μm-50 μm (ver Apêndice). Já para o mandrilamento de semiacabamento, tem-se rugosidade entre 5 μm-25 μm e tolerância entre 25 μm-40 μm.

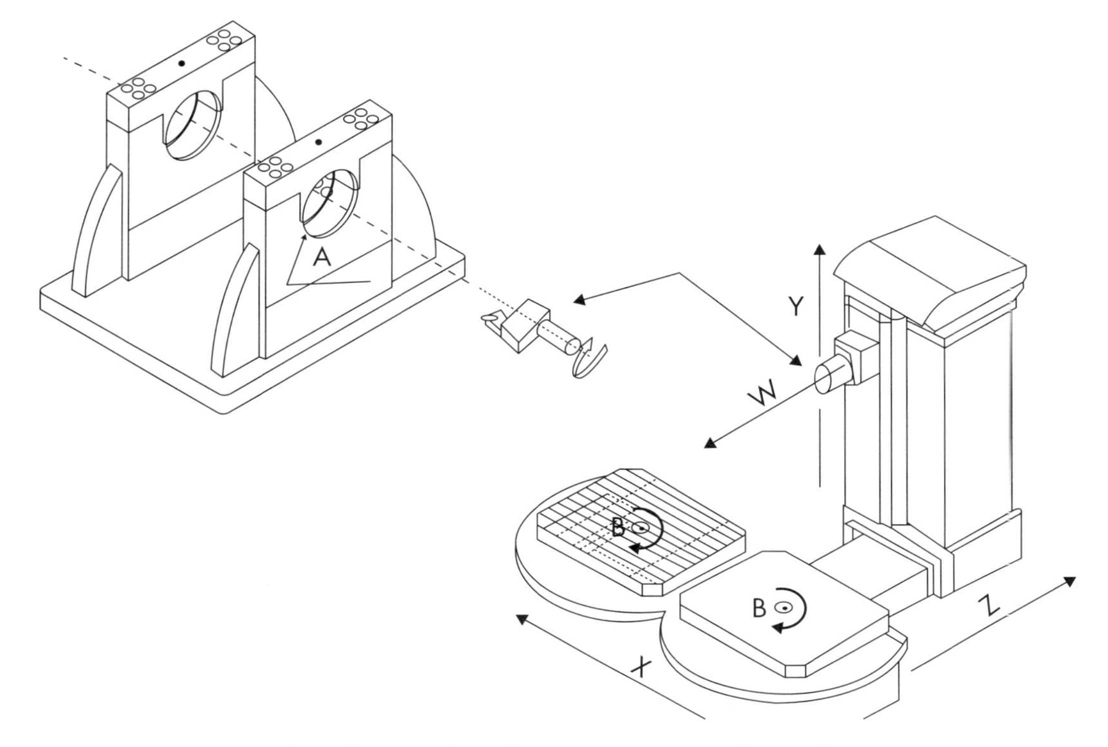

Figura 4.44 Croqui do processo de mandrilamento e representação dos eixos de uma máquina mandrilhadora horizontal e carcaça montada e mandrilhada.

4.14.1 Mandrilamento: exercício de aplicação

Deve-se realizar uma operação de mandrilamento na região "A" de um bloco (Figura 4.44) de ferro fundido. Nessa região a medida final tem 2 x ϕ500 x 20.

O mandrilamento dos furos onde se localizarão rolamentos garante o alinhamento dos furos de maneira a permitir a montagem adequada dos eixos, pois esse processo permite obter qualidade final da superfície de 8 μm.

livro.link/ppf089

No mandril (Figura 4.44), foi fixada uma pastilha de metal duro, em que o valor inicial máximo recomendado para a velocidade de corte é de 200 m/min para mandrilamento em desbaste e de 240 m/min para mandrilamento de precisão, a fim de garantir o escoamento de cavacos adequado. E a profundidade de corte máxima recomendada para o mandrilamento de desbaste é de 0,8 mm e acabamento de 0,1 mm.

Inicilamente, o furo no bloco tem sobremetal com medidas de: ϕ510 x 25. Os dois furos são desbastados, utilizando-se os dados de velocidade e profundidade, deixando 0,4 mm de sobremetal para o acabamento. Por fim, é realizado o acabamento.

4.15 RETIFICAÇÃO

É um processo de fabricação em que superfícies são obtidas com relativo acabamento e precisão. São usinadas via uso de ferramentas abrasivas (rebolos), as quais são classificadas como geometricamente indefinidas. Nesse processo, podem-se usinar superfícies diversas (Figura 4.45), como planas (A), laterais (B), cilíndricas com movimentos do rebolo logitudinal (C) e radial (D) e via *centerless* (E). Na Figura 4.45, vê-se também uma foto de uma máquina retificadora.

A ferramenta desse processo é o rebolo, e a sua escolha é dependente do material a ser usinado, assim como das condições de operações.

Nesse processo, podem-se usinar vários materiais, como alumínio, latão, plásticos, ferro fundido, aço-carbono, inox, entre outras ligas.

A retificação permite obter qualidade entre 0,001 até 0,01 dependendo do comprimento longitudinal da região a ser retificada e acabamentos superficiais de 10 µm a 30 µm (utilizando granulação do rebolo entre 40 e 60) e superficiais de 1 µm a 8 µm (utilizando granulação do rebolo entre 200 e 300).

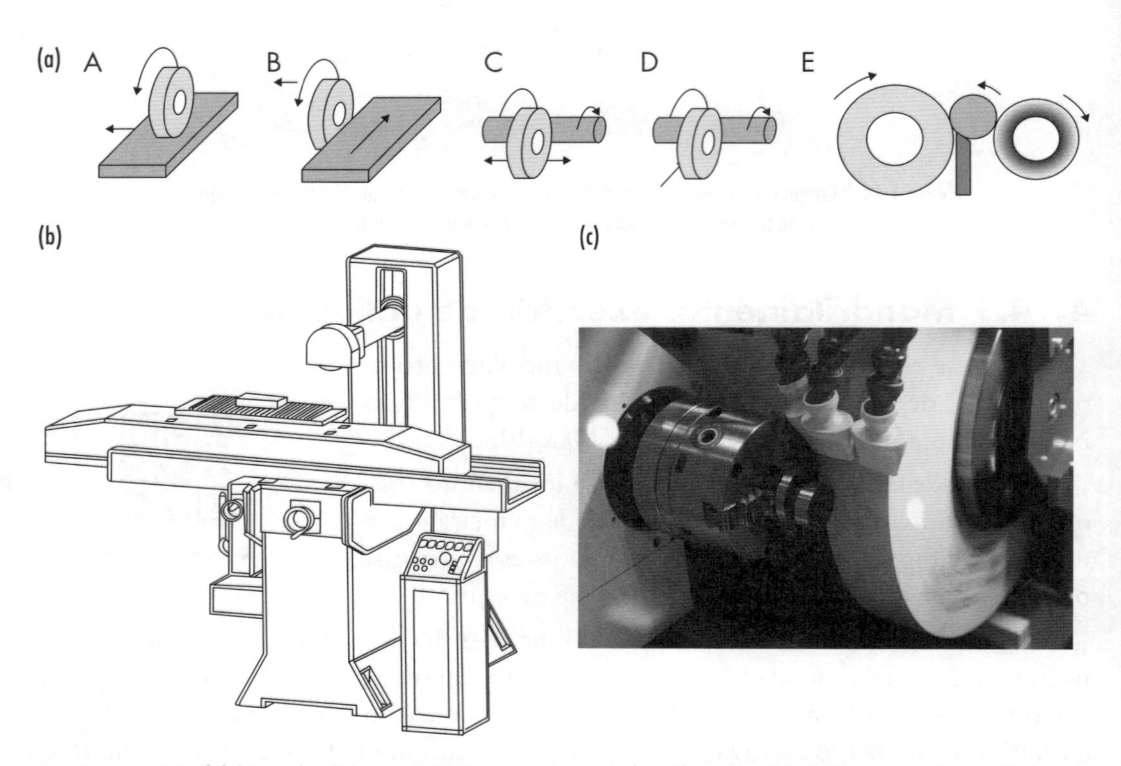

Figura 4.45 (a) Croqui das diversas estratégias para o processo de retificação considerando-se o tipo de superfície; (b) máquina retífica; (c) peça sendo retificada.

No link a superfície externa de uma peça metálica é retificada.

A grandeza fundamental de corte para a usinagem de retificação é a velocidade do rebolo somada ao tipo de aglutinante. A variável velocidade depende do tipo de retificação. Tais dados são obtidos em tabelas de fabricantes de rebolos.

Vídeos sobre retificação:

livro.link/ppf090a

livro.link/ppf090b

livro.link/ppf091

4.15.1 Retificação: exemplo de aplicação

Uma engrenagem de máquina-ferramenta (material SAE 8620), como o da Figura 4.46, entre outros processos, deve também sofrer operação de retificação especificamente na face direita e na face esquerda para se obter Ra = 0,8 μm (ver Apêndice) em uma face de cubo. Para a operação de retífica da face esquerda e do furo, será utilizada uma retificadora cilíndrica e, para a face esquerda, uma retificadora plana.

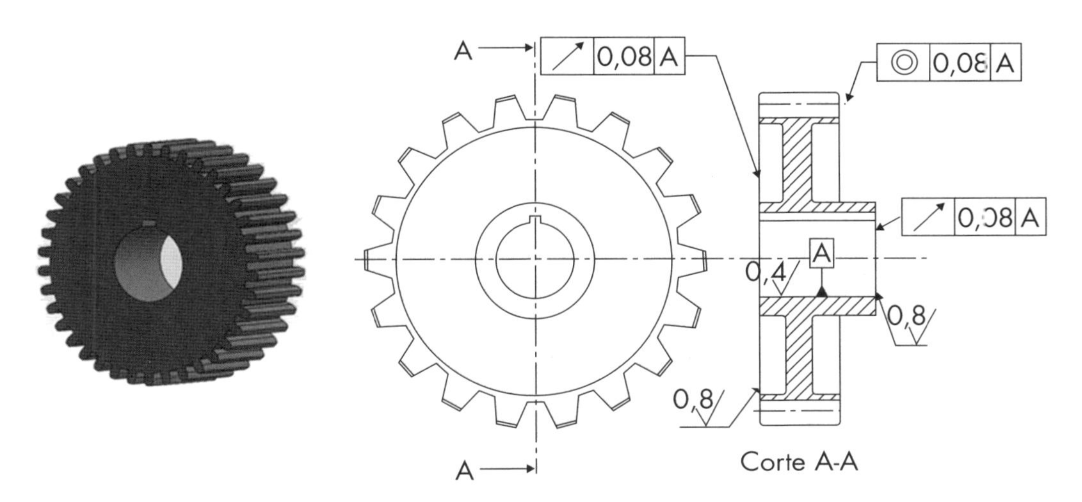

Figura 4.46 Desenho simplificado de uma engrenagem.

Dados obtidos de fabricantes de rebolos indicam, para os casos de operação de retíficas acima, os seguintes dados operacionais:

- Velocidades periféricas para retífica plana nos lados direito e esquerdo da engrenagem: 20 m/s a 25 m/s.
- Velocidades periféricas para retífica interna (furo) da engrenagem: 15 m/s a 20 m/s.

Nota: para o intervalo de velocidades 15 a 25 m/s, o fabricante indica aglutinante mineral.

Ressalta-se que a operação de cementação é seguida de têmpera e revenido. Objetiva obter dureza entre 50 HRC e 52 HRC e garantir, após as operações de retífica, uma espessura de camada cementada maior que 0,9 mm.

4.16 BRUNIMENTO

O brunimento é uma operação especial de retificação em diâmetros internos longos de tubos, como cilindros de motores e hidráulicos, entre outros, os quais estão sujeito às exigências rigorosas dos êmbolos no furo do tubo de cilindro. Esse processo proporciona a produção de superfícies de vedação.

A camisa do pistão (Figura 4.47) é prensada no bloco do motor. Posteriormente, a ferramenta (brocha), com as pastilhas, de material abrasivo é montada e, durante o processo, entram em contato com a superfície da peça que gira lentamente; já o brunidor (ferramenta) gira e se desloca com movimentos alternativos de pouca amplitude e frequência. Com isso, ocorre pressão nas paredes internas e, assim, produz-se a rugosidade da superfície desejada, que está compreendida entre 0,3 e 0,2 microns (ver Apêndice).

Na Figura 4.48, tem-se uma máquina utilizada para usinar a cabeça de motor de um automóvel.

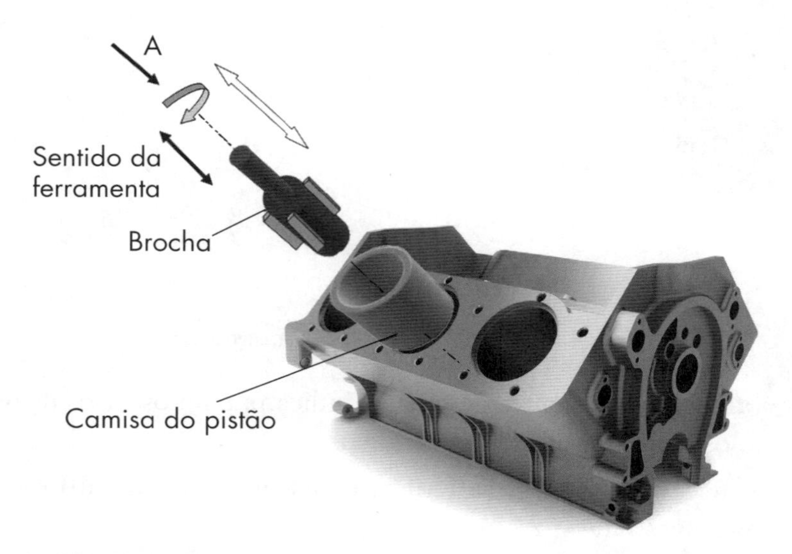

Figura 4.47 Croqui da estratégia para o processo de brunimento das camisas do pistão de um bloco de motor de locomotica a diesel e vista em corte de um cilindro de motor.

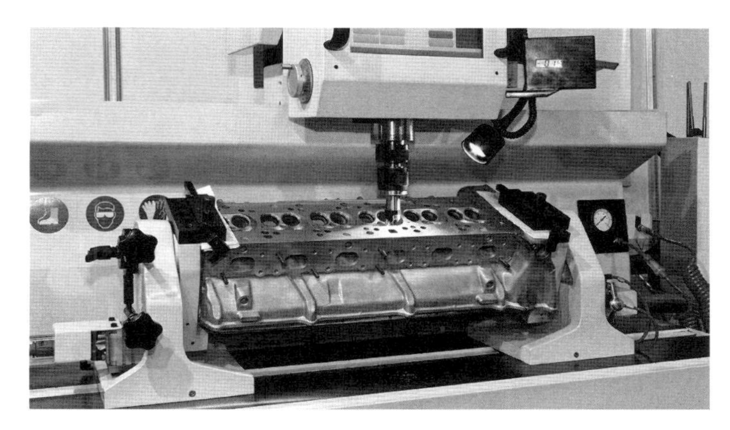

Figura 4.48 Máquina utilizada para usinar a cabeça de um motor de automóvel.

Vídeos sobre brunimento:

livro.link/ppf092

livro.link/ppf093

livro.link/ppf094

livro.link/ppf095

O brunimento pode ser realizado em peças com furos com menos de 1,7 mm de diâmetro e até 1270 mm de diâmetro. Tais dimensões estão, evidentemente, atreladas à capacidade da máquina. E a relação diâmetro-comprimento pode atingir valores da ordem de 307:1 (diâmetro de 32 mm e comprimento de 9,8 m). No outro extremo, valores como 1:96 (diâmetro de 32 mm e comprimento de 0,4 mm) também são possíveis.

As variáveis do processo são: pressão de contato entre a peça e a ferramenta; força de corte, que é proporcional à pressão de contato, e faz com que a ferramenta tenha maior ou menor desgaste; velocidade de corte, tempo de brunimento; comprimento do curso e geometria e posição da ferramenta na correção de erros de forma; lubrificação entre superfícies da peça e ferramenta, além de controlar a temperatura durante o processo, o que possibilita diminuir e desobstruir os cavacos retidos nos poros da pedra de brunir.

Esse processo pode ser realizado em peças com materiais, como aço, ferro fundido, materiais não ferrosos, aço temperado, metal duro, cerâmica, entre outros.

As camisas devem ter características como alta resistência ao desgaste e rigidez. Assim sendo, algumas ligas de ferro fundido e alumínio são preferíveis. Ressalta-se que as camisas aplicadas a veículos de passeio são preferíveis ao uso de ligas de alumínio (hipoeutético: $AlSi_9Cu_3$; hipereutético: $AlSi_{17}Cu_4Mg$), visto que o peso total é um fator importante. Elas podem ser resfriadas a ar ou água e o alumínio apresenta uma condutibilidade térmica cerca de três vezes maior perante o fofo, sendo também empregado nos blocos de cilindros e nos pistões. Já as camisas utilizadas em motores diesel de grande potência são quase sempre feitas de ferro fundido (segundo Norma DIN:GJL-250, GJV-400), pois esses motores são mais solicitados e, de uma forma geral, já possuem uma inércia de massa muito elevada. A microestrutura deve ser perlítica, ausente de ferrita e exibir uma malha eutética fechada.

Em termos operacionais, pode-se afirmar que a rotação (Figura 4.47) e a translação do cabeçote brunidor (depende dos comprimentos da pedra e da peça e da capacidade do mecanismo utilizado para acionar o cabeçote), o ângulo de brunimento (de acordo com a manipulação da rotação e do avanço do cabeçote brunidor) e a pressão da pedra sobre a peça são os principais parâmetros a serem controlados. Além da correta utilização do lubrificante, pois o uso desse é de suma importância para a limpeza, o controle da temperatura e a lubrificação da região de contato entre a ferramenta e a superfície a ser usinada. Pode-se citar como exemplo os óleos minerais, amplamente utilizados.

O brunimento é realizado em camisas desgastadas para recuperar a rugosidade ideal e os microssulcos cruzados, pois a superfície de correr desgasta e "perde" o brunimento feito quando da fabricação. A perda faz com que a superfície se torne muito "espelhada", decorrente da baixa rugosidade. Na Figura 4.49, observa-se que os vales que serviam de alojamento para o óleo lubrificante praticamente desaparecem. Isso faz o motor consumir mais óleo lubrificante.

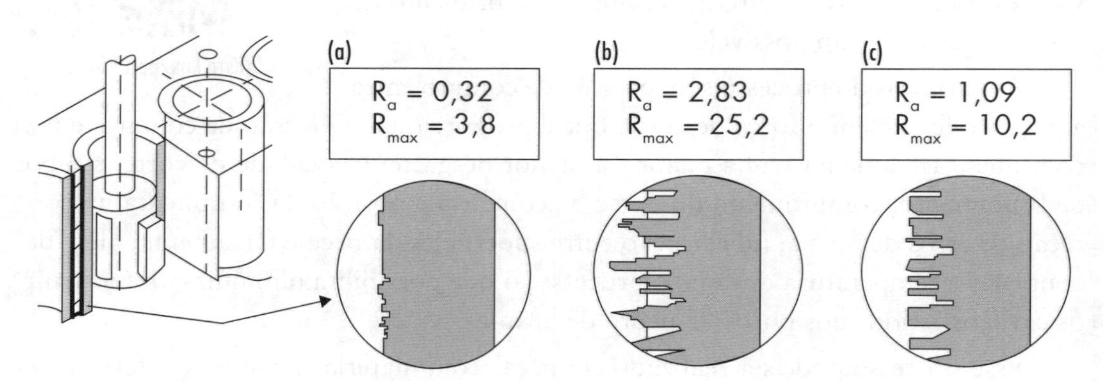

Figura 4.49 Representações das rugosidades (ver Apêndice) das superfícies internas de camisas: (a) sem brunimento; (b) brunimento básico; (c) brunimento fino.

A seguir são apresentados alguns tipos de abrasivos e suas aplicações.

- **Óxido de alumínio (Al_2O_3):** menor dureza, rústico, materiais fibrosos; aços comuns (moles ou duros), e alguns metais não ferrosos; relação desgaste de 5:10. Bom para desbaste, cortes interrompidos e furos com baixa tolerância.

- **Carbeto de silício (SiC):** utilizado tanto para materiais moles quanto duros, proporcionando superfície final uniforme. Frequentemente utilizado para acabamento em ferro fundido. Adequado para materiais frágeis ou materiais de baixa resistência ao cisalhamento.
- **Nitreto cúbico de boro (NBC):** corte rápido e pedras com longa duração. Proporção de desgaste é, geralmente, 800:1200. Baixos níveis de ruído. Utilizado para aços duros, aços-ferramentas, *stellites*, níquel e cobalto de base, ligas e superligas. Velocidade mínima é 75m/min quando aplicado em aços macios.
- **Diamante:** Utilizado para carboneto de tungstênio, cerâmica, vidro e ferro fundido. Possui vida muito longa.

4.16.1 Brunimento: exemplo de aplicação

Deseja-se brunir camisas de um motor diesel (Figura 4.47). Para tanto, sabe-se que o diâmetro da camisa mede 200 mm. Tal camisa é de ferro fundido (C 2,80 - 3,70; Si 1,30 - 2,25; Mn 0,40min.; P 0,12máx.; S 0,12máx.; Cr, Ni, Sn e Cu são opcionais) e, em função do material e do diâmetro da camisa, pode-se determinar os parâmetros operacionais, como segue.

- **Rotação:** a velocidade de rotação do cabeçote pode ser adotada de acordo com o valor do diâmetro da camisa, conforme dados do gráfico da Figura 4.50, de 51 rpm.
- **Velocidade de pressão de contato:** como o material da peça é um ferro fundido e a pedra abrasiva indicada para esse material é a de carbeto de silício (SiC) (Figura 4.51), temos que: velocidade de corte = 15 m/min (valor intermediário) e pressão de contato = 300 KPa (valor intermediário).
- **Velocidade de translação:** é a velocidade que um dispositivo pneumático utiliza para a movimentação alternada do cabeçote brunidor. O valor da velocidade de translação deve ser tal que, combinado com a velocidade de rotação, resulte no ângulo de cruzamento desejado. Logo, para a velocidade de 30 m/min, temos que a velocidade de translação é 0,25 m/s.
- **Ângulo de brunimento:** de acordo com a Tabela 4.5, é 50°.

Tabela 4.6 Dados do ângulo, velocidades de translação e rotação no brunimento

Ângulo de brunimento (graus)	50° ± 10
Velocidade de translação	1 m/s ou 30 cursos por minuto
Velocidade de rotação (rpm)	80-160

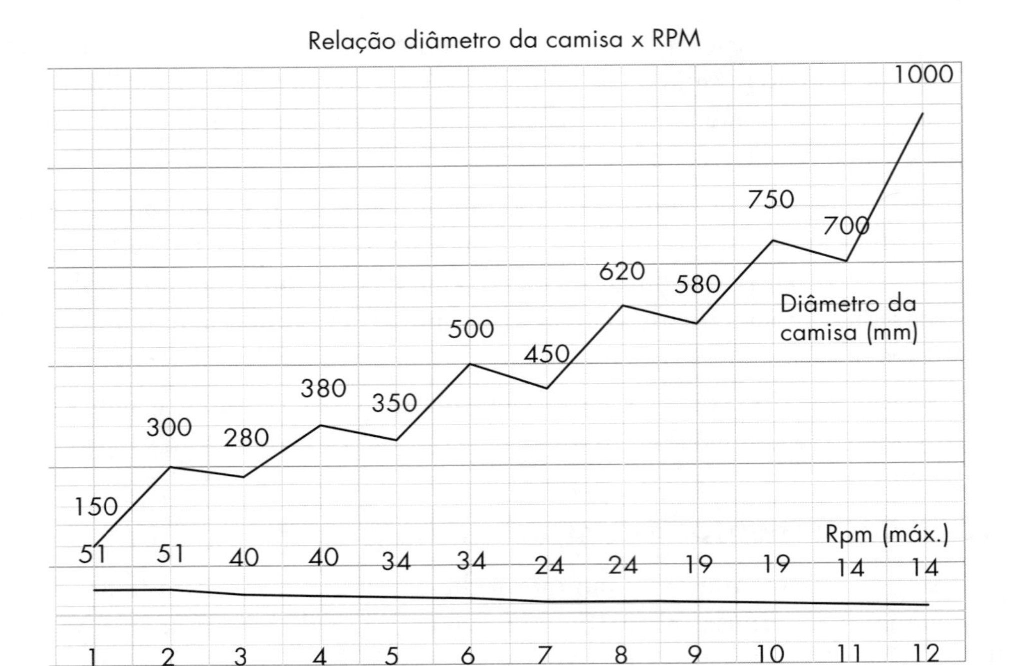

Figura 4.50 Gráfico de valores das rotações do cabeçote em função do diâmetro da camisa.

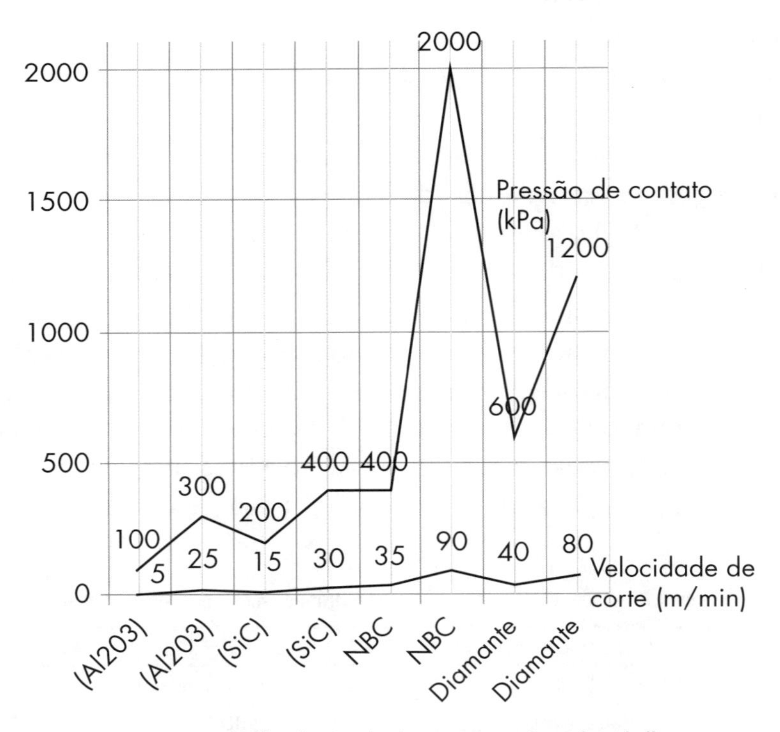

Figura 4.51 Gráfico de tipos de abrasivos e grandezas de trabalho.

4.17 SUPERACABAMENTO

Vídeos sobre superacabamento:

livro.link/ppf096

livro.link/ppf097

livro.link/ppf098

É um processo corretivo em superfícies de peças retificadas que apresentem defeitos, como riscos, picos e estrias oriundos dos grãos abrasivos e também facetas devidos aos efeitos de vibrações.

Durante a operação, a área de contato entre a ferramenta e as peças é maior e, consequentemente, a resistência da superfície ao desgaste é aumentada. Isso resulta em superfícies com acabamento e rugosidade superiores à retificação, com rugosidade superfície em torno de *Ra* 0,04 micron (ver Apêndice).

A superfície resultante do processo é lisa, com forma visual de um espelho fosco. Logo, esse processo é indicado para peças em que os ajustes devem ser deslizantes ou giratórios, como o de uma camisa de bloco de motor.

Ao analisar a Figura 4.52, nota-se as grandezas no superacabamento, como F_n = força normal aplicada na pedra abrasiva; V_s = velocidade longitudinal; V_w = velocidade angular; e α = ângulo de contato entre pedra abrasiva e peça.

A diferença entre retificação e superacabamento reside no fato de que na retificação o movimento de corte é realizado pelo rebolo, o qual tem movimento de rotação e gira a uma velocidade de corte de aproximadamente 1800 m/min. Já no superacabamento, o movimento de corte é efetuado pela pedra ou bloco abrasivo, o qual é movido linearmente (vai e vem) em golpes, de 1 gpm a 2 gpm. A peça gira com velocidade de aproximadamente 20 m/min e o material removido tem espessura entre 0,001 mm e 0,01 mm.

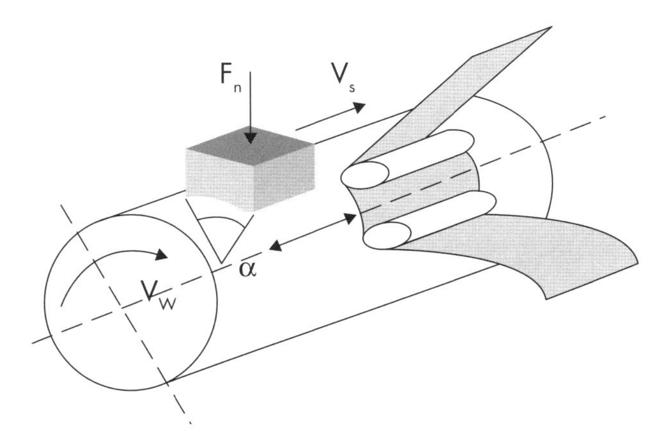

Figura 4.52 Croqui da operação de superacabamento com pedra abrasiva ou lixa.

Na operação de superacabamento, os fatores operacionais são: pressão (entre 1 kgf/cm^2 e 5 kgf/cm^2) exercida sobre a pedra abrasiva ou lixa, velocidade de rotação da pedra ou lixa. Para tanto, devem ser considerados a rugosidade da peça, tipo de pedra abrasiva (Tabela 4.7). Nesse processo, utilizam-se lubrificantes, que geralmente são compostos de 80% de querosene e 20% de óleo. Dados para diversas aplicações são fornecidos pelos fabricantes.

Tabela 4.7 Tipos de abrasivos em função do material a ser superacabado

Material	Abrasivos
Aço temperado e de alta resistência	Corindo nobre/carboneto de silício
Aço nitretado	Corindo nobre
Cromo temperado	Corindo nobre
Material de fundição	Carboneto de silício
Metais não ferrosos	Carboneto de silício

4.17.1 Superacabamento: exemplo prático

O virabrequim de motor de automóvel necessita obter rugosidade (R_a) igual a 0,04 μm (ver Apêndice). Nesse processo serão eliminados os picos (Figura 4.53) que são resultantes do processo de retificação. Tal processo melhora a circularidade e cilindricidade do eixo (Figura 4.53).

O material do virabrequim é o aço 4140 e a forma geométrica foi obtida pelo processo de forjamento.

	Retificação	Superacabamento
Circularidade		
Cilindricidade		

Figura 4.53 Comparativo visual das superfícies de acabamento entre retificação e superacabamento e croqui da operação de superacabamento com pedra abrasiva.

4.18 POLIMENTO

É um processo mecânico de usinagem por abrasão que objetiva dar acabamento por alisamento. O efeito de alisamento da superfície é geralmente obtido de duas maneiras. A primeira consiste em deformar os picos de rugosidade da estrutura da superfície e assim obter uma superfície polida. A outra é por microrremoção de material, que vai enchendo as depressões da superfície. Com esse processo é possível nivelar a estrutura de superfície, obtendo-se rugosidade Ra <0,05 microns (ver Apêndice), o que a torna muitas vezes brilhante.

No processo de polimento, a remoção e o alisamento da superfície são realizados com algumas substâncias abrasivas, como ardósia, giz, óxido de estanho ou óxido de cério, que geralmente são ligados em pasta ou líquido.

O equipamento normalmente utilizado é uma politriz (Figura 4.54) na qual são instaladas discos de pano ou feltro ou borracha ou couro e aplicadas substâncias abrasivas em pasta, os materiais de polimento.

Vídeos sobre polimento:

livro.link/ppf099

livro.link/ppf100

livro.link/ppf101

Figura 4.54 Minimáquina politriz com disco, pasta e polias de couro.

4.18.1 Polimento: exemplo prático

A seguir é apresentado um exemplo de polimento de uma peça de alumínio (Figura 4.55). Inicialmente, faz-se a limpeza do disco com uma lima grossa (A). A seguir, é aplicada a pasta (B) e inicia-se o polimento da peça de alumínio (C) e peça parcialmente polida (D).

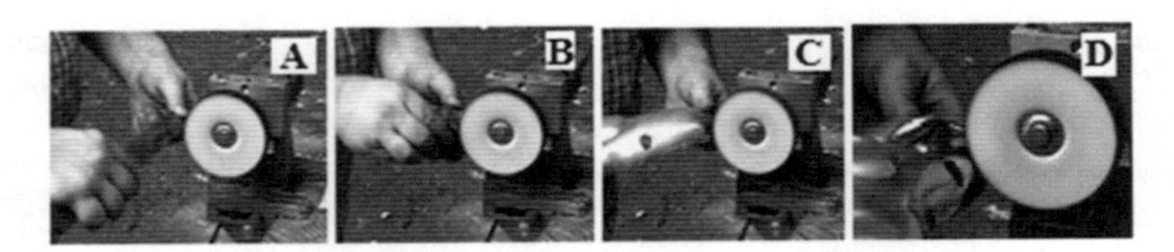

Figura 4.55 Etapas de polimento de uma peça de alumínio utilizando uma politriz.

4.19 LAPIDAÇÃO

A lapidação é uma usinagem executada por ferramenta abrasiva que se desloca livremente sem direção individual dos grãos abrasivos (Figura 4.56), mas aplica-se uma força vertical na ferramenta sobre a peça para realizar a retirada de material da superfície dessa peça.

Os abrasivos para lapidação são encontrados na forma de pó ou como um composto. Os tamanhos de grão vão de 1 μm a cerca de 250 μm, dependendo da aplicação.

Efeitos de parâmetros de usinagem:

- **Pressão de lapidação:** aumento do desempenho de corte, aumento do desgaste de grãos e aumento da rugosidade superficial (ver Apêndice A).

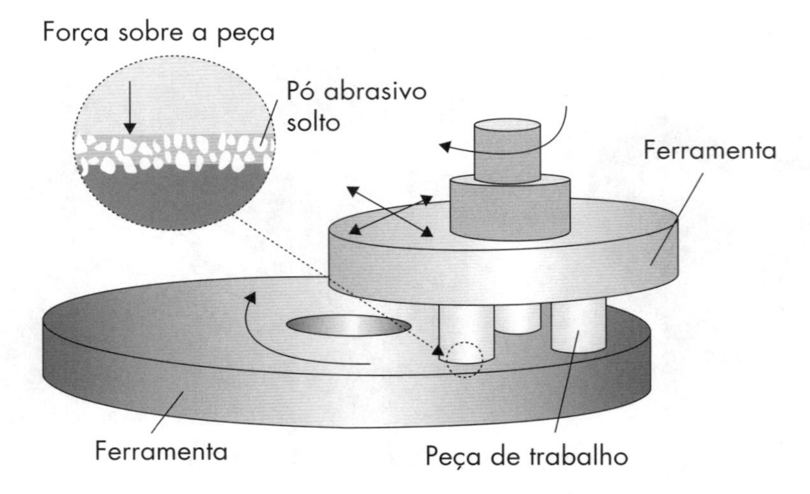

Figura 4.56 Lapidação de superfície bilateral externa.

- **Velocidade relativa:** aumento do desempenho de corte; a ferramenta de lapidação pode romper; pode ocorrer soldagem a frio dos grãos na peça e os grãos de lapidação podem ser lançados para fora da área de trabalho.
- **Tamanho do grão:** aumento do desempenho de corte e aumento da rugosidade superficial (ver Apêndice).

Características do processo de lapidação:

- **Vantagens:** quase não há restrições sobre o material e tamanho da peça; peça livre de tensão residual; curtos tempos de troca; dispositivos de baixo custo; baixas temperaturas de processamento; baixas forças de usinagem; aplicação de carga igual nas peças por envolvimento planar.
- **Desvantagens:** geometrias simples a serem usinadas; alto consumo de grãos; limpeza posterior das peças; resíduos oriundos da lapidação devem ser eliminados como resíduos perigosos; taxas de remoção relativamente baixas.

Vídeos sobre lapidação:

livro.link/ppf102

livro.link/ppf103

livro.link/ppf104

A aplicação da lapidação é necessária onde a superfície da peça necessita de acabamento pós-retífica, garantindo assim o paralelismo de faces para a vedação perfeita. A lapidação pode realizada em faces de peças em aço 1020, aço inox, carvão/grafite, cerâmica, tungstênio, silício, bronze, latão, peças temperadas e peças sementadas.

Na Figura 4.57, são apresentadas regiões nas peças sujeitas a vedações de líquidos, como peças para habitação, peças hidráulicas etc.

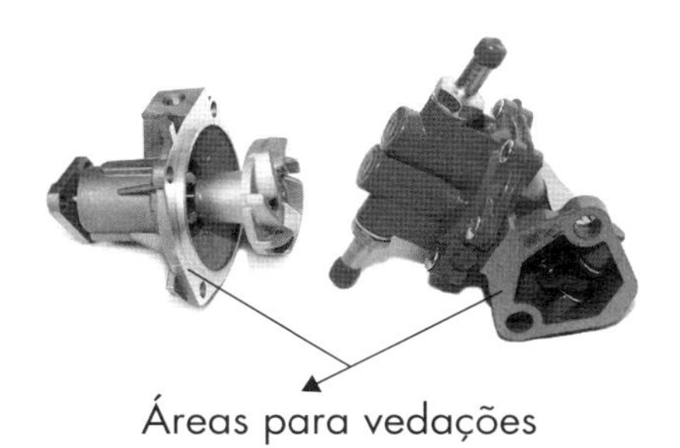

Figura 4.57 Exemplos de peças lapidadas e áreas, indicadas pelas setas, a serem lapidadas.

4.19.1 Lapidação: exemplo prático

Na Figura 4.58, estão representadas as etapas para a lapidação de uma esfera oca.

Inicialmente, o dispositivo está montado com a ferramenta de lapidação nos suportes laterais do dispositivo. A seguir, a esfera é posicionada no dispositivo. A peça é rotacionada para que o fluido de corte seja gotejado sobre a superfície da esfera. Por último, inicia-se a aproximação da ferramenta abrasiva; a peça gira, com velocidade constante (~10 rot/min), no seu próprio eixo e o dispositivo de lapidação executa movimento rotacional limitado.

Na Figura 4.59, está representada a peça acabada via lapidação. Nota-se que o acabamento final é espelhado e isso denota alto grau de vedação.

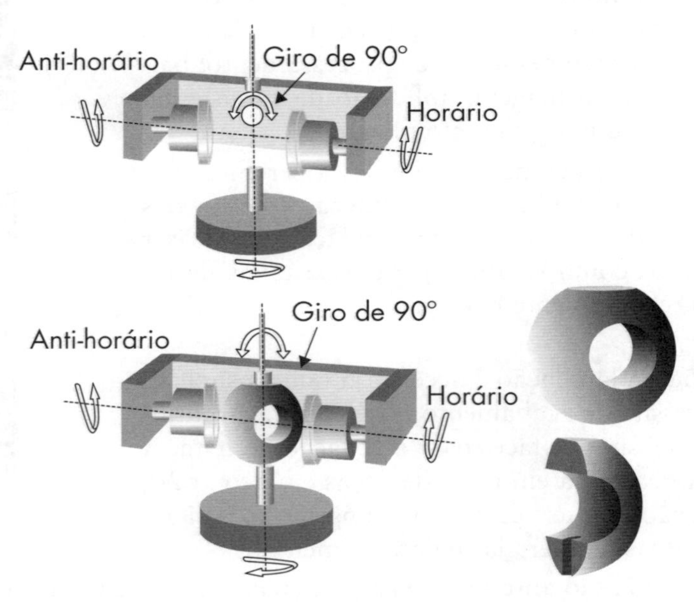

Figura 4.58 Etapas de lapidação de uma peça utilizando-se um dispositivo de fixação da ferramenta de lapidação, máquina de lapidação e peça lapidada.

Figura 4.59 Exemplo de válvula em meio corte apresentando uma esfera espelhada via processo de lapidação.

4.20 JATO D'ÁGUA, JATO ABRASIVO E FLUXO ABRASIVO

No passado recente, peças de metal eram cortadas com uma serra ou era realizado outro processo mecânico utilizando-se uma peça de metal como lâmina. Tratava-se de um trabalho intenso e caro. Jatos d'água e jatos abrasivos controlados por computador são utilizados hoje para cortar diversos tipos de materiais.

Vídeos sobre jato d'água:

livro.link/ppf105

livro.link/ppf106

livro.link/ppf107

Nessa técnica, a ferramenta de corte é a água sob alta pressão, entre 1379 bar e 3793 bar, proporcionando fluxo contínuo a uma velocidade suficiente para cortar o metal. Os jatos d'água passam através de um bico (a mais de 1400 km/h) estreito de diamante (Figura 4.60), com diâmetro entre 0,254 mm e 0,381 mm, tornando o jato coeso. Ao contrário de outras máquinas de cortar metal, os cortadores com jato d'água não perdem o corte e nunca esquentam. Algumas máquinas podem cortar medidas a partir de 5 centésimos de milímetro.

Os jatos abrasivos (Figura 4.60) foram utilizados pela primeira vez na indústria por volta dos anos 1980 e podem cortar diversos materiais, como mármore, granito, pedra, metal, plástico, madeira, entre outros. Ressalta-se que os jatos d'água cortam materiais mais maleáveis.

As técnicas de jatos d'água e de jatos abrasivos podem fabricar peças: para aplicações em pisos, partes de um letreiro, pedra e metal cortados, formas especiais para metal e telhas, engrenagens precisas, partes complexas de peças de espuma e borracha (que podem ser cortadas sem usar qualquer aquecimento, como ocorreria com o corte a laser), peças para joalheria, esculturas e espelhos, uso em broca para exploração de petróleo que possui jatos d'água na ponta para acelerar o processo de perfuração, entre outros.

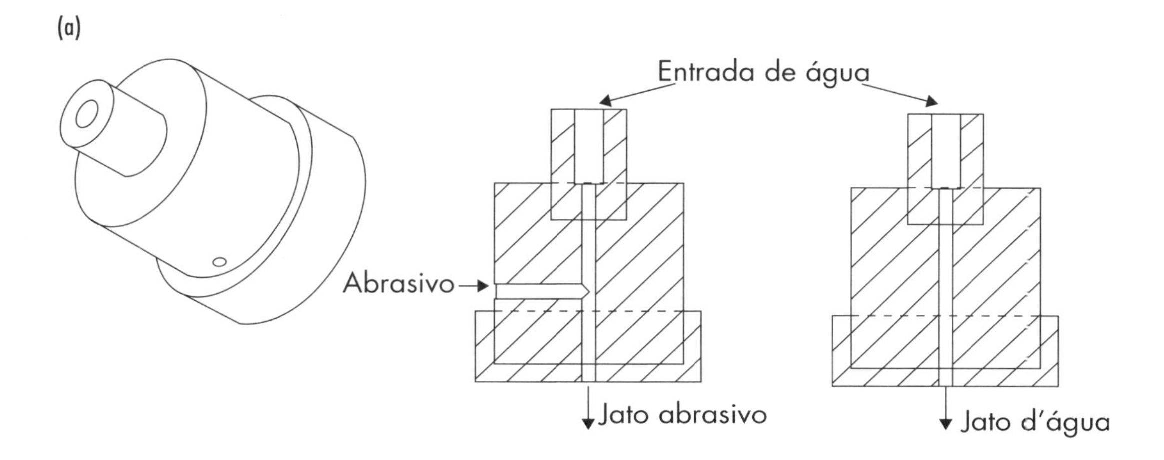

(b)

(c)

Figura 4.60 (a) Representação de bicos utilizados nos processos de jato d'água, jato abrasivo e fluxo abrasivo; (b) representação de bico utilizado no processo de jato d'água durante o corte de uma chapa; (c) bloco de aço com espessura considerável sendo trabalho por jato d'água.

Como exemplo, cita-se uma bomba de 50 HP que gera uma pressão de 3612,85 bar para um jato d'água e uma mistura de abrasivo vermelho para cortar um aço de 1/16". O jato abrasivo possui um orifício interno de 0,330 mm de rubi (o mais comum), safira ou diamante para produzir um jato d'água de 1,07 mm de diâmetro.

A usinagem por fluxo abrasivo é semelhante ao processo de jato d'água utilizado para cortar, alisar, lustrar e remover rachaduras e as rebarbas de difícil acesso ou de superfícies de máquinas, peças e produtos. Faz-se uso de uma resina de polímeros e abrasivos com água sob pressão para alcançar curvas, cavidades e bordas.

O jato d'água é expergido através de um bico com dimensões (orifício interno de 0,330 mm). Como exemplo, tem-se um corte de uma chapa com os seguintes dados do equipamento: potência nominal = 100 HP; pressão nominal = $35*10^3$ PSI; tensão de contato e fonte = 24 Vcc; velocidade de corte = 1,3 cm (titânio)/20s; temperatura de corte quase nula; equipamento com mesa de movimentos em X-Y controlados via CNC.

O fluxo abrasivo pode usinar varios materiais, como aço-carbono, inox, alumínio, zinco, latão, ferro fundido, ligas de titânio, de níquel, assim como alguns termoplásticos.

- O abrasivo deve ser mais duro que o material a ser cortado.
- Chapas de metal de pequena espessura tendem a sofrer esforços de dobramento.
- Materiais cerâmicos têm resistência diminuída após o corte.
- Vidros temperados projetados para quebra a baixa pressão não podem ser cortados.

4.20.1 Jato d'água, jato abrasivo e fluxo abrasivo: exercício resolvido

A peça de material inox da Figura 4.61 foi cortada com jato d'água. Para tanto, foi utilizado um bico de diamante com diâmetro 0,381 mm, produzindo um jato d'água de 0,7 mm de diâmetro.

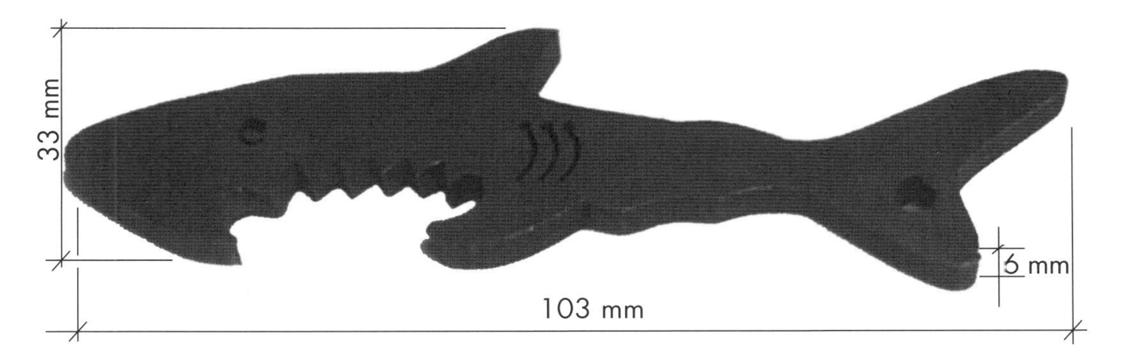

Figura 4.61 Exemplo de peça cortada por jato d'água.

Para contornar o desenho da peça, foi utilizado equipamento de aparato CNC com mesa com deslocamento nos eixos X-Y. A velocidade de corte utilizada foi de 0,05 cm/s.

4.21 EXERCÍCIOS PROPOSTOS

4.21.1) Para as afirmativas abaixo sobre os processos de fabricação, marque V (verdadeiro) ou F (falso).

a) ( ) Na fabricação de peças, mecanismos, equipamentos e nos diversos sistemas de utilidades, são utilizados vários processos com ou sem formação de cavaco. Os componentes obtidos, respectivamente, pelo processo de mandrilagem e pelo processo de metalurgia do pó são: componentes com furos alargados, dimensionados ou rebarbados que foram anteriormente perfurados e mancal autolubrificante.

b) ( ) A usinagem por descarga elétrica é realizada por eletroerosão do material submerso em um fluido dielétrico. Tal fluido de corte impede o enferrujamento da ferramenta, da peça e da própria máquina operatriz em que é utilizado.

c) ( ) No brochamento, o cavaco é arrancado progressivamente sempre pela ação rotativa e ordenada das arestas de corte da brocha.

d) ( ) O brochamento é um processo de fabricação que deforma plasticamente a matéria-prima.

e) ( ) Os processos de usinagem por retificação e lapidação correspondem a um exemplo de usinagem por abrasão.

f) ( ) O brunimento é um processo mecânico por abrasão empregado no acabamento de furos cilíndricos de revolução, no qual todos os grãos ativos da ferramenta abrasiva estão em constante contato com a superfície da peça e descrevem trajetórias helicoidais. Para tanto, a ferramenta ou a peça gira e se desloca axialmente com movimento alternativo.

4.21.2) Leia atentamente as frases abaixo e selecione a alternativa correspondente a cada uma delas.

(I) Operação de usinagem que consiste no arrancamento do cavaco da superfície de uma peça de forma progressiva e linear, que utiliza uma ferramenta com arestas de corte dispostas de maneira sucessiva e ordenada.

(II) As arestas de corte estão presentes nas ferramentas utilizadas em máquinas operatrizes.

(III) Processo que objetiva afeiçoar um pedaço de metal, por deformação plástica/ruptura a frio ou a quente e com auxílio de matrizes.

(IV) Processo de conformação plástica. Essa operação se dá a frio e provoca, no metal, o aparecimento do efeito de encruamento, que é o aumento da resistência mecânica decorrente da deformação plástica. Isso resulta no aumento da resistência mecânica em certos metais não ferrosos endurecíveis por tratamentos térmicos.

( ) Aplainamento
( ) Brocha
( ) Laminação
( ) Estampagem
( ) Torneamento
( ) Alargador
( ) Forjamento
( ) Roscamento
( ) Retificação
( ) Rebolo
( ) Embutimento
( ) Aplainamento
( ) Mandrilamento
( ) Broca
( ) Britamento
( ) Fresamento
( ) Fresa
( ) Trefilação
( ) Serramento

4.22 REFERÊNCIAS

CALLISTER JR., W.D. **Materials science and engineering:** an introduction. 2. ed. New York: John Wiley, 1991.

FERRARESI, D. **Fundamentos da usinagem dos metais**. São Paulo: Blucher, 1970. 751 p.

HELMAN, H.; CETLIN, P. R. **Fundamentos da conformação mecânica dos metais**. São Paulo: Artliber, 2005.

KALPAKJIAN, S. **Manufacturing engineering & tecnology**. 4. ed. [S.l.]: Addison Wesley, 2000.

MANRICH, S. **Processamento de termoplásticos:** rosca única, extrusão e matrizes, injeção e moldes. São Paulo: Artliber, 2005.

NOVASKI, O.; MENDES, L. C. **Introdução à engenharia de fabricação mecânica**. São Paulo: Blucher, 1994.

5 CAPÍTULO

TEMPERATURA EM POLÍMEROS COMO AGENTE DE TRANSFORMAÇÃO

O polímero é processado sob ação da temperatura de trabalho que se encontra na temperatura de fusão do material ($T_{trabalho} > T_{fusão}$) (Figura 5.1). Nesse processo normalmente utilizam-se resistência elétrica para amolecer o polímero.

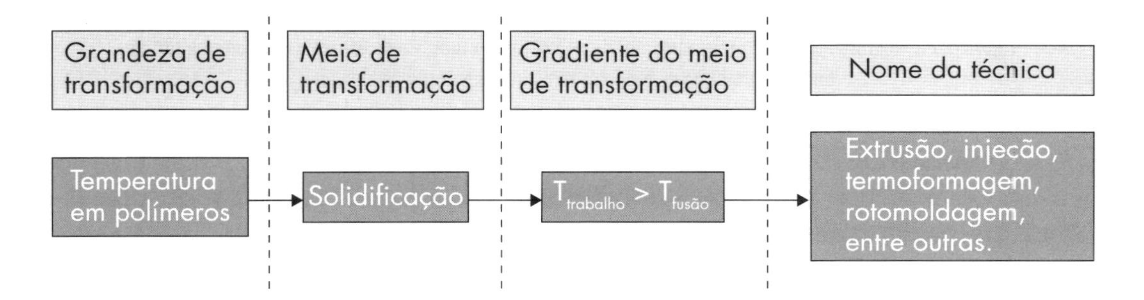

Figura 5.1 Representação simplificada das etapas dos processos para fundir um polímero e utilizar a técnica para obter produtos.

Os processos originários desse método são a extrusão, injeção, termoformagem, rotomoldagem, entre outros. Tais processos permitem obter produtos para várias aplicações, como nas indústrias automobilística, eletrodoméstica, eletrônica, entre outras.

Nos itens que se seguem serão descritos resumidamente os processos mecânicos que fundem os polímeros para fabricar peças em diversas aplicações.

5.1 EXTRUSÃO

O processo de extrusão é muito utilizado entre os pro- de termoplásticos (Figura 5.2). Além disso, ele é base para muitos processos de polímeros, como pode-se notar na Figura 5.2, em que é utilizado como processo tanto para obter produtos (Figura 5.3) ou para o preparo de blendas (composição de dois ou mais materiais para processos subsequentes).

Vídeo sobre processos de termoplástico:

livro.link/ppf108

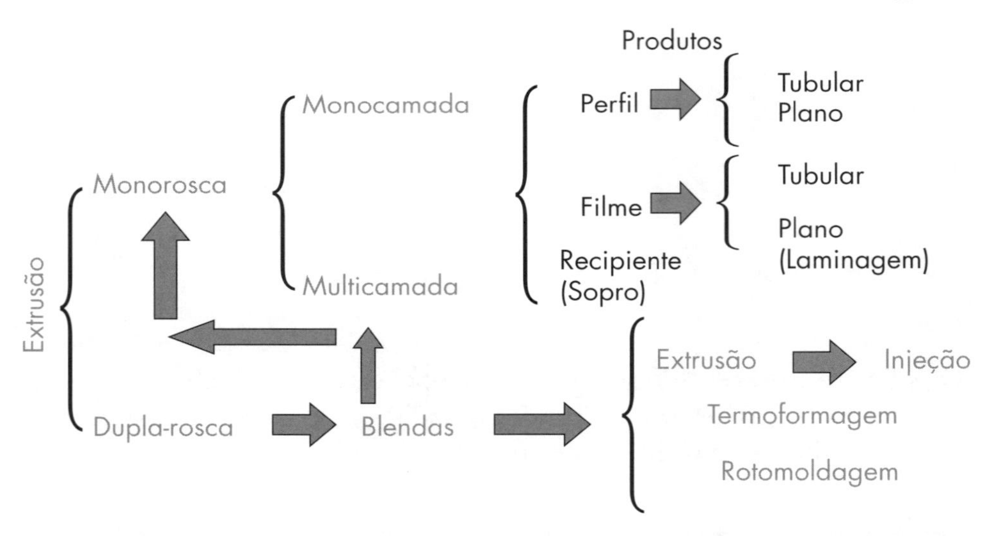

Figura 5.2 Representação dos processamentos de polímeros por processo de extrusão com sua ramificação tanto na produção de produtos como na preparação de blendas.

O processo de extrusão é o mais comum no processamento de termoplásticos. Normalmente, obtém-se semimanufaturado em forma de tubos, placas e filmes até perfis com geometria complexa. O semimanufaturado, após extrusão, pode ser processado ainda a quente, por sopro (ver item 5.1.2, "Extrusão por sopro").

Nesse processamento, a plastificação do termoplástico ocorre por meio de calor e cisalhamento com fluxo contínuo de plástico.

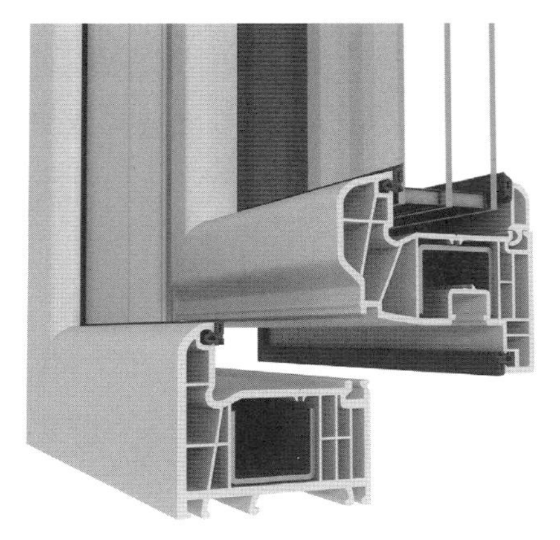

Figura 5.3 Tubos de plástico em acrílico, em PVC e perfilados.

Devido à forma geométrica da rosca (Figura 5.4), ao movimento rotacional e ao pouco espaço entre as paredes internas do cilindro, ocorre o cisalhamento sobre o material. A rosca em si proporciona cerca de 80% da energia térmica e mecânica necessária para transformar os polímeros. Logo, a plastificação do polímero se dá por trabalho mecânico, pois para fundir ou amolecer via mantas elétricas ou outro mecanismo de condução de calor seriam necessários tempos muitos longos.

Vídeos sobre extrusão:

livro.link/ppf109

livro.link/ppf110

livro.link/ppf111

A seguir, tem-se os componentes de uma máquina extrusora (Figura 5.5), como segue:

- **Funil:** tem a função de alimentar continuamente a extrusora com diferentes matérias-primas (pó, grânulos, péletes, aparas ou combinação delas) e pode ter um misturador para auxiliar o escoamento do material.
- **Parafuso (rosca):** tem a função de puxar, transportar, fundir, amolecer, plastificar e homogeneizar o plástico. O formato geométrico mais comum é o de três zonas (Figura 5.4), pois pode processar a maioria dos termoplásticos. O formato dos filetes do parafuso deve proporcionar o avanço constante e sem pulsação, resultando em uma peça fundida e homegênea, térmica e mecanicamente.

O metal utilizado para a fabricação do parafuso pode ser de aço-liga 8550 (CrAlNi) ou 4140 (Cr Mo); ou ligas bimetálicas da Colmonoy (liga de cobalto + níquel) ou da Stellite (liga à base de cobalto).

Em alguns casos, o metal passa também por processo de nitretação. Pode ser reparado por aplicação de revestimentos feitos por solda elétrica e por solda TIG. Em termos dimensionais, a relação comprimento/diâmetro é de 15:1 a 30:1, sendo que o diâmetro varia de 45 mm a ~200 mm.

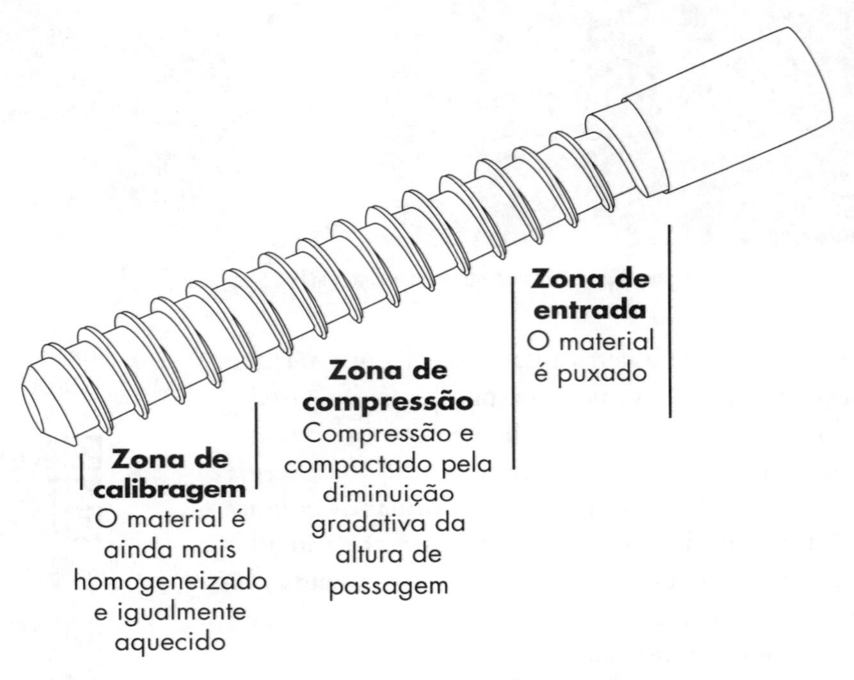

Figura 5.4 Representação das principais zonas de um parafuso de extrusão de termoplástico.

- **Sistema de aquecimento:** são utilizadas resistências em tiras e também empregam-se serpentinas de líquidos. Já para materiais termicamente sensíveis, às vezes utilizam-se parafusos aquecidos.
- **Motor e caixa de redução:** normalmente deve ser dimensionado com 30% acima da potência requerida e um variador de velocidade mecânico ou elétrico. Ressalta-se que um motor AC (tensão: 220/380/440 volts) é muito barulhento (80 decibéis) e um motor DC necessita de mais espaço, sendo eficiente em baixas velocidades, mas com a desvantagem do custo maior, embora consuma menos energia. A potência para a motorização deve ter as seguintes características: 1 cv a 2 cv para cada 2,3 kg/h a 4,5 kg/h de resina, logo, para extrudar 23 kg/h a 45 kg/h, requer um motor de 10 cv a 20 cv.
- **Caixa de redução:** normalmente a rotação do motor elétrico é de 1750 rpm e as caixas têm entre 20 rpm e 200 rpm, ou seja, reduções de até 1:8.

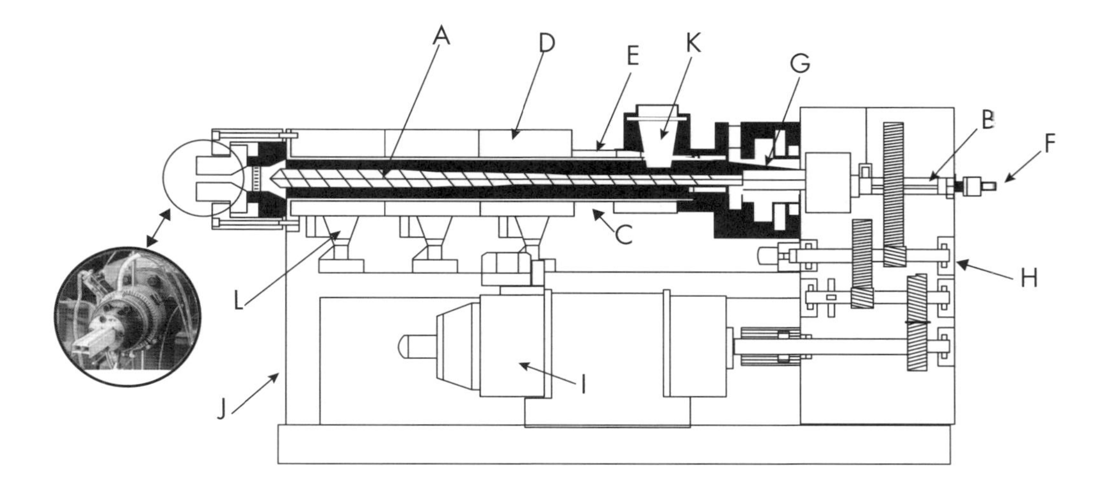

Nomenclatura

A – parafuso;
B – eixo de saída da redução;
C – cilindro;
D – mantas de aquecimento;
E – refrigeração a ar para o cilindro;
F – resfriamento de água para o parafuso;
G – acoplamento entre parafuso e eixo de saída da caixa de redução;
H – caixa de redução;
I – motor elétrico;
J – estrutura de base;
K – tubo de alimentação e encaixe do funil;
L – flange.

Figura 5.5 Componentes de uma máquina extrusora.

Na extremidade do parafuso é montada a ferramenta denominada de matriz de metal (Figura 5.6).

Figura 5.6 Componentes de uma ferramenta matriz para extrusão de perfis plásticos.

5.1.1 Coextrusão

Vídeos sobre coextrusão:

livro.link/ppf112

livro.link/ppf113

O processo de coextrusão é utilizado para a colocação de várias camadas em isolamento de cabos, filmes de embalagens e no processo de sopro, principalmente quando vários produtos alimentícios são embalados e envazados em termoplásticos, que devem ter propriedades para ampliar a barreira a permeabilidade gasosa (CO_2), líquidos (H_2O), vapores (O_2), aromas, solventes, resistentes a óleos e irradiação UV (raio ultravioleta). E ainda quando as exigências ao extrudado não são preenchidas por um único material, para reduzir custos de produção via economia de material por meio da união de duas camadas, ou quando a camada externa do produto for relativamente solicitada.

O processo de coextrusão se caracteriza por fabricar um composto de diferentes materiais. Cada camada de material é plastificado em uma extrusora separada (Figura 5.7).

Vídeos sobre sopro:

livro.link/ppf114

O cabeçote de extrusão realiza a união entre camadas (Figura 5.7) e os efeitos das camadas dependem da espessura da camada, do tipo de polímero, das condições ambientais (P, T, umidade, luminosidade, entre outros). O pré-requisito para uma boa coextrusão é a compatibilidade entre camadas, ou seja, boa adesão (evitar delaminação) entre ambas, além de outras características, como alto brilho e transparência, boa estabilidade térmica e inércia. Como exemplo de boa adesão entre camadas, tem-se a aplicação de PEAD (polietileno da alta densidade) + PEBD (polietileno de baixa densidade).

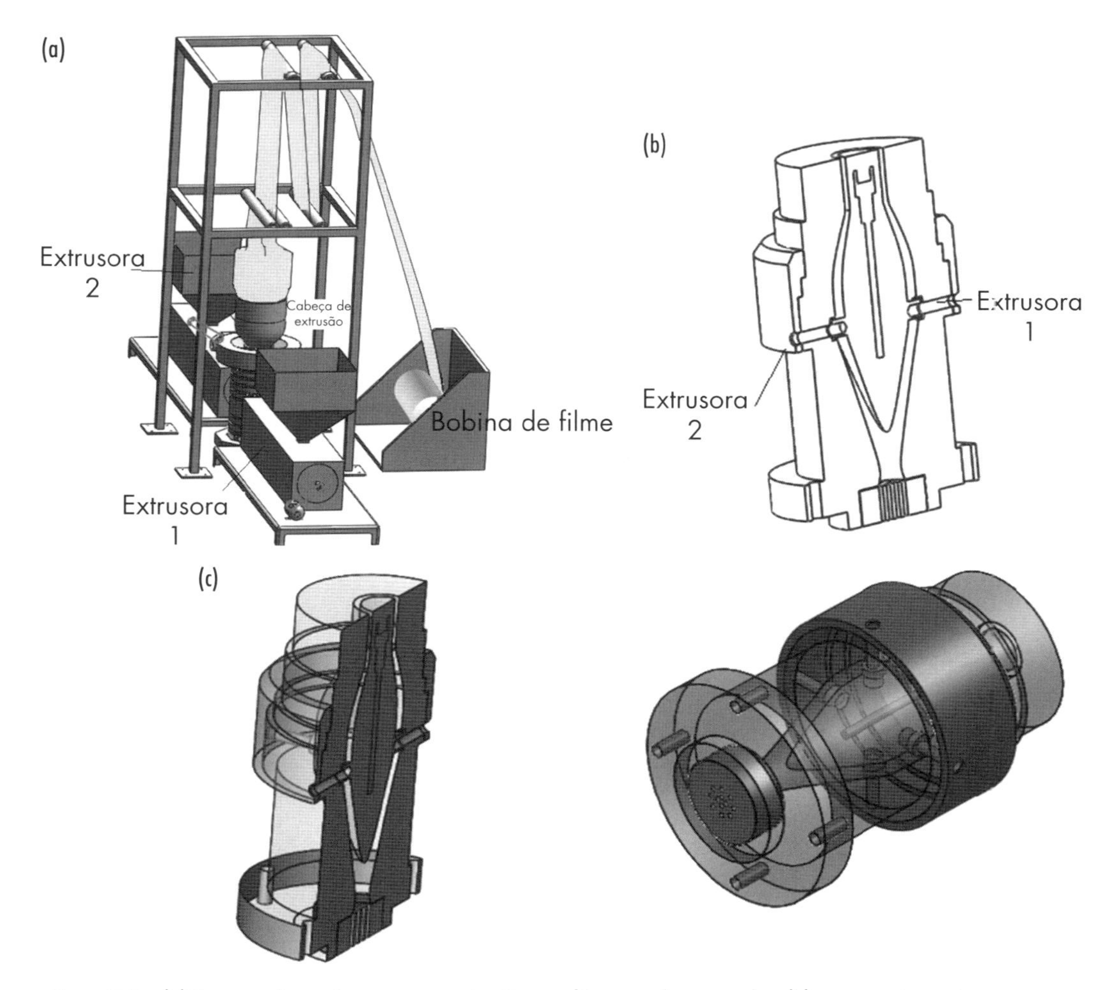

Figura 5.7 (a) Esquema de montagem para coextrusão para filme com duas camadas; (b) esquema de montagem para coextrusão para filme com duas camadas; (c) detalhe do cabeçote de coextrusão.

Filmes, chapas e frascos podem ser compostos de três a doze (ou mais) camadas, cada qual com sua função específica. Por exemplo, para proteger contra a ação do oxigênio, pode-se utilizar uma barreira de EVOH (etileno vinil álcool). Com isso, a embalagem final é formada por um filme de cinco camadas (ver a Figura 5.9).

No esquema de montagem de extrusão para a laminação de filmes (Figura 5.8), após a laminação do polímero, tem-se a inclusão de uma camada de papel (C), pois o filme (A) será unido ao papel e bobinado (H) para utilização como embalagem. O polímero terá o contato com o produto e o lado do papel o contato externo.

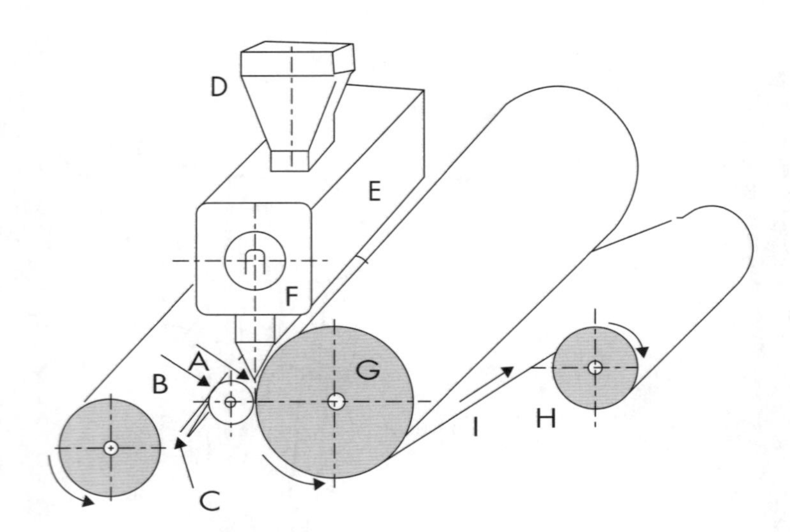

Figura 5.8 Esquema de montagem de extrusão para a laminação de filmes.

Vídeos sobre balão:

livro.link/ppf115

livro.link/ppf116

livro.link/ppf117

livro.link/ppf118

livro.link/ppf119

Na Figura 5.9 há a representação de um recipiente com cinco camadas de polímeros. Dependendo do tipo de embalagem (frasco, por exemplo), as camadas de PP podem atingir espessuras da ordem de 800 µm.

Cabe destacar o EVOH (etileno vinil álcool), material muito utilizado como barreira. As propriedades de barreira são dependentes da composição de cada monômero no produto final. Por exemplo, aumentando-se a porcentagem de etileno, aumenta-se a permeabilidade e, consequentemente, melhoram-se as características de processabilidade e a barreira é menos afetada pela umidade. Ao diminuir a porcentagem, diminui o grau de barreira em relação a umidade e aumenta o ponto de fusão do produto e sua sensibilidade à temperatura.

As camadas representadas na Figura 5.9 pelos números de 1 a 5 são compostas pelos seguintes materiais: (1) material PP usado em contato com o produto envazado; (2) adesivo compatibilizante com o PP e o EVOH; (3) material barreira EVOH; (4) novamente adesivo compatibilizante com o PP e o EVOH; (5) material PP utilizado também para contato com resistência mecânica. As espessuras de camadas podem variar de acordo com o tamanho do recipiente e tais espessuras estão na casa dos centésimos de micros (µm).

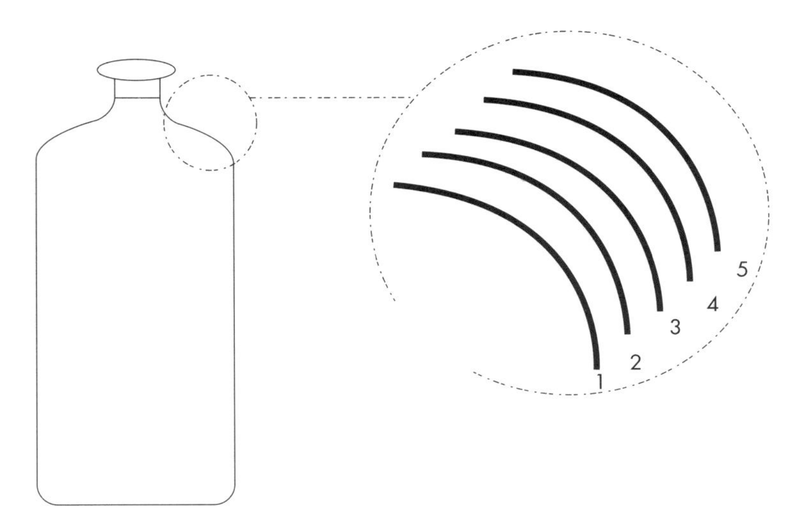

Figura 5.9 Representação de um recipiente com cinco camadas de polímeros.

5.1.2 Extrusão por sopro

O processo de moldação por sopro baseado na extrusão é o processo mais utilizado para a obtenção de corpos ocos e fechados (de pequeno, médio ou grande porte), como garrafas, frascos, bidões, tanque de combustível, entre outros (Figura 5.10).

São vários os termoplásticos que podem ser extrudados via sopro, como:

- materiais mais utilizados: PEBD (polietileno de baixa densidade); PEAD (polietileno de alta densidade); PVC (policloreto de vinila); PP (polipropileno) e PET (politerefitalato de etileno) ou, ainda, coextrusão com PVDC (policloreto de vinilideno) e EVOH (etil-vinil-álcool);
- menos frequentemente utilizados: polipropileno (PP); plexigas (PMMA) (polimetacrilato de metila); policarbonato (PC); poliamida (PA). Também podem ser trabalhados poliuretanos ou elastômeros de TPU.

O processo de moldagem por sopro ou moldagem por extrusão e sopro é baseado na utilização de uma extrusora de rosca única. Esse processo foi desenvolvido originalmente para a indústria de vidro, mas hoje é utilizado extensamente na indústria de plástico.

As características operacionais durante o processo de extrusão por sopro são normalmente as seguintes: a pressão requerida varia de 2 bar a 20 bar (~20 kgf/cm^2) com distribuição de tensões mais homogênea. Essa faixa de pressão é menor comparativamente à pressão requerida no processo de injeção (150 bar para 2000 bar), embora em alguns casos possam ser soprados de recipientes PETs de tamanho considerável e a pressão pode atingir ~150 bar.

Figura 5.10 Produtos obtidos pelo processamento via extrusão por sopro.

Pelo processo de moldagem por sopro são produzidos peças e recipientes que vão desde 1 cm^3 de capacidade até 300 l. Quando o peso do *parison* (Figura 5.13) afeta a própria deformação (escoa com a força do próprio peso, afinando as paredes), torna-se necessária rapidez, para gerar o *parison*. Para resolver esse problema, desenvolveu-se o processo de extrusão intermitente, que passou a ser utilizado de forma generalizada.

A moldagem por sopro tem como vantagens características moldados com rebarbas; altas velocidades de produção; maior versatilidade com respeito à produção; controle da espessura da parede; necessária a operação de corte (quando recipiente com cabeça perdida); geometrias complexas (Figura 5.10); possibilidade de maior número de camadas (coextrusão) (Figura 5.11); pode-se extrudar vários recipientes ao mesmo tempo; extrusão de frascos ou garrafas relativamente pequenos em uma só extrusora. Tem como desvantagem o custo alto do ferramental.

Vídeos sobre sopro:

livro.link/ppf120

livro.link/ppf121

livro.link/ppf122

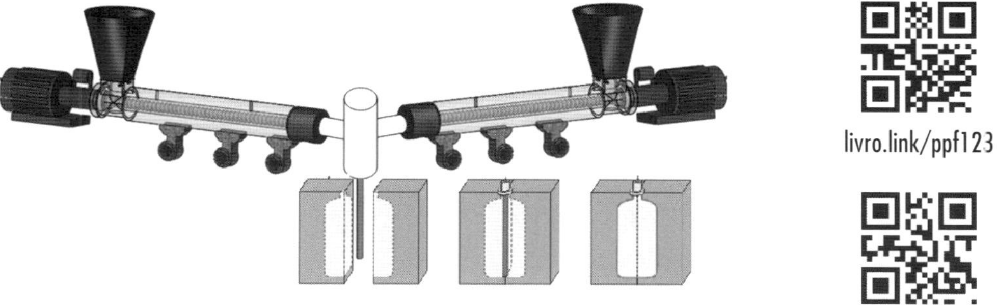

livro.link/ppf123

livro.link/ppf124

Figura 5.11 Representação de uma extrusão via sopro de duas camadas e etapas do sopro dentro do molde.

5.1.2.1 Descrição do processo na moldagem por sopro

A ferramenta de sopro é composta por duas metades móveis (Figura 5.12), que contêm um negativo do produto a ser soprado. Após a pré-forma ter saído do cabeçote móvel (item 4 da Figura 5.13), a ferramenta fecha-se sobre essa e solda o fundo por esmagamento. A seguir, a máquina movimenta a ferramenta para a estação de sopro.

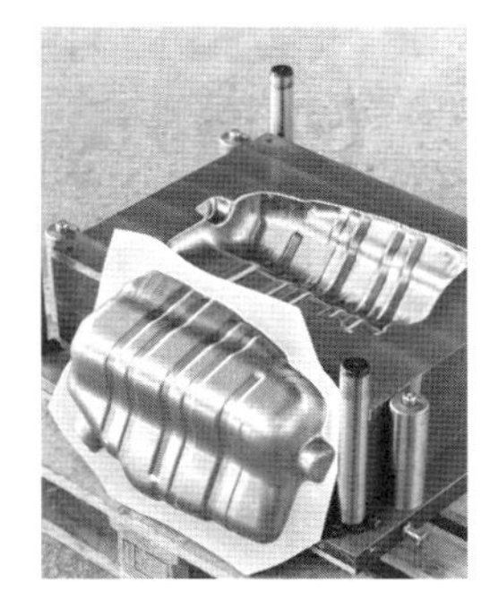

Figura 5.12 Molde desmontado utilizado para sopro de recipiente.

Na estação de sopro, o mandril de sopro penetra na ferramenta e, com isso, na pré-forma. Dessa maneira, o mandril forma e calibra o pescoço do corpo vazado, ao mesmo tempo que introduz ar na pré-forma.

5.1.2.2 Sequência do processo na moldagem por sopro e partes da máquina

- Sequência do processo (Figura 5.13)
  I – Extrusão da pré-forma.
  II – Posicionamento da ferramenta de sopro.
  III – Agarramento e separação da pré-forma.
  IV – Moldagem e resfriamento.
  V – Desmoldagem e extração.

- Partes da máquina (Figura 5.13)
  1 – Extrusora
  2 – Cabeçote móvel
  3 – Bico/torpedo
  4 – Pré-forma/núcleo
  5 – Faca
  6 – Canais de resfriamento
  7 – Ferramenta de sopro
  8 – Mandril de sopro
  9 – Produto

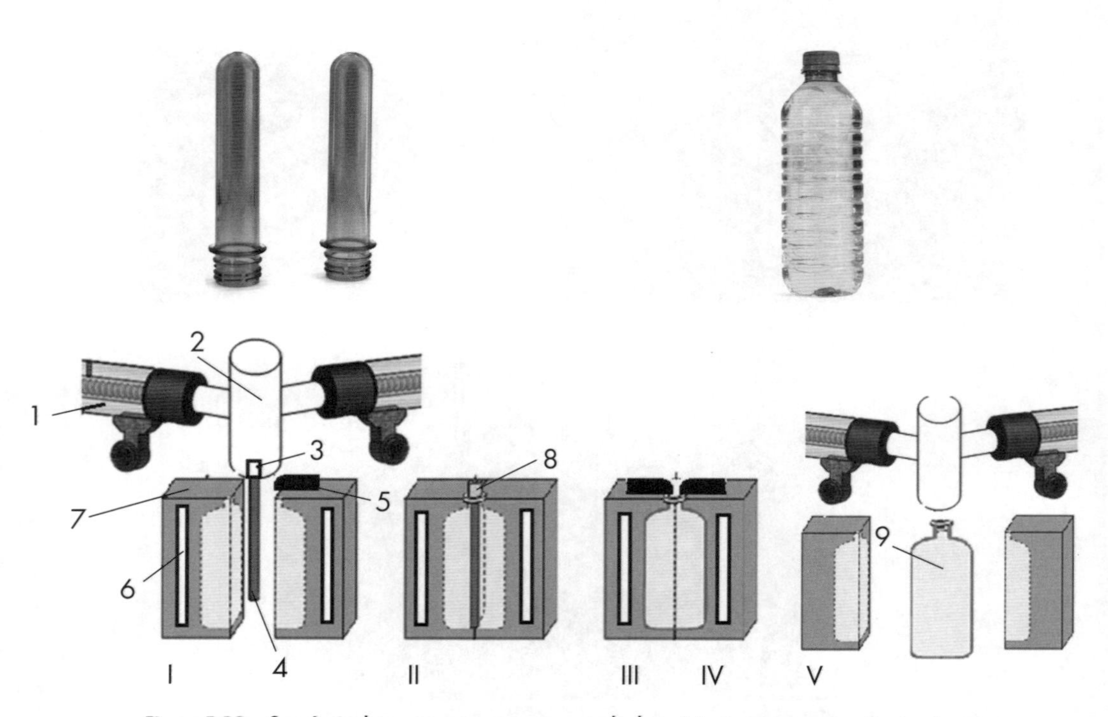

Figura 5.13 Sequência de processo por sopro e exemplo de recipiente com seu respectivo *parison*.

5.1.3 Extrusão: exercício resolvido

Na extrusão por sopro de filmes, existem cálculos que permitem determinar algumas grandes operacionais.

O cálculo da proporção de inflar (PI) é definido como o maior diâmetro do produto a ser soprado no interior do molde dividido pelo diâmetro externo do *parison*. Normalmente esse valor está entre 1,5 e 3, podendo, em alguns casos, chegar a 7x.

$$PI = \frac{\text{maior diâmetro do interior do molde de sopro}}{\text{diâmetro externo do } parison}$$

A espessura média da peça depende do tamanho e da orientação do *parison*, o que pode ser expresso pela seguinte relação:

$$\text{Espessura média da peça} = \frac{(\text{área da superfície do } parison \times \text{espessura do } parison)}{\text{área da superfície do produto}}$$

Como exemplo numérico, tem-se o diâmetro de uma matriz para filme de balão (Figura 5.14) com valor de 8" e o valor da razão de sopro (RS) de 3,125:1. Pede-se para determinar o diâmetro do filme do balão e a proporção de inflar (PI).

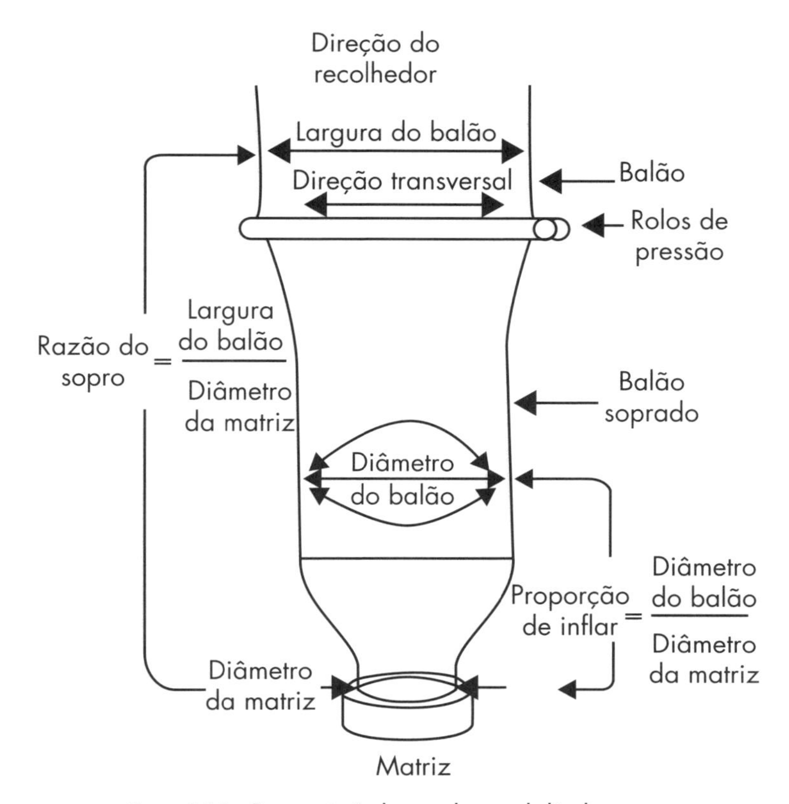

Figura 5.14 Representação das grandezas no balão de sopro.

Resolução:

RS = largura do balão/diâmetro da matriz

3,125 = largura do balão/8"

Largura do balão = 25"

O comprimento da circunferência é igual ao comprimento do balão, logo, tem-se:

3,1416 x diâmetro do balão = 2x largura do balão.

Diâmetro do balão = (2x largura do balão)/ 3,1416

Diâmetro do balão = 2 x 25"/3,1416

Diâmetro do balão = 15,91"

P.I. = diâmetro do balão/diâmetro da matriz

P.I. = 15,91"/8"

P.I. ≈ 2:1"

5.2 INJEÇÃO DE TERMOPLÁSTICO

As peças fabricadas via moldagem por injeção têm outras formas geométricas comparativamente à extrusão, como ocas e recipientes com geometrias mais complexas (Figura 5.15). O processo de injeção é um método de produção em massa e, por sua simplicidade e reproducidade de processamento, requer poucas operações de acabamentos e pode ser totalmente automatizado, resultando em uma maior produção. Em linhas gerais, são produzidas peças com diferentes tamanhos e complexidade variável que podem ser moldadas com insertos metálicos e com massas que variam de 5 g a 85 kg, com relativo baixo custo de mão de obra.

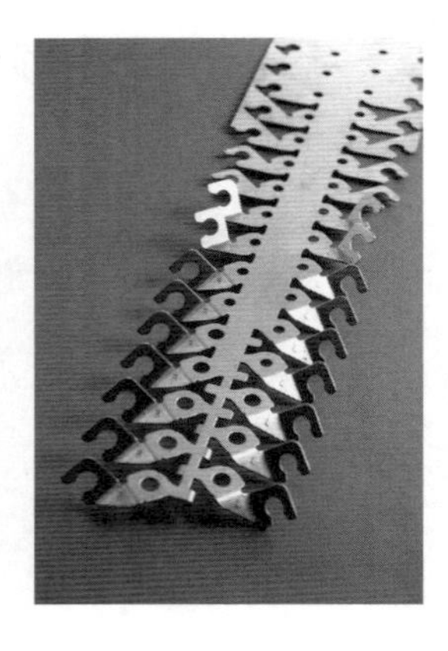

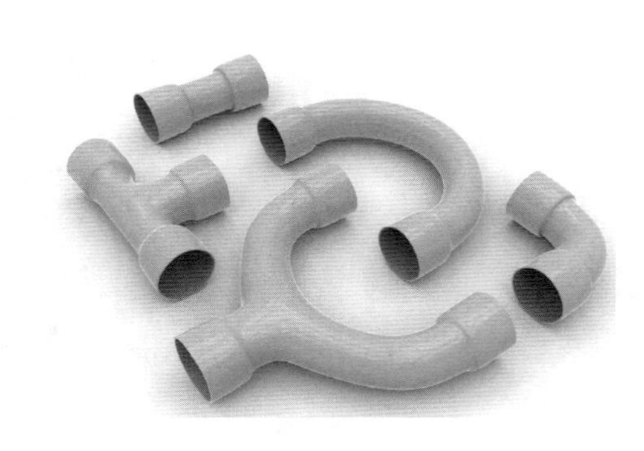

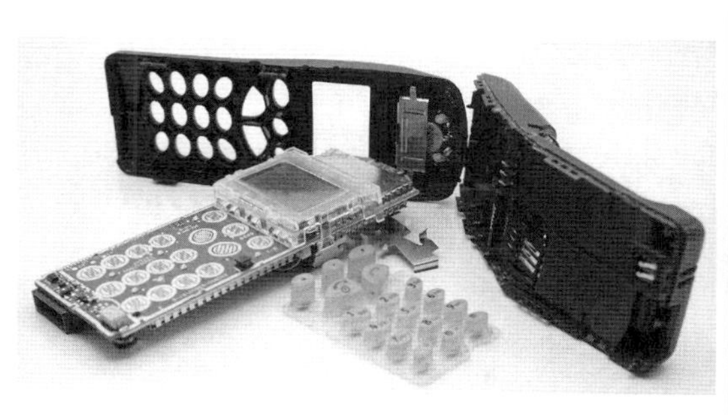

Figura 5.15 Peças fabricadas com moldagem por injeção: farol e lanterna traseira de carro, acessórios para tubos de plástico, peças para celulares e utensílios domésticos.

Entre as diversas técnicas envolvendo o processo de injeção, estão: injeção convencional; a gás; com água; microinjeção e nanoinjeção; por compressão; por transferência; de espumas estruturais; de peças com superfícies microestruturadas; de peças com paredes muito finas; coinjeção; com decoração direta no molde; de peças com núcleos fundidos, entre outras.

Neste livro é dada ênfase ao processamento de injeção convencional, por conta de sua maior utilização entre os processos listados acima.

A máquina injetora de rosca recíproca ou rosca-pistão é um sistema capaz de homogeneizar e injetar o polímero fundido. Para tanto, tem como componentes uma rosca (parafuso) (Figura 5.16), semelhante à das extrusoras, para plastificar o material alimentado no funil. Para peças com peso e dimensões relativamente altas, utiliza-se um acumulador para maior pressão de injeção. Para que o material plastificado e dosado no cilindro (canhão) seja injetado, a rosca deve girar, com uso de transmissão mecânica, e avançar com alta pressão, agindo como um êmbolo. Ela é composta ainda por mantas elétricas para aquecer o canhão e, por conseguinte, transmitir calor ao polímero.

Um molde (Figura 5.16) é montado na máquina e tem a função de moldar a massa polimérica controlada e auxiliar no resfriamento do produto. Para a extração do produto, a máquina é provida de um mecanismo capaz de executar a ejeção da peça acabada e pode ser provida de válvula para moldes que tenham formatos restritivos quanto à extração de peças.

Essa é a configuração de máquinas mais encontradas hoje em dia, em diferentes níveis de sofisticação, tamanhos e aplicações. Suas principais vantagens são boa plastificação e homogeneidade do polímero na temperatura de plastificação; boa plastificação de polímeros de alta viscosidade; e bom aproveitamento de material recuperado.

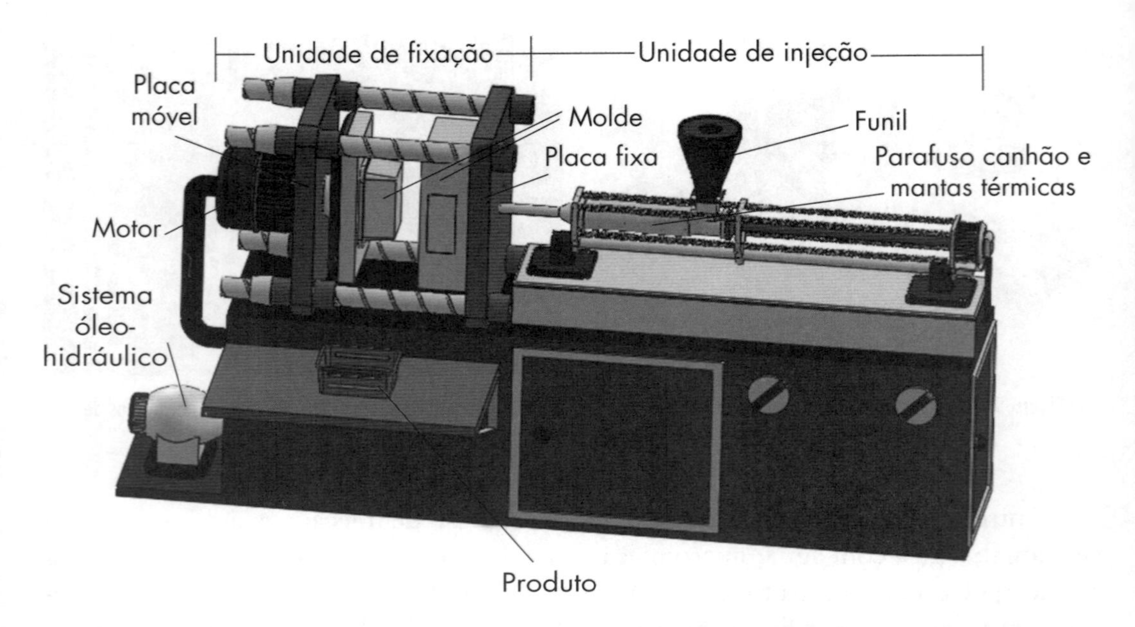

Figura 5.16 Representação dos principais componentes de uma máquina injetora com rosca recíproca e dispositivo para extração e injeção com acumulador.

O plástico é aquecido até a temperatura de fusão e injetado dentro da cavidade do molde. Existem outras etapas que serão descritas adiante, mas inicialmente o material injetado deve ter as seguintes características: baixa viscosidade e alta fluidez. Nessas condições, o material injetado escorre na saída do bico e pode ocasionar obstrução de material no bico, e isso requer cuidados especiais para retirar o material do bico. Para tanto, deve-se utilizar bastão de bronze para não danificar o molde e, para facilitar tal retirada, aquece-se o bico com uso de um maçarico. Isso porque difere da extrusão, em que o material tem alta viscosidade e o material extrudado não escorre entre a saída do bico e a entrada do calibrador.

O ciclo de transformação de termoplásticos é basicamente composto das seguintes etapas: antes de ser depositada no funil, a resina deverá estar isenta de umidade; em seguida ocorre o transporte, aquecimento e fusão da resina, homogeneização do fundido e injeção no interior da cavidade do molde, resfriamento e solidificação do material na cavidade e, por fim, ejeção da peça moldada. Após retirada dos canais de alimentação das peças, esses podem ser moídos e retornados ao processo de forma adequada. Tais etapas são representadas por ciclo de injeção (Figura 5.17), como segue:

1. Fechamento do molde: é o primeiro estágio do ciclo de injeção.
2. Unidade de injeção: após o fechamento do molde (1) é realizado o avanço da unidade de fechamento, de modo que o bico de injeção encoste na bucha de injeção do molde.

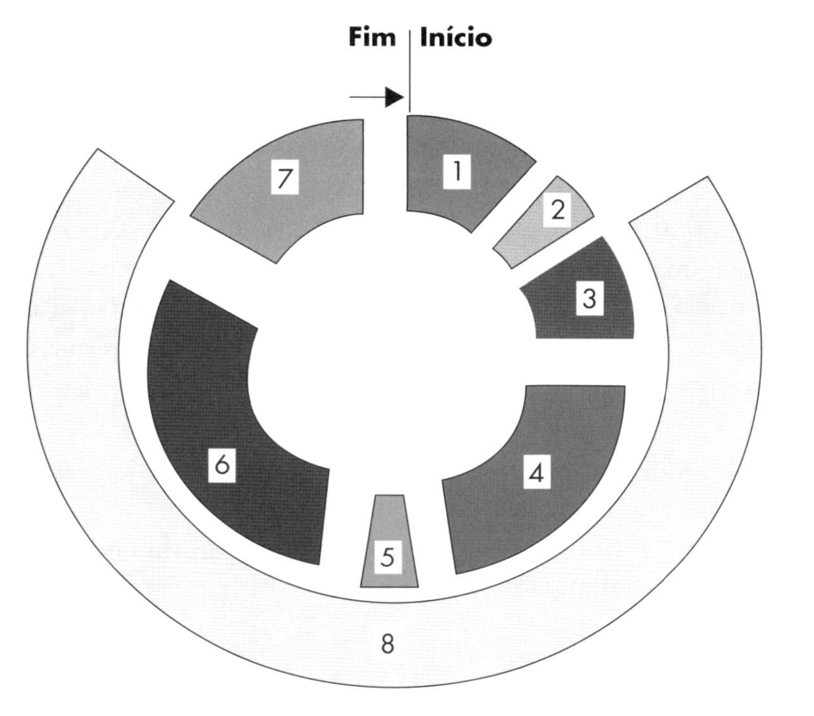

Figura 5.17 Ilustração das etapas do ciclo de injeção.

Vídeos sobre injeção de plástico:

livro.link/ppf125

livro.link/ppf126

livro.link/ppf127

livro.link/ppf128

livro.link/ppf129

3. Injeção: ao avançar a unidade de fechamento (2), em seguida injeta-se o plástico, que está fundido e não retorna pelos filetes da rosca, graças a um dispositivo mecânico (anel de bloqueio) acoplado à rosca, impedindo o contrafluxo.
4. Recalque: tem a função de manter o plástico compactado no interior do molde. O ponto de transição entre pressão de injeção para a pressão de recalque é chamado de *ponto de comutação*, muito importante para manter a qualidade da peça a ser produzida, pois serve para eliminar marcas de extração que ficam na peça. É a solução para não deixar marcas de extração na peça e normalmente diminui-se a velocidade de injeção e pressão. A pressão possibilita a homogeneização da peça ao passo que a pressão de recalque baixo pode influenciar na cor da peça, deixando-a aflorada.
5. Recuo da unidade de injeção: após o recalque, realiza-se o recuo da unidade de injeção.
6. Dosagem: a rosca (parafuso) de plastificação irá girar para que o material plástico, no estado sólido, seja introduzido no cilindro de injeção pelo funil. Ao mesmo tempo, a rosca de plastificação movimenta-se no sentido oposto ao da

injeção, ou seja, recua. Com isso o material que está entre os filetes é deslocado em direção à área compreendida entre a ponta da rosca e o bico de injeção. Pela ação do atrito, pressão e temperatura o material plástico sólido (pó ou grânulos) funde-se (plastifica), preparando a máquina para o próximo ciclo.

7. Extração da peça: etapa final do ciclo.
    - Tempo de resfriamento: observa-se que o tempo de resfriamento no clico de injeção ocorre desde o final da injeção do plástico até a extração da peça (7). O tempo de resfriamento está atrelado à temperatura de solidificação da peça.
    - Tempo menor: deformação (estufamento) em partes (internas ou externas); tempo maior: menor produção.

Nos processos de injeção, utiliza-se para o refriamento água quente e/ou gelada nas seguintes condições:

- Água quente (industrial: 75 °C/80 °C): para controle da temperatura do molde, por termorregulador de temperatura.
- Água gelada: parte fixa do molde.

Observação: pode-se utilizar no mesmo molde água quente e/ou gelada, mas isso pode ocasionar obstrução no bico e, para resolver tal problema, emprega-se um bastão de bronze (não danifica o molde); no bico, utiliza-se maçarico.

A seguir, apresenta-se um procedimento para a troca de material a ser injetado.

Injeta-se um lote de peças de PA e, na sequência, um lote de peças de PVC, como se deve proceder?

1. Eliminar o PA.
2. Utilizar em seguida o PP (material puro, branco e predominante).
3. Utilizar o PVC.

5.2.1 Parâmetros do processo de injeção

A qualidade do produto injetado é oriunda de uma série de variáveis como parâmetros do processamento em si; tipo de material; tipo de molde; *design* do produto; máquina utilizada.

A seguir serão descritos resumidamente tais variáveis.

Parâmetro de processamento: as propriedades do produto final são alteradas devido à interferência dos seguintes parâmetros de injeção:

- Contrapressão da rosca durante a plastificação da massa polimérica.

- Dosagem de material.
- Temperatura do polímero fundido e sua homogeneidade.
- Velocidade de injeção ou gradiente de velocidades.
- Pressão de pressurização (comutação).
- Pressão e tempo de recalque.
- Temperatura do molde e uniformidade da temperatura do fluido refrigerante do molde.
- Tempo de resfriamento do molde.
- Tratamento do produto fora do molde: tempo que demora para atingir a temperatura ambiente, contando com umidade e outros fatores.

Tipo de material: o material polimérico escolhido para ser processado possui características próprias que podem variar em função do lote, do fornecedor e das alterações das propriedades reológicas provocadas por aditivação.

Tipo de molde: pode ser projetado por um tipo de material; para um tipo de máquina injetora; molde com canais quentes; com injeção de gás; com mais de uma cavidade; e com duas ou três placas.

Máquina utilizada: variáveis: pressão de fechamento; torque para o giro da rosca; pressões exercidas pelo pistão sobre a massa fundida.

***Design* do produto:** afeta o comportamento mecânico, pois a peça pode ter parede fina, grossa, variável, ou ainda possuir nervuras.

Características da máquina injetora: existem diferentes tipos de injetoras no mercado, cada qual oferecendo diferentes benefícios e custos diferenciados. Para caracterizar uma injetora, pode-se adotar as seguintes definições:

- Capacidade de injeção (Ci): quantidade máxima, em gramas, de material "B" que pode ser injetado por ciclo (dado fornecido pelo fabricante da máquina) e capacidade de injeção do material de referência "A", que é o poliestireno (PS), cuja densidade a 23°C é próxima de 1 g/cm³.

$$C_{iB} = C_{iA} \frac{\rho_B V_A}{\rho_A V_B} \, [g] \tag{3.1}$$

em que:

ρ = densidade do material A (PS) e B (teste) (g/cm³);

V = volume dos materiais A (PS) e B (teste) (cm³).

- Capacidade de plastificação (Cp): quantidade máxima de material "B" que a injetora pode homogeneizar em um período de tempo.

$$C_{pB} = C_{pA} \frac{c_A T_A}{c_B T_B} \rightarrow C_p = W.n \tag{3.2}$$

em que:

C_p = capacidade de plastificação especificada pelo fabricante da máquina (dado em horas);

W = peso injetado;

T = temperatura do material A (PS) e B (teste) (°C);

c = calor específico dos materiais (A (PS) e B (teste));

n = número de ciclos por hora.

Pressão de injeção (P_{inj}): pressão exercida pelo pistão sobre o material durante o preenchimento.

P_{inj} = [bar] ou [MPa]: pode se referir àquela pressão necessária apenas para preencher o molde sem pressurização (pressão de injeção de "preenchimento propriamente dito") ou até a pressurização máxima, que é o término do preenchimento sob alta pressão (pressão de injeção de pressurização – pressão de comutação, ou seja muda de pressão de pressurização para recalque).

A pressão de injeção na fase de preenchimento depende fundamentalmente da viscosidade (η) do material e da geometria por onde flui a massa fundida (L, R etc.) para que uma determinada velocidade ou vazão (Q) seja alcançada (expressão de Poiseuille para fluidos newtonianos). Logo, a determinação de pressão de injeção deve ser:

$$P = \frac{Q8L\eta}{\pi R^4} \tag{3.3}$$

A pressão necessária para o gradativo preenchimento dos canais e cavidades aumenta gradativamente, pois a superfície sobre a qual o material atrita vai também aumentando. Essa área superficial engloba as paredes dos canais (comprimento × perímetro) e as paredes da cavidade (soma das superfícies).

Pressão de realque (P_{REC}): é a pressão após a pressurização. Normalmente a pressão de pressurização comuta para a de recalque, assumindo valores inferiores. É importante que a pressão de recalque seja inferior à pressurização, a fim de evitar geração de tensões internas na peça final.

Pressão de fechamento (P_f): deve manter o molde fechado enquanto as pressões injeção/pressurização/recalque são exercidas. A força de fechamento de uma injetora deve ser sempre superior à máxima pressão do processo. Para calcular a força de fechamento, deve-se conhecer a área da cavidade do molde onde o polímero fundido está exercendo pressão.

$$P_{CAV} \cong \left(\frac{1}{2} \; a \; \frac{1}{3} \; deP_f \right) \tag{3.4}$$

$$F_f = A.P_{CAV} = \left(\frac{1}{2}\ a\ \frac{1}{3}\right) A.P_f \quad (3.4a)$$

$$P_{CAV} = P_{manômetro.} \frac{D^2_{ÊMBOLO}}{D^2_{ROSCA}} \quad (3.4b)$$

Nota: a força de fechamento (Ff) deve ser sempre superior à máxima pressão do processo. Para calcular a força de fechamento na cavidade do molde, considera-se a área superficial projetada da cavidade e perpendicular à direção de atuação da pressão exercida pelo polímero fundido.

Peso (w) de moldagem por ciclo: considera-se o cálculo do volume total (v) da cavidade, acrescido dos canais, que deve ser multiplicado pela densidade (ρ). Ressalta-se que, para trabalhar em uma zona de segurança e, assim, preservar a injetora, é indicado não ultrapassar 80% da capacidade de injeção da máquina.

$$n = \frac{0.8C_p}{w.60} \quad (3.5)$$

$$w = v.\rho \quad (3.5a)$$

Vazão de injeção (V_{inj}): grandeza física com que a massa fluidificada do polímero é enviada para dentro do molde durante a fase de preenchimento. Para mensurá-la, utiliza-se o valor do deslocamento linear do pistão óleo-hidráulico, pois possui área fixa (diâmetro fixo). Ressalta-se que a vazão do material se relaciona com a área do canal de alimentação.

$$V_{inj} \rightarrow \left[\text{cm}^3 / seg\right] \quad (3.6)$$

A vazão de injeção deve ser relativamente alta para que o polímero fundido não resfrie antes de preencher completamente o molde. Essa vazão é regulável no injetor. Tem como desvantagem altas velocidades que resultam em altas pressões, e parte é transformada em energia em forma de calor. Isso se deve ao alto atrito entre as moléculas poliméricas. De posse da vazão, pode-se determinar a velocidade dentro do molde.

A seguir, são apresentados alguns materiais e suas pressões durante a injeção.

- **Injetar o poliestireno** → baixa pressão de injeção → rosca gira a altas rotações → consumo baixo de energia.

- **Injetar o policarbonato e PVC** → alta pressão de injeção → rosca gira a baixas rotações → alto consumo de energia.
- **Injetar o polietileno de alta densidade** → pressão de injeção maior que a PVC → a rotação da rosca também é maior que no PVC → alto consumo de energia. Suporta tais parâmetros pois não se degrada facilmente.

Nota: existe uma relação entre os parâmetros (rotação, pressão de injeção, torque). Logo, deve-se considerar a família de materiais a serem injetados na especificação de compra de uma injetora.

Já no projeto da injetora, além do tipo de material, do dimensional da peça, ou do peso dela, é importante o projeto da forma geométrica da rosca, assim como os parâmetros (capacidade de injeção, pressão de fechamento, pressão de injeção).

5.2.2 Injeção: exercício resolvido

Uma empresa fabricante de produtos por processo de injeção de termoplásticos deseja contratar um(a) engenheiro(a) de fabricação para supervisionar e planejar os processos de fabricação para o setor de injeção. Em uma das fases de avaliação dos candidatos foi proposto um teste prático acerca do processo de injeção de um de seus produtos.

Deseja-se produzir vasilhas (Figura 5.18) por moldagem por injeção. Tal produto segue as seguintes dimensões: espessura = 3 mm; área de superfície = 1549,14 cm^2; volume = 225 cm^3.

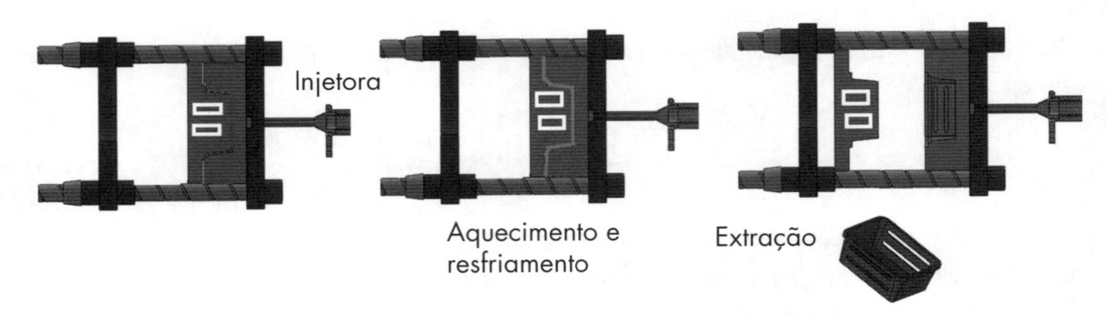

Figura 5.18 Etapas da injeção e dimensões geométricas do produto (vasilha).

O material a ser injetado é o acrilonitrila butadieno estireno (ABS). Tal material está na forma granulada e tem as seguintes propriedades: duro-rígido e resistente ao choque, isolante, amortece vibrações, dielétrico e atóxico. Tem ainda as seguintes grandezas físicas quantitativas:

- Densidade de 1,05 g/cm^3.
- Contração de moldagem: 0,4% a 0,6%.
- Secagem prévia: não necessária.
- Temperaturas: no molde, 15 °C a 70 °C; no bico, 190 °C a 250 °C; zona I, 160 °C a 230 °C; zona II, 170 °C a 235 °C; zona III, 180 °C a 240 °C.

Em face do considerado acima, pede-se para calcular:

a) A capacidade de injeção (*Ci*).

b) A quantidade de peças possível de se injetar por ciclo.

c) A capacidade de plastificação (*Cp*).

d) A duração de cada ciclo de injeção.

e) O número de peças por hora.

f) A quantidade de fabricação mensal do produto.

g) A pressão na cavidade do molde (P_{CAV}).

Resolução:

a) Capacidade de injeção (*Ci*): quantidade máxima, em gramas, de material "B" que pode ser injetado por ciclo (dado fornecido na Tabela 5.1) e capacidade de injeção do material de referência "A", que é o poliestireno (PS), cuja densidade a 23 °C é próxima de 1 g/cm^3.

Tabela 5.1 Dados da máquina para cálculo do processo de injeção

Dados da unidade de injeção				Observação
ϕ (mm)	50	55	60	Diâmetro do parafuso
L/ϕ	22	20	18	Relação entre comprimento e diâmetro do parafuso
$V_{máx.}$ (cm^3)	432	522	622	Volume máximo de injeção do material (PS)
Peso $_{máx.}$ (g)	406	491	585	Peso máximo de injeção do material (PS)
Pressão $_{máx}$ (bar)	1900	1570	1320	Pressão máxima de injeção do material (PS)
V_{inj} (cm^3/s)	120	145	173	Vazão máxima de injeção do material (PS)
Cp (g/s)				Capacidade máxima de plastificação do material (PS)
F_f (ton.)	170			Força de fechamento do molde
$F_{ext.}$ (ton.)	3,5			Força de extração da peça do molde

Nota: considerar o volume dos canais de alimentação e de injeção, por exemplo: 20% do peso do volume do material a ser injetado.

Logo, temos que:

$$V_B = 225 \cdot 1,2 \rightarrow V_B = 270 \text{ g}$$

$$C_{iB} = C_{iA} \frac{\rho_B V_A}{\rho_A V_B} [\text{g}] \rightarrow C_{iB} = 406 \frac{1,05 \cdot 432}{1,0 \cdot 270} \rightarrow$$
$$C_{iB} = 682,08[\text{g}]$$

O resultado da capacidade de injeção (682,08 g) indica que é possível injetar mais de uma peça por ciclo, logo, pode-se testar a injeção de duas peças por ciclo ou selecionar outra máquina.

b) O resultado da capacidade de injeção (682,08 g) indica que é possível injetar mais de uma peça por ciclo, logo, em duas por ciclo, a capacidade de injeção é de 341,04 g.

c) Capacidade de plastificação (*Cp*): quantidade máxima de material "B" que a injetora pode homogeneizar em um período de tempo.

   Dados: calor específico do ABS: 0,35 a 0,40 (Kj/g/ºC) e calor específico do PS: 0,32 (Kj/g/ºC).

$$C_{pB} = C_{pA} \frac{c_A T_A}{c_B T_B} \rightarrow C_{pB} = 24 \cdot \frac{0,32 \cdot 250}{0,375 \cdot 250} \rightarrow$$
$$C_{pB} = 20,48 \text{ g/s}$$

Nota: utilizou-se a temperatura da região do bico (≅250°C).

Conclusão: é possível injetar de ABS em 20,48 g/s.

---

d) Determinar a duração de cada ciclo de injeção

   Duração do ciclo = número de peças injetadas por ciclo*peso de cada peça/capacidade de plastificação

   Duração do ciclo = 2*1,02 g/cm^3*225 cm^3/(20,48 g/s)

   Duração do ciclo = 22,41 s

e) Determinar o número de peças por hora

   Número de ciclos por hora = 3600s/22,41 s/ciclo = 160,64 ciclos por hora

   Número de peças por hora = 2 peças*número de ciclos por hora = 2*160,64 = 321 peças/hora.

f) Determinar a quantidade de fabricação mensal do produto, considerando-se dois turnos, como segue:

Horas brutas de trabalho por dia = 16 horas

Interrupções para manutenção = 0,4 hora

Interrupções variadas: preparação/encerramento = 0,16 hora; atrasos inevitáveis e interrupções programadas = 0,67; outros = 0,87 hora

Outras interrupções, como paralizações no fluxo de trabalho = 0,15 hora

---

Nota: considerar que o mês de trabalho tem vinte dias úteis.

Temos que:

Horas de trabalho efetivo = 16 – 2*(0,4 + 0,16 + 0,67 + 0,87 + 0,15) = 11,5 horas/dia

Horas de trabalho efetivo = 11,5 horas/dia*20 dias = 230 horas/mês

Quantidade de fabricação mensal do produto = 230 horas/mês*321 peças/hora = 73.830 peças/mês

g) Pressão na cavidade do molde (P_{CAV}): pode-se estimar a pressão na cavidade do molde como $P_{CAV} \cong \left(\frac{1}{2}\ a\ \frac{1}{3}\ de\ P_f\right)$; caso contrário, o molde se abre. Pode-se relacionar a força de fechamento, como segue: $F_f = A.P_{CAV}$, onde A corresponde à soma das áreas da cavidade do molde e canais de alimentação.

Por exemplo, uma injetora tem diâmetro de êmbolo de 50 mm, força de fachamento do molde da ordem de 170 toneladas e área da cavidade do molde de 1549,14 cm². São duas peças injetadas ao mesmo tempo, e somam-se a isso 20% com canais de alimentação. Assim, temos:

$$P_{CAV} = \frac{F_f}{A} \rightarrow P_{CAV} = \frac{170000}{2 \cdot 1,2 \cdot 1549,14} \rightarrow 45,72\ \text{kgf / cm}^2$$

Portanto, a pressão na cavidade do molde (45,72 kgf/cm²) é menor que a pressão do material de referência (406 bar ou 414,00 kgf/cm²).

5.3 TERMOFORMAGEM

Termoformagem é um processo utilizado para moldar termoplásticos em formas de folhas planas e filmes, cujas peças são abertas e de espessuras finas.

Um rolo de filmes de termoplásticos alimenta a máquina (Figura 5.19) que aquece a folha/filme de termoplástico até amolecer. Em seguida, é puxado e posicionado na região do molde, em que será pressionado contra as pararedes do molde, onde irá ocorrer a formagem. Então, o molde fecha e molda a região, permanecendo por alguns segundos e mantendo o material contra o molde para efetiva moldagem. Na próxima etapa ocorre o refriamento em um curto espaço de tempo, e o molde abre e ocorre novo deslocamento, agora para se efetuar o corte.

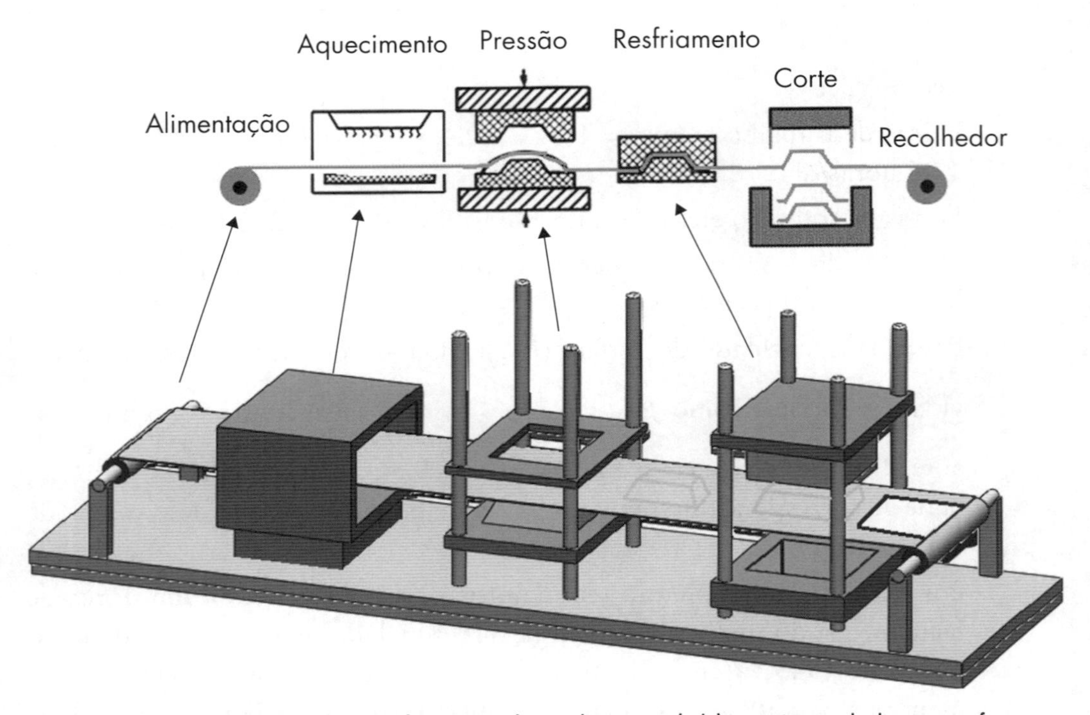

Figura 5.19 Etapas principais para termoformar uma chapa: alimentação (rolo), aquecimento da chapa, termoformagem, resfriamento, corte do produto e recolhedor.

Tal processo é repetido inúmeras vezes, conforme programado. Como se observou, está presente a temperatura em quase todo o processo de termoformagem, e é por isso que esse processo não é indicado para material termofixo, pois o calor poderá curar o termofixo.

Muitos termoplásticos podem ser termoformados, como ABS (130 °C-180 °C), PET (120 °C-170 °C), PS, PP e PVC (100 °C-155 °C). Tais materiais apresentam grande ponto de fusão, elevada resistência ao amolecimento e elevada resistência térmica.

Nesse processo os materiais podem ser incorporados em uma coextrusão para melhorar as propriedades de barreira em recipientes para o acondicionamentos de alimentos (Figura 5.20).

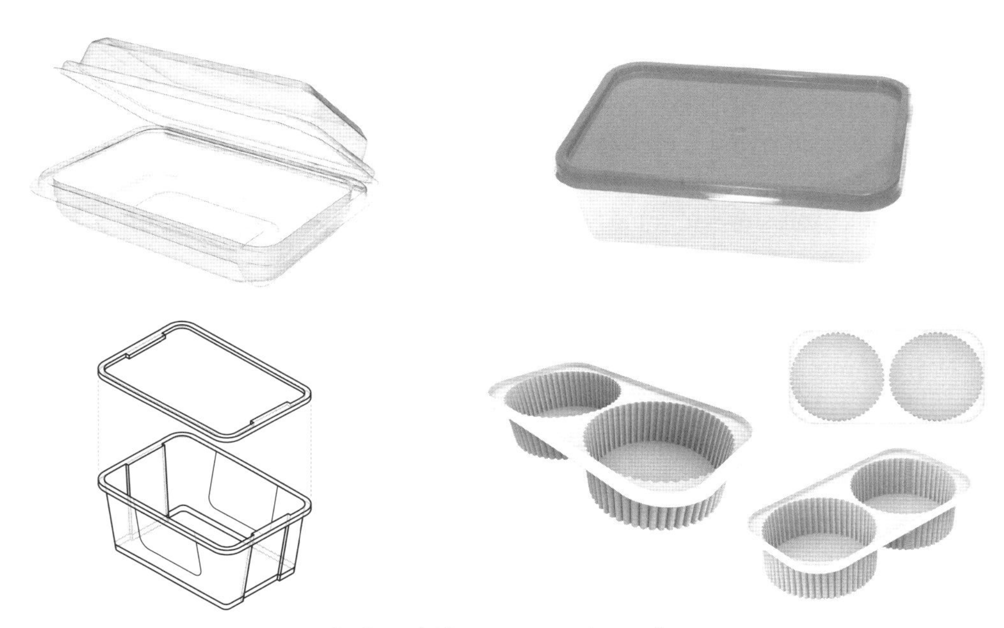

Figura 5.20 Produtos obtidos por processo de termoformagem.

As ferramentas utilizadas para a termoformagem são denominadas moldes para termoformagem, sendo em forma de relevo. Isso porque, durante o processamento, quando a folha de plástico começa a se deformar sob temperatura controlada, ela é deformada sobre o relevo do molde e, sob pressão ou vácuo, o material é mantido pressionado contra o molde para a efetiva moldagem.

Um dos materiais utilizados para a fabricação de moldes é o alumínio, embora resinas de epóxi, madeira e espuma estrutural são, por vezes, utilizadas como molde para produção de peças de baixo volume.

É indicado manter a temperatura do molde abaixo da temperatura de fusão do plástico, para não ocorrer, entre outros inconvenientes, a degradação do plástico.

Para a fabricação de peças utilizando a termoformagem, tem-se basicamente três métodos distintos: a vácuo, via pressão, e via união de folhas. Tais métodos serão descritos suscintamente a seguir.

Vídeos sobre termoformagem:

livro.link/ppf130

livro.link/ppf131

livro.link/ppf132

5.3.1 Formagem a vácuo (*vacuum forming*)

Nesse método, gera-se "vácuo" para forçar o plástico aquecido contra o relevo do molde, em que a folha de termoplástico é posicionada sobre um quadro, cujos grampos fixam a folha. Em seguida, uma moldura é colocada sobre a estação de aquecimento. Uma vez aquecido o material, a moldura é realizada manualmente, o vácuo é gerado e a folha amolecida é sugada contra as paredes do molde. No término, a peça pode ser resfriada com ar comprimido. Em seguida, a moldura é aberta, a peça pode ser removida e realiza-se o processo de rebarbamento.

No método ilustrado na Figura 5.21-a, resultam produtos com defeitos, como paredes com espessura desiguais decorrentes da depressão que ocorre no centro do material, que se move para baixo e próximo aos grampos vai afinando. Para esse método, indica-se a seguinte relação entre profundidade e o relevo: relação do relevo = profundidade do relevo ÷ comprimento da área do relevo = 1:1.

Para minimizar os defeitos aventados durante a operação, utiliza-se uma punção (Figura 5.21-b) para auxílio na formagem.

O tampão desloca o material aquecido e mole para dentro do molde. O vácuo termina a operação de deslocar o material contra as paredes do molde. Essa estratégia permite obter paredes e espessuras mais uniformes nas peças. Então, a relação entre a profundidade e o relevo é: relação do relevo = profundidade do relevo ÷ comprimento da área do relevo = 2.5:1.

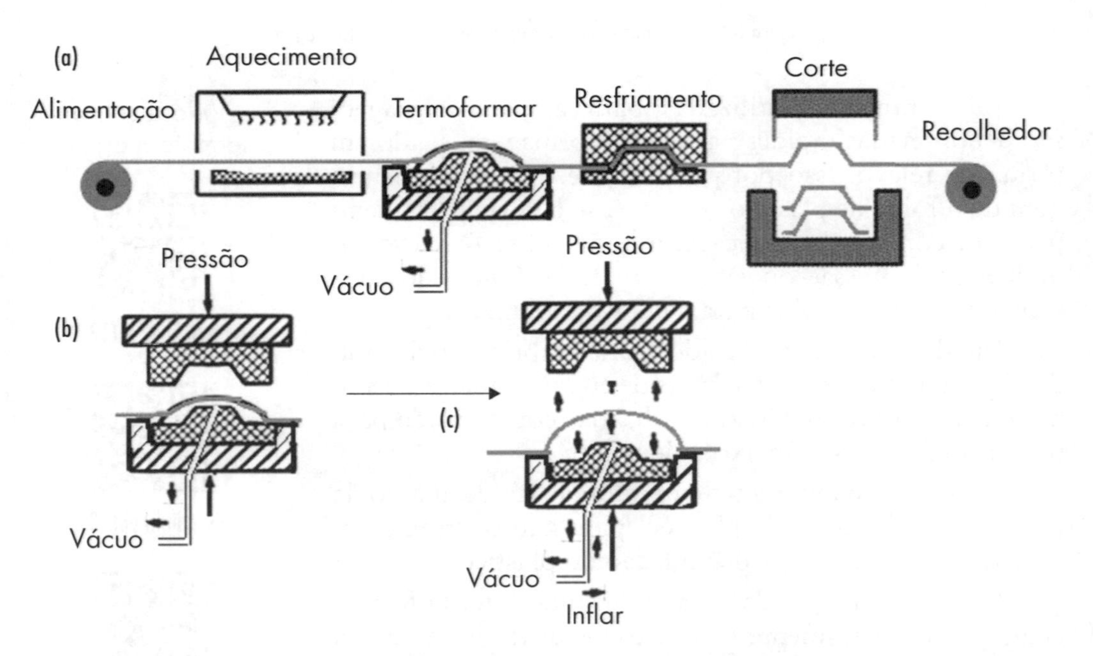

Figura 5.21 Equipamento básico para termoformagem: (a) matriz base com vácuo sem pulsão; (b) matriz base com vácuo e pulsão; (c) matriz base com vácuo, pulsão e sistema para inflar o plástico.

Existe outra estratégia técnica para minimizar os defeitos durante a operação e a formagem reversa. Aquece-se o material e, em seguida, é soprado em uma direção distante do molde (Figura 5.21-c). O objetivo desse sopro é deformar o material no centro e, em seguida, a punção desloca o material em volta do molde. Para molde punção, a relação do relevo pode ser de até 5:1

Existem outras estratégias técnicas para minimizar os defeitos durante a operação, como a formagem por envolvimento, em que o material é fixo e aquecido até o ponto de amolecimento e, em seguida, inflado e forçado para dentro do molde. O vácuo é aplicado através de furos no molde e a forma é pressionada firmemente contra a parte exterior da superfície do molde. No final, a peça é esfriada em contato com o molde.

Utiliza-se essa técnica para obter orientação do material, visto que esse é aquecido e alongado pelo mecanismo antes que seja forçado ao longo do molde. Isso dá a orientação para a folha. O molde macho tem como vantagens: boa definição das superfícies e controle das dimensões; grandes profundidades e formas podem ser obtidas; baixo custo no tampão e cavidades do molde; facilidade para corte e polimento das superfícies externas.

5.3.2 Formagem via pressão

Na formagem via pressão, o processo utiliza a pressão do ar para forçar o plástico aquecido contra o relevo do molde. Nesse método, o plástico aquecido é deslocado, sob pressão, via ar comprimido, para dentro de um molde fêmea. A pressão do ar na parte superior do dispositivo é utilizada para forçar o material contra o molde, e não apenas pressão do vácuo. A pressão do ar é geralmente entre 14.5-300 psi (1-20 bar). É aplicada rapidamente para evitar que a folha sofra esfriamento excessivo ou depressão.

Em linhas gerais, pode-se afirmar como vantagens e desvantagens da termoformagem:

- **Vantagens:** o material não é derretido, mas somente amolecido; baixas pressões de trabalho; ciclos rápidos; pode produzir grandes peças com pouca perda de capital.
- **Desvantagens:** requer produtos com paredes finas; grandes quantidades de retalhos (Figura 5.22); custo da folha de plástico é maior que a resina; limitado a produtos de concepção com amplas aberturas; variação de espessuras nas paredes internas.

Dicas: relação de áreas = área da folha antes da formagem ÷ área da peça depois da formagem = 1:2. A espessura média deve ser a metade da espessura original.

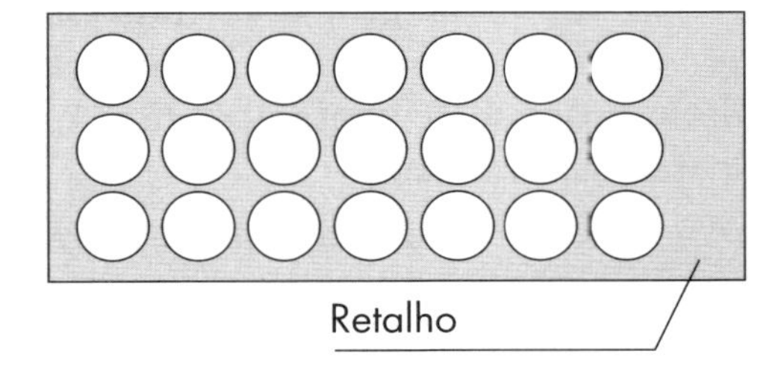

Figura 5.22 Representação de sobra da tira no processo de termoformagem

A seguir são realizados cálculos da espessura da parede e profundidade da peça a ser termoformada. Para tanto, são consideradas as relações entre as superfícies antes e após a termoformagem.

5.3.3 Termoformagem: exercício resolvido

Forma geométrica do recipiente: redondo (Figura 5.23).

Dados:

- Diâmetro do molde (D_m) = 48 cm;
- Diâmetro do cilindro (D_c) = 40 cm;
- Altura do cilindro (h_c) = 33 cm;
- Espessura desejada da parede E_d = 3 mm.

Determinar a espessura inicial da parede Ei = x milímetros.

Resolução:

Cálculo da área da superfície do molde:

$\pi \cdot r_m^2 = 24 \times 24 \times \pi = 1809 \text{ cm}^2$

Cálculo da área da superfície da chapa:

$= D_c \cdot \pi \cdot h_c = 40 \cdot \pi \cdot 33 = 4147 \text{ cm}^2$

Cálculo da área da superfície da chapa necessária: área da superfície do molde + área da superfície da chapa = $1809 \text{ cm}^2 + 4147 \text{ cm}^2 = 5956 \text{ cm}^2$

Relação entre superfícies:

$5956 \text{ cm}^2 / 1809 \text{ cm}^2 \approx 1{:}3{,}3$

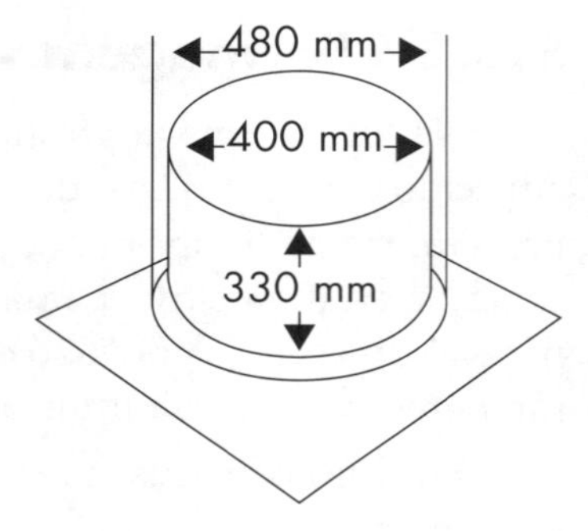

Figura 5.23 Representação das dimensões geométricas de um produto a ser termoformado.

5.4 ROTOMOLDAGEM

A rotomoldagem é um processo de transformação de termoplásticos para a produção de peças ocas de plástico relativamente grandes sem costura. O princípio desse processo remonta ao Egito Antigo, antes de Cristo, quando eram utilizados materiais cerâmicos.

Em termos de volume de fabricação, a rotomoldagem é um processo de fabricação de médio volume, aproximadamente duzentas unidades por semana a partir de uma única ferramenta.

Devido à natureza da ferramenta rotativa, pode ser implementado com paredes de espessuras diferentes que os artigos feitos por outros processos, utilizando a mesma forma.

As aplicações incluem carcaça grande e recipientes de transporte, tanques de combustíveis (PC), cilos, bem como painéis de instrumentos, mobiliário e brinquedos (como *playground,* bonecos, manequins), lixeiras (Figura 5.24) em PE. Sendo todas peças ocas, são por vezes feitas com moldagem rotacional. A versatilidade do processo permite a fabricação de produtos que variam de seringas de orelha pequenas de plastisol a grandes vasos de 22 mil galões em polietileno.

Pode-se fabricar peças em poliéster insaturado (confecção de banheiras, caixas-d'água, ver Figura 5.24) e peças flexíveis monocamadas (brinquedos) em PVC plastisol e peças técnicas em plásticos de engenharia, como poliamidas 6, 11 e 12; tanques pressurizados para tratamento de água, para gasolina, óleo diesel e xileno; dutos de admissão de ar para tratores; carcaças de filtros em automóveis; tanques de combustível/óleo de veículos militares; tubulações para fluidos de alta temperatura; ciclones e distribuidores para sistemas pneumáticos de transporte de grãos; carcaças de ventiladores industriais; e dutos para aviões.

Os produtos descritos acima têm em comum as seguintes características: sem linha de solda; sem ou com pontos de tensões muito reduzidos; reduzidas pressões internas no molde (até 4 PSI).

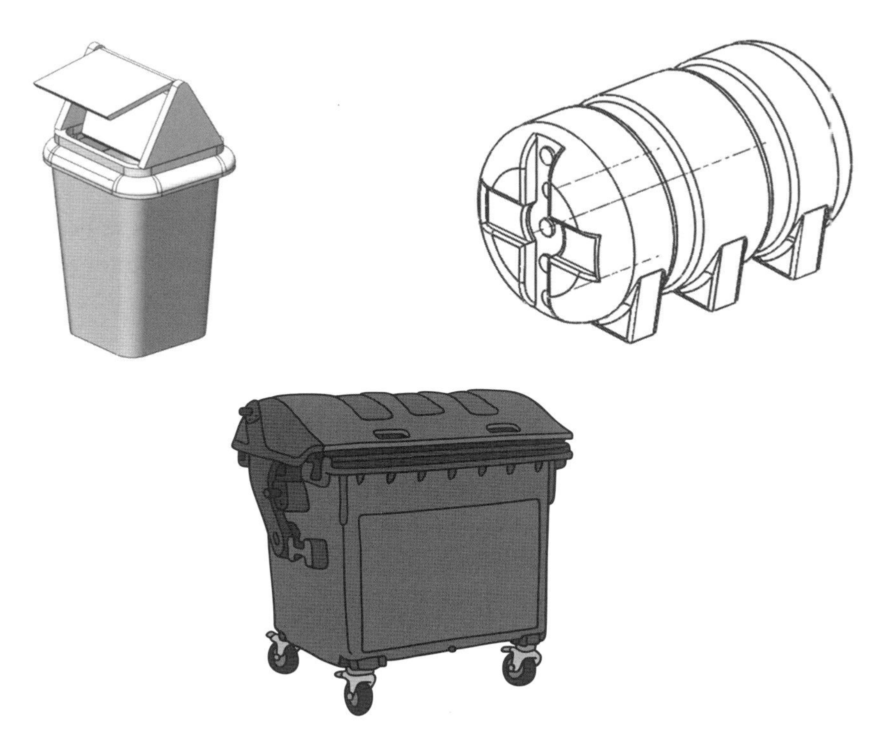

Figura 5.24 Produtos obtidos por processo de rotomoldagem.

Vídeos sobre rotomoldagem:

livro.link/ppf133

livro.link/ppf134

livro.link/ppf135

livro.link/ppf136

Pode-se moldar dentro do produto gráficos, logotipos e texto em qualquer combinação de cores. Outra aplicação é o revestimento de espuma com paredes duplas, adequado em produtos com boas propriedades de isolamento, embora ainda mantenha as suas características leves.

As resinas podem ser termoplásticas ou termofixas, como LLDPE, HDPE, EVA, PVC, *nylon*, PC e PP. Um polímero pode ser encontrado para atender a quase qualquer requisito para a resistência ao impacto, estabilidade da temperatura, resistência química, solidez da cor, estabilidade UV (ultravioleta) e durabilidade.

Algumas características das resinas influenciam na rotomoldagem, como

- fluidez adequada para o processo de rotomoldagem, pois espalha na superfície interna do molde;
- estabilidade térmica da resina também é de suma importância, pois durante o processo ela não pode degradar. Muitas formulações (aditivação) são utilizadas de acordo com o processo e produto final;
- espessuras de paredes: produtos com paredes entre 0,5 mm e 50 mm para resinas como PE, PA, PP etc. Para resinas vinil, espessuras de 0,4 mm a 12 mm;
- forma do material: grânulos, micrográNulos, micronizados e líquidos. Com o material nessas formas, durante a rotomoldagem, geram-se bolhas e, para sua eliminação, recorre-se a densificação, que consiste na eliminação de bolhas.

O processo de rotomoldagem divide-se em quatro etapas:

1. **Carregamento:** consiste na alimentação do interior do molde (Figuras 5.25 e 5.26-a), no caso de moldes abertos, ou através de orifícios de alimentação, no caso de moldes fechados; com uma quantidade de material predeterminada deve ser o peso bruto do produto final. O material pode estar na forma pastosa (por exemplo, PVC) ou pó (por exemplo, PE, PP e *nylon*).

   O molde deve ser muito bem fechado utilizando-se presilhas, abraçadeiras, grampos ou por meio de um sistema de fechamento automático. Após seu fechamento, devem ser inseridos os respiros para controle de pressão interna.

   Deve-se sempre aplicar desmoldante, em torno de 5 a 20 vezes por ciclos, para facilitar a desmoldagem. Ainda nessa fase, caso necessário, são aplicados insertos (roscas etc.) e filmes (etiquetas, rótulos etc.), os quais irão fundir com o produto final. Após a alimentação, o molde é fechado e segue para a próxima etapa.

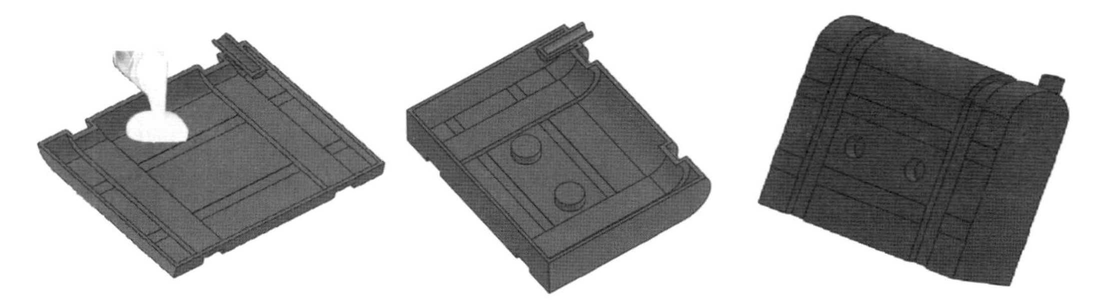

Figura 5.25 Carregamento de resina líquida no molde bipartido e peça rotomoldada.

2. **Aquecimento:** o molde é deslocado para o interior do forno (Figura 5.26-b) e a temperatura do seu interior deve se encontrar entre 200 °C e 380 °C , dependendo da resina usada. Com o aquecimento do molde, o material plastifica, aderindo à superfície interna, e inicia-se o movimento biaxial (eixos horizontais e verticais com velocidades controladas para distribuir uniformemente o polímero). A parede da peça é formada por deposição de camadas de material. O tempo de permanência do molde no forno é chamado de TPF (tempo de permanência no forno) e depende de uma série de fatores, como tamanho da peça, tipo de resina, entre outros. Deve-se ressaltar que, ao retirar o molde de dentro do forno, sua temperatura deve se manter a fim de que a viscosidade da resina diminua, possibilitando a eliminação das bolhas, pois assim que a resina alcança a sua temperatura de fusão ela não migra de uma região para a outra do molde, apenas se nivela.

   O sistema de aquecimento é composto por fornos de ar quente a gás natural, GLP ou propano e utiliza ventiladores com regulagem da velocidade sobre paredes do molde, que deve ser de 1,5 m/s. Deve ter sensores de temperatura próximos ao molde para monitorar a temperatura do interior do molde, não apenas a do forno.

3. **Resfriamento:** o molde ainda em movimento rotacional é conduzido para fora do forno e resfriado (Figura 5.26-c). O resfriamento do molde pode ocorrer por ar ambiente, jato de ar ou por sistemas mais complexos, como camisas envoltas no molde. Essa etapa é necessária para que o produto ganhe estrutura e mantenha o dimensional no valor desejado (considerando o do polímero). Ressalta-se que o tempo de resfriamento tem influência na cristalinidade da resina, que por sua vez interferirá nas características do produto final.

   Em alguns casos pode haver necessidade de cura extraforno, que pode ou não existir, pois para aumentar a cristalinidade do produto final via uso da temperatura do molde deve-se aumentar mais período no estado fundido. Isso possibilita, na resina, aumento de regiões cristalinas na molécula (a cristalinidade interfere nas características do produto final). Deve-se lembrar de manter a rotação biaxial do molde nessa fase.

4. **Desmoldagem:** após o molde ser resfriado, o movimento cessa e ele é conduzido para uma estação de desmoldagem (Figura 5.26-d). A abertura e extração da peça são feitas manualmente. Após a retirada, o molde deve ser limpo e deve-se verificar a existência de amassados, riscos etc. na sua cavidade. Para uma desmoldagem mais fácil, sugere-se resfriar o molde até temperaturas entre 40 °C e 60 °C. Então, o molde é novamente carregado com material e o ciclo recomeça.

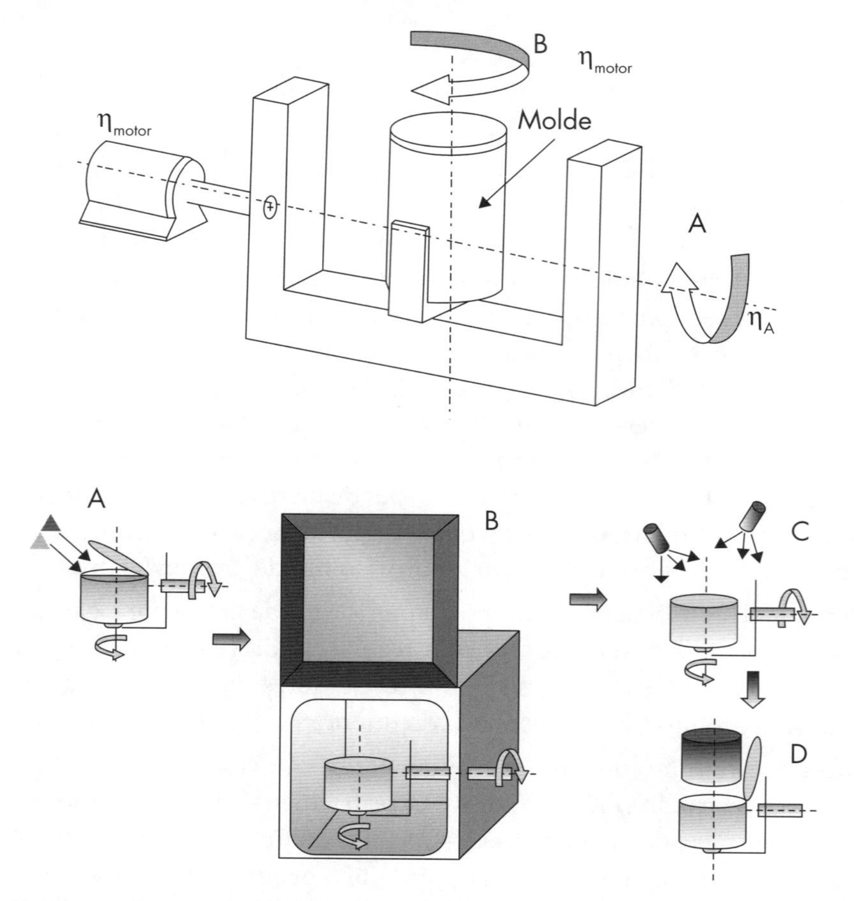

Figura 5.26 Representação esquemática básica das etapas do processo de rotomoldagem e croqui demonstrativo dos movimentos de rotação e translação do conjunto de rotomoldagem.

Os moldes são fabricados em duas partes (Figura 5.27) unidas por grampo e são relativamente de baixo custo quando comparados com moldes para outros processos, como moldagem por injeção.

Para a fabricação das duas partes, utiliza-se geralmente alumínio, de fácil usinagem, com espessuras de 4 mm a 8 mm. Ele é indicado para cavidade de manequins e peças de forma livre, pois possibilita reprodução do molde, de texturas e de inscrições.

Ao usar chapa metálica (aço-carbono ou inoxidável), é possível realizar-se repuxo com espessuras entre 1,5 mm e 3 mm. Já o cobre ou alumínio com espessuras entre 3 mm e 6 mm são indicados para peças de dimensões relativamente grandes, pois são leves e, devido à espessura de parede, necessitam de tempo de TPF abreviados.

As superfícies internas do molde podem sofrer tratamento para melhorar a qualidade do produto final, como eletrodeposição de níquel sobre modelos ou amostras de produtos. Por exemplo, cabeças de bonecas, embora pouco utilizadas, requerem reproduções eficazes e complexas de detalhes e texturas que seriam difíceis por outro processo.

Tal tratamento é também muito utilizado para PVC, pois a dimensão do molde está limitada ao tamanho do tanque de eletrodeposição. Outro tratamento é via vapor de níquel, semelhante ao anterior, porém apresenta maior custo e paredes mais uniformes.

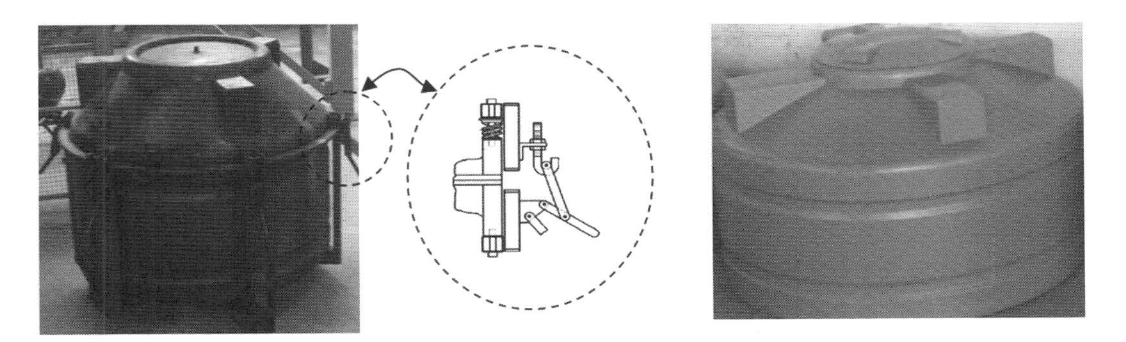

Figura 5.27 Molde fechado, grampo para fixação do molde e produto rotomoldado.

Devido às características do molde bipartidos, os produtos feitos por rotomoldagem podem ter um ângulo de saída muito menor quando comparados a outros processos de moldagem, como a injeção.

Equipamentos para rotomoldagem

Podem ser do tipo *shuttle* (carrosel) e *rock and roll* (balanço e giro)

Nas do tipo *shuttle*, pode ser instalado mais de um molde, pois tem mais que um braço (Figura 5.28), possibilitando a moldagem de mais de um produto no mesmo ciclo, desde que a resina, as temperaturas, as espessuras e as dimensões sejam próximas. Os braços podem funcionar com programação independente. O gargalo do ciclo será concentrado na etapa que demorar mais tempo.

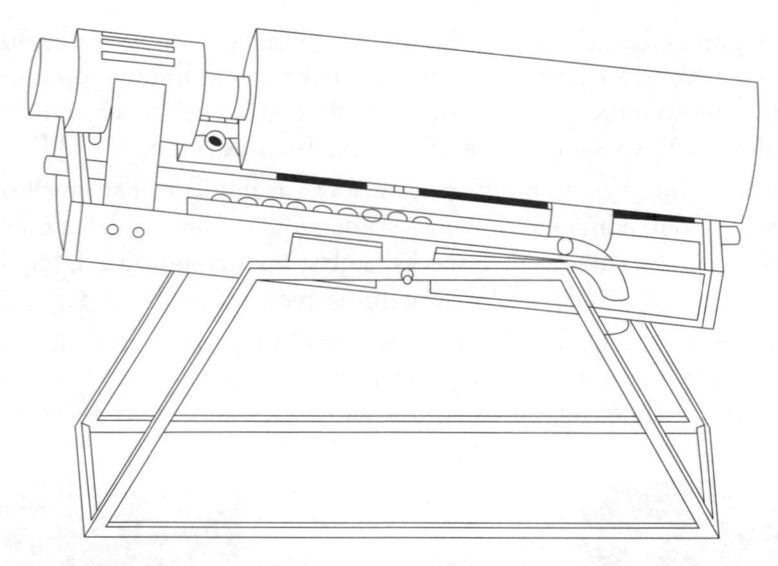

Figura 5.28 Croqui de uma técnica de rotomoldagem *shuttle* e *rock and roll*.

O *shuttle* pode ter três ou quatro braços fixos, três ou mais estações e braços independentes com quatro a seis estações.

As do tipo *rock and roll* são indicadas para produtos cilíndricos.

O processo de rotomoldagem apresenta as seguintes vantagens:

- Ferramentas com custo relativamente baixo, o que permite trabalhar com lotes menores.
- O material não sofre tensões, como na injeção, assim os produtos estão livres de tensões.
- O material fluidificado toma toda a área superficial interna do molde, assim o produto não tem marcas ou linhas de solda.
- Grande variedade de formas geométricas.
- A espessura das paredes uniforme pelo efeito da força centrífuga.
- Aplicações de insertos metálicos antes e após a moldagem.

E as seguintes desvantagens:

- O ciclo de processamento é relativamente alto.
- Tanto a alimentação, fechamento do molde e desmoldagem são etapas de relativa dificuldade em automatizar.

Razão entre rotações dos eixos na máquina de rotomoldagem

Inicialmente, devem-se identificar o maior e o menor eixos de rotação da máquina. Isso é dependente da forma construtiva de cada dispositivo, mas, em linhas gerais, pode-se identificar como segue: o eixo de rotação maior está localizado internamente ao braço do dispositivo e o eixo de rotação menor está localizado externamente ao braço do dispositivo.

A razão entre rotações dos eixos é determinada em função da forma da peça, como: uma peça de forma geométrica simétrica, esfera ou cubo, tem razão de 4 para 1 (da maior para a menor rpm do eixo). Para definir tais proporções, deve-se determinar a revolução por minuto (rpm) de cada eixo. A rotação é facilmente determinada verificando o tempo necessário, em segundos, para fazer uma revolução da maior e da menor. A Tabela 5.2 apresenta algumas relações. A maioria das máquinas dispõe de mostradores que indicam a rpm, mas é sempre indicado verificar manualmente a velocidade de rotação com um cronômetro.

Tabela 5.2 Razão entre rotações dos eixos na máquina de rotomoldagem

Forma geométrica	Razão de rotações	Rotação (rpm)	
		Eixo maior	Eixo menor
Oblongos e tubos retos	8 para 1	8	9
Dutos de ar-condicionado de automóveis	5 para 1	5	6
Bolas e luvas	4,5 para 1	8	9,75
Cubos, esferas, figuras irregulares	4 para 1	8	10
Caixas retangulares	4 para 1	10	12,5
Anéis, pneus, bolas	2 para 1	6	9
Molduras, manequins, formas planas e redondas	2 para 1	10	15
Air bag	1 para 3	12	18
Retângulos planos, tanques de combustíveis	1 para 3	4	15
Cilindros	1 para 4	4	24

5.4.1 Rotomoldagem: exercício resolvido

Uma máquina de rotomoldagem é representada pela Figura 5.29. Nela, deseja-se rotomoldar um cilindro conforme relação de rotações indicada na Tabela 5.2.

Pede-se determinar a relação de transmissão da redução para atender às especificações de rotação para o cilindro.

Resolução:

Para determinar a relação de transmissão no eixo maior da máquina (η_A) e no eixo menor da máquina (η_B), utilizar os seguintes dados: motor com potência de ½ CV (tensão = 110 V – 60 Hz), corrente de 3 A e η_{motor} = 1750 rpm (rotação no eixo do motor). Acoplado ao motor está um inversor de frequência com as seguintes características: Tensão de alimentação: 110-240 V e correntes nominais: 1,6 A a 15 A (0,25 CV a 5 CV), considerando que o motor parte com uma rotação de 150 rpm.

Na Figura 5.29, tem-se dois eixos cruzados a 90 graus. O eixo do motor transmite movimento ao eixo da polia (P_2), que, por sua vez, transmite as engrenagens cilíndricas (E_3/E_4), resultando em uma relação de transmissão de 1:37,5 (para: P_2/P_1= 7,5 e E_3/E_4= 5). Isso faz com que a rotação no eixo maior da máquina (η_A) seja de 4 rpm. Já para a rotação no eixo menor (η_B), rotacione com 24 rpm (de acordo com a Tabela 5.2). A relação de (E_5/ E_6)* (E_7/ E_8)* (E_9/ E_{10}) deve ser de 6 (Para: E_5/ E_6 = (E_7/ E_8 = 3 e E_9/ E_{10} = 1.

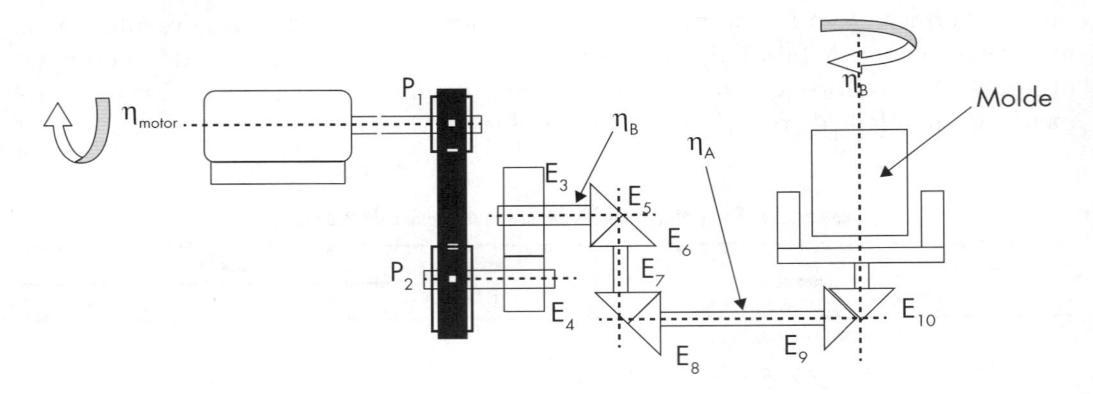

Figura 5.29 Croqui da relação de transmissão de máquina de rotomoldagem.

5.5 INJEÇÃO DE TERMOFIXO

Um polímero termofixo, como o nome sugere, torna-se definido em uma determinada rede, normalmente por meio da ação de um catalisador de calor, radiação ou uma combinação desses fatores durante o processo de reticulação.

Tal como o nome sugere, ligação cruzada (Figura 5.30) é o processo de formação de ligações cruzadas entre as moléculas lineares de polímero (de cura é outro termo comumente utilizado).

Como resultado desse processo, termoendurecíveis tornam-se invisíveis e insolúveis.

Resinas termoendurecíveis – por exemplo: cristalinos, como epóxis (araldite), poliésteres, e resinas fenólicas (baquelite); amorfos, como borracha, silicone e poliuretano – são a base de muitos adesivos estruturais para a carga de rolamentos aplicações médicas, bem como para a precisão na junção de componentes eletrônicos.

Os termofixos têm características como dureza; rigidez; resistência ao calor; não podem ser reprocessados; não são maleáveis e expansíveis.

Os termofixos são polímeros que, ao serem submetidos a determinados valores e condições de temperatura e pressão, amolecem e fluem. Com isso, reagem quimicamente, formando ligações cruzadas entre as cadeias, e se solidificam. Após esse endurecimento, a temperatura e a pressão não têm mais influência, e isso dificulta a reciclagem.

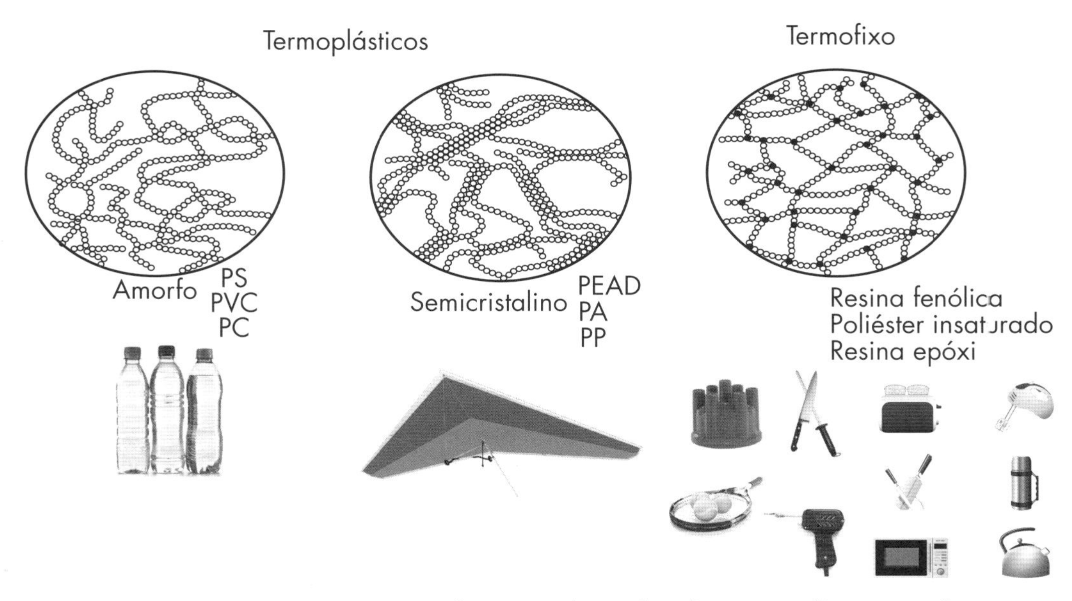

Figura 5.30 Representação esquemática das estruturas básicas dos polímeros termoplásticos e termofixos, assim como os diversos produtos obtidos em cada estrutura molecular.

Suas características permitem que o termofixo seja conformado plasticamente apenas em um estágio intermediário de sua fabricação.

O processamento dos polímeros de termofixos é geralmente realizado em duas etapas. Primeiro há a preparação de um polímero linear líquido de baixa massa molar (denominado pré-polímero), e nessa etapa utiliza-se extrusora com parafuso com geometria diferente das do termoplástico (Figura 5.31).

Vídeos sobre moldagem por compressão de termofixo:

livro.link/ppf137

livro.link/ppf138

livro.link/ppf139

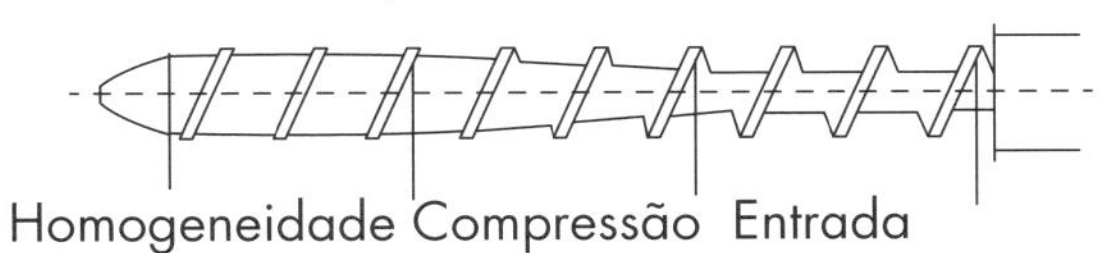

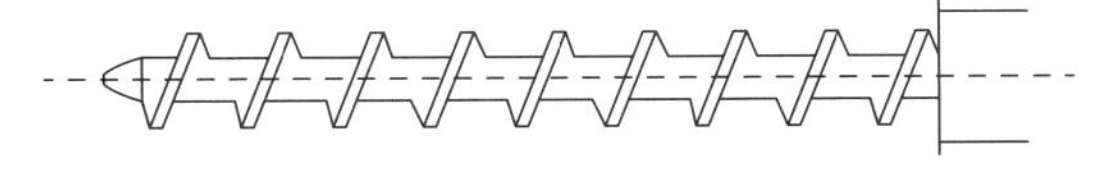

Figura 5.31 Representação esquemática de parafuso extrusor para termoplásticos e termofixo.

A seguir está descrito um exemplo de processo de compactação de um termofixo que inicialmente está em forma de pó. Em seguida, tal termofixo é depositado em um molde (Figura 5.32) para, após cura, se obter uma peça dura e rígida. Tal cura é obtida por aquecimento (~177 °C) e adição de catalisadores no pré-polímero, e em seguida é aplicada pressão (entre 140 kgf/cm² e 700 kgf/cm²). Na etapa de cura ocorrem mudanças químicas e estruturais, resultando na formação molecular com ligações cruzadas ou reticuladas.

Ainda na Figura 5.32, apresenta-se a compactação de um cilindro (ϕ 30 mm x 19 mm) de baquelite. O molde demora para ser aquecido em torno de seis minutos, até a temperatura de compactação do baquelite (~180 °C). O baquelite em pó é despejado no molde e, em seguida, o cilindro avança e é pressionado com pressão entre 100 kgf/cm² e 150 kgf/cm². O molde é resfriado, efetua-se o retorno do atuador e a peça é retirada do molde.

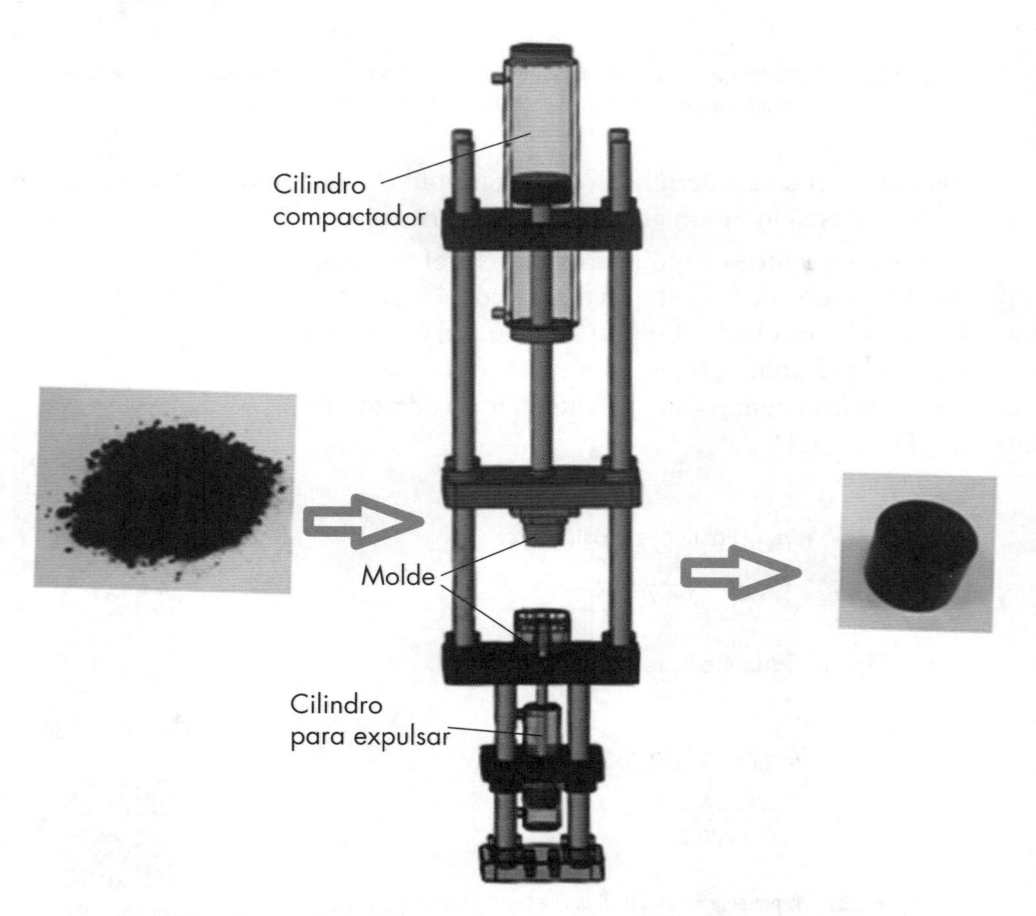

Figura 5.32 Representação esquemática da máquina para conformar polímeros termofixos.

5.6 REFERÊNCIAS

BILLMEYER, F. W. **Textbook of polymer science.** New York: Wiley-Interscience, 1971.

BLASS, A. **Processamento de polímeros.** 2. ed. Florianópolis: UFSC, 1998.

GUEDES, B.; FILAUSKAS, M. **O plástico.** São Paulo: Érica, 1991.

MANO, E. B. **Introdução aos polímeros.** São Paulo: Blucher, 1985.

MANRICH, S. **Processamento de termoplásticos – Rosca única, extrusão e matrizes, injeção e moldes.** São Paulo: Artliber, 2005.

MARINHO, J. R. D. **Macromoléculas e polímeros.** Barueri: Manole, 2005.

MICHAELI, W. et al. **Tecnologia dos plásticos.** São Paulo: Blucher, 1995.

OGORKIEWICZ, R. M. **Engineering properties of thermoplastics.** London: Wiley--Insterscience, 1970.

RODRIGUEZ, F. **Principles of polymer systems.** Washington: Taylor & Francis, 1996.

STRONG, A. B. **Plastics – Materials and processing.** Columbus: Prentice Hall, 1996.

5.7 EXERCÍCIOS PROPOSTOS

5.7.1) Sobre as características do processamento na extrusão, indique as afirmações corretas:

(I) É devido ao movimento, e consequente cisalhamento sobre o material, que a rosca única gera cerca de 80% da energia térmica e mecânica necessária para transformar os polímeros.

(II) Sistemas de rosca dupla geralmente geram menor cisalhamento, pois os polímeros possuem baixa condutividade térmica e alta viscosidade no estado pastoso.

(III) A plastificação do polímero se dá por trabalho mecânico, pois para fundir ou amolecer via mantas elétricas ou outro mecanismo de condução de calor seriam necessários tempos muitos longos.

(IV) Uma extrusora deve permitir a variação de parâmetros para que o processo seja versátil e a função seja modificada. Temperaturas do canhão, temperatura de rotação da rosca e temperatura do cabeçote também podem ser modificadas e otimizadas para gerar máxima qualidade do extrudado.

a) (I), (II) e (IV).

b) (II), (III) e (IV).

c) (I) e (III) e (IV).

d) Somente a (I).

e) Todas são corretas.

5.7.2) Dê o nome correto para cada zona do parafuso enumerada (Figura 5.33) e responda com no máximo duas palavras o que acontece com o material em cada zona.

Zona 1 ______________

O material é ______________

Zona 2 ______________

O material é ______________

Zona 3 ______________

O material é ______________

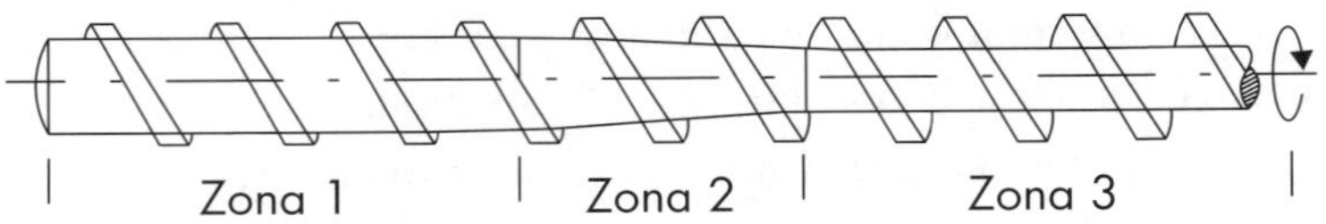

Figura 5.33 Representação simplificada de cada zona do parafuso de uma extrusora de termoplástico.

5.7.3) Com relação aos parafusos e blendas, preencha as lacunas corretamente.

Cite ao menos dois exemplos de materiais utilizados para se fabricar parafusos:

____

5.7.4) Sobre o processo de injeção, assinale verdadeiro (V) ou falso (F).

( ) É um dos métodos de processamento mais importantes, utilizado para dar forma aos materiais termoplásticos.

( ) O processo é fácil de automatizar e reveste-se de grande importância econômica.

( ) Tem como vantagem, diante de outros processos, o fato de as peças poderem ser produzidas de modo mais econômico, em grandes volumes, sem operações de acabamento.

( ) É um método de produção em massa.

( ) A tecnologia e equipamentos da moldação por injeção continuam em desenvolvimento, em particular nas áreas de controle do processo.

( ) Peças podem ser produzidas com altas taxas de produtividade.

( ) Produção de peças de grandes volumes.

( ) O processo é altamente suscetível à automação.

( ) As peças podem ser moldadas com insertos metálicos.

5.7.5) A Figura 5.34 representa a sequência relativa de cada etapa do ciclo de injeção. São eles:

(1) ______________________________

(2) ______________________________

(3) ______________________________

(4) ____________________

(5) ____________________

(6) ____________________

(7) ____________________

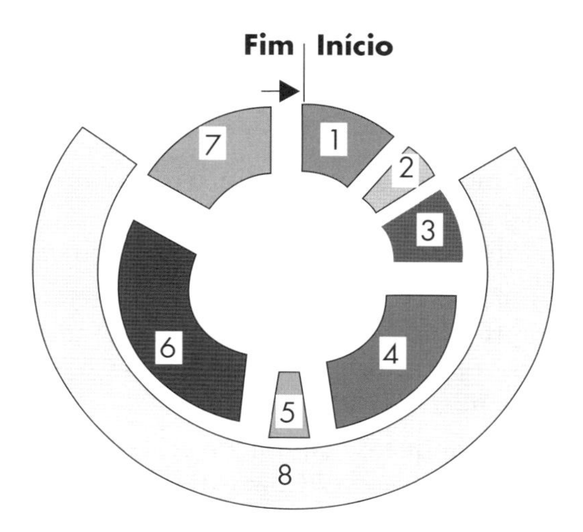

Figura 5.34 Representação simplificada de cada zona do parafuso de uma extrusora de termoplástico.

5.7.6) Dê o nome correto do processo a que se refere o texto.

____

O processamento é feito com filmes, placas e rolos com espessura entre 0,1 mm e 12 mm semimanufaturados.

O polímero é aquecido a uma temperatura na qual atinge a elasticidade, moldado e novamente resfriado.

Utiliza-se ar comprimido e vácuo para conformar peças.

____

O molde sofre movimento em dois eixos simultâneos (biaxial).

O molde pode ser aquecido ou não durante o processo.

O material do molde pode ser de alumínio, aço, gesso ou cerâmica, o qual contém a forma geométrica do produto.

____

Processo de acabamento gráfico que consiste em unir duas ou mais folhas de papel e/ou cartão utilizando adesivos, com o intuito de aumentar a espessura e a rigidez de um produto. Utilizado também com a finalidade de servir de barreira à umidade, resistência à gordura, entre outras, por exemplo em embalagens alimentícias como leites, extrato de tomates etc.

Nesse processo, pode-se unir materiais com propriedades diferentes, como cartão, plásticos e folhas metalizadas.

5.7.7) Analise as frases abaixo e marque verdadeiro (V) ou falso (F).

( ) A força de fechamento na extrusão-sopro é em torno de 10 toneladas, ou seja, bem menor que no processo de injeção, que pode ser de 450 toneladas ou mais.

( ) *Try-out* no sopro: o molde pode ser fabricado com material que não seja o aço, visto que a força de fechamento é baixa, de modo que em alguns casos pode-se utilizar molde de madeira.

( ) Material do molde para o sopro: o alumínio pode ser utilizado para soprar vários materiais, exceto o PVC, visto que ele pode atacar e aderir nas paredes internas do molde e, assim, danificá-lo.

( ) Sopro de bolinha de pingue-pongue: um pequeno injetor de ar com dimensão aproximada de um anzol pontiagudo penetra no *parison* e infla-o. Nesse pequeno injetor há escamas e isso puxa uma porção de material, vedando o furo.

( ) O material do tanque de combustível de carros de passeio pode ser de PEBD e pode-se utilizar o PC, mas o custo é maior.

( ) No processo de sopro, a refrigeração serve para otimizar o processo.

( ) No sopro de grandes recipientes, utiliza-se extrusoras com parafusos replicantes para aumentar a velocidade de extrusão, ou seja, o parafuso recua e avança para extrudar grande volume de material. Se utilizar parafuso comum, o volume de material é grande para baixa velocidade, e isso proporciona um escorrimento de material já extrudado, impossibilitando tal extrusão do recipiente via sopro.

5.7.8) A qualidade do produto injetado é oriunda de:

(A) parâmetros do processamento.

(B) tipo de material.

(C) tipo de molde.

Relacionar corretamente os itens A, B e C com as informações abaixo.

( ) Contrapressão da rosca durante a plastificação da massa polimérica.

( ) Dosagem de material.

( ) Temperatura do polímero fundido e sua homogeneidade.

( ) Velocidade de injeção ou gradiente de velocidades.

( ) Do lote.

( ) Pressão de pressurização (comutação).

( ) Molde com canais quentes, com injeção de gás, com mais de uma cavidade, com duas ou três placas.

( ) Pressão e tempo de recalque.

( ) Temperatura do molde e uniformidade da temperatura do fluido refrigerante do molde.

( ) Fornecedor.

( ) Tempo de resfriamento do molde.

( ) Para um tipo de máquina injetora.

( ) Tratamento do produto fora do molde: tempo que demora para atingir a temperatura ambiente, contando com umidade e outros fatores.

( ) Alteração provocada por aditivação alterando as propriedades reológicas.

( ) Pode ser projetado por um tipo de material.

5.7.9) Definir a qual característica da máquina injetora se refere cada texto abaixo.

____

Quantidade máxima, em gramas, de material "B" que pode ser injetado por ciclo (dado fornecido pelo fabricante da máquina) e capacidade de injeção do material de referência "A", que é o poliestireno, cuja densidade a 23 °C é próxima de 1 g/cm^3.

____

Quantidade máxima de material "B" que a injetora pode homogeneizar em um período de tempo.

5.7.10) Citar vantagens e desvantagens da rotomoldagem.

Vantagens:

____

____

____

____

____

____

____

____

Desvantagens:

____

____

____

____

____

____

____

____

5.7.11) Sobre as características da rotomoldagem, assinale verdadeiro (V) ou falso (F).

( ) Produto sem linha de solda.

( ) Produto sem ou com pontos de tensões muito reduzidos.

( ) Vários formatos.

( ) Reduzidas pressões internas no molde, até 4 PSI (PSI x 14.50368 = 1 bar).

( ) Espessura uniforme do produto.

( ) Custo da ferramenta consideravelmente inferior se comparado a outros processos de materiais poliméricos.

( ) Otimiza geometria do produto.

( ) Produção de pequenos lotes com preços competitivos.

( ) Produção de peças técnicas.

( ) Produção de peças com 3 mm a 30 mm.

( ) Peças sem tensões ou emendas.

( ) Transformar conjuntos de componentes em peças únicas.

( ) Reduz custos do produto final.

( ) Ciclo do processo muito longo.

CAPÍTULO 6

PROCESSO DE FABRICAÇÃO POR ADIÇÃO DE MATERIAL: TEMPERATURA EM POLÍMEROS E METAIS COMO AGENTE DE TRANSFORMAÇÃO

A técnica de construir peças por adição de materiais é relativamente nova, data do final dos anos 1980. Tal técnica é conhecida como prototipagem rápida e objetiva construir peças que são considerados protótipos para estudos dos produtos finais, barateando custos durante a fase de desenvolvimento do produto. Utilizava-se basicamente duas formas para fundir ou mudar o estado físico do material: *laser* ou resistência elétrica. Hoje, existem várias estratégias para construir um protótipo por adição de materiais, as quais serão descritas a seguir.

No fluxograma de processo de adição, ainda encaixa-se o processo de junção de dois materiais por fusão (Figura 6.1) via adição de material. Tal processo é conhecido como soldagem e existem várias técnicas para desenvolvê-lo, que serão descritas em um dos itens subsequentes.

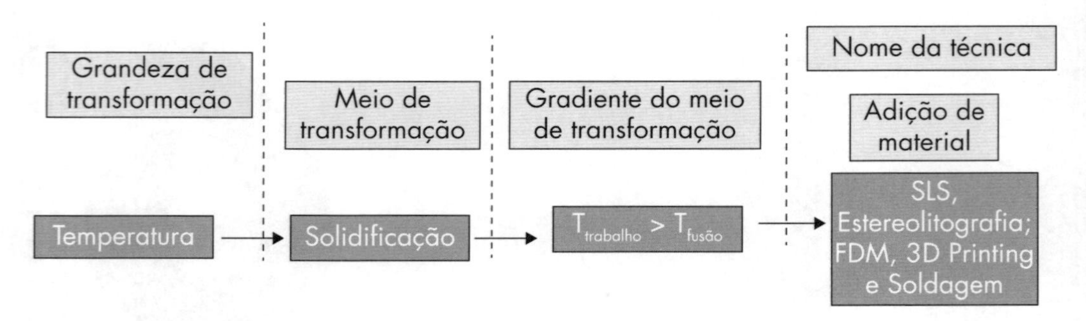

Figura 6.1 Fluxograma dos processos de fabricação por adição de material – agente de transformação: temperatura em polímeros e metais.

6.1 ESTEREOLITOGRAFIA

Um dos processos pioneiros para TPR (técnica da prototipagem rápida) é o processo por estereolitografia. Nele, os protótipos são construídos a partir de polímeros líquidos, em temperatura ambiente, que são solidificados por meio de exposição à radiação ultravioleta.

O modelo é construído sobre uma plataforma que é mergulhada décimos de milímetro abaixo da superfície do polímero líquido, dentro do reservatório que armazena a resina líquida. A luz ultravioleta do canhão de raios *laser* é direcionada por um conjunto de lentes ópticas, de acordo com um caminho sobre o material líquido. O material líquido se solidifica pelo processo de polimerização. As regiões em que a luz não incide permanecem em estado líquido.

Um sistema de deslocamento na direção do eixo z mergulha a plataforma um pouco mais no polímero, e uma lâmina movimenta-se na direção horizontal a cada movimento da plataforma para uniformizar a superfície da resina líquida.

A seguir, a luz solidifica uma segunda camada acima da primeira, e esse processo é repetido até que o protótipo esteja completo. Ao final, ele é removido e lavado. O processo é finalizado com uma cura adicional do protótipo realizado em forno de luz ultravioleta e dura em média 1 hora. A Figura 6.2 ilustra o processo.

Vídeos sobre estereolitografia:

livro.link/ppf141

livro.link/ppf142

livro.link/ppf143

livro.link/ppf144

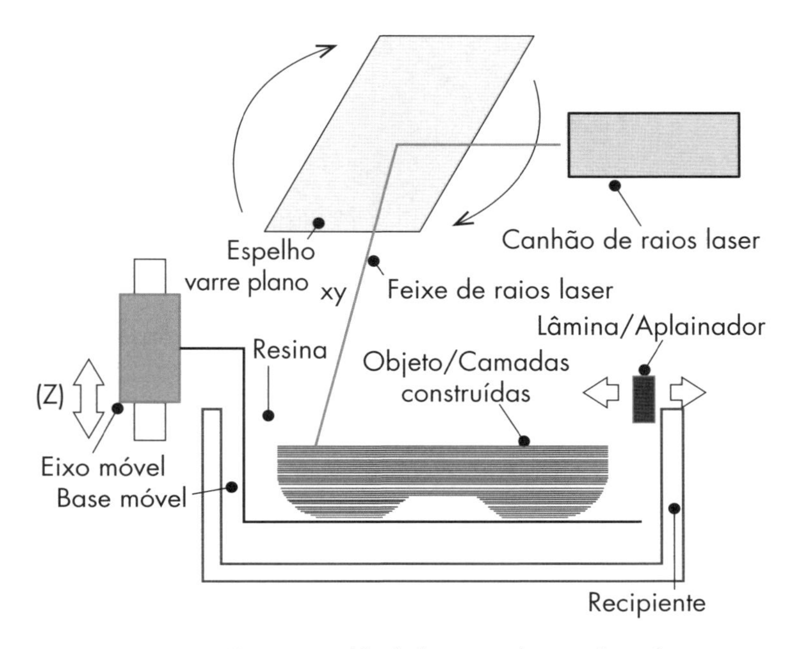

Figura 6.2 Esquema simplificado do processo de estereolitografia.

6.2 *FUSED DEPOSITION MODELING* (FDM)

Vídeos sobre FDM:

livro.link/ppf145

livro.link/ppf146

livro.link/ppf147

Outra TPR frequentemente utilizada é a *fused deposition modeling* (FDM). Esse processo é baseado na extrusão de filamentos de plásticos aquecidos. Uma máquina para FDM possui um cabeçote que se movimenta no plano horizontal (plano xy) enquanto uma plataforma se movimenta no sentido vertical (eixo z), conforme ilustrado na Figura 6.3. Nesse dispositivo há dois orifícios de saída, sendo um para o material de construção do protótipo e outro para o material utilizado como suporte para a fabricação de superfícies suspensas.

O cabeçote movimenta-se no plano xy enquanto as guias rotativas empurram o fio para o interior do dispositivo extrusor, e lá o material é aquecido, extrudado e depositado para formar uma camada. Ao final de cada camada, a plataforma se desloca para baixo, com uma distância igual à espessura de camada, em geral de aproximadamente 0,25 mm, e o cabeçote começa a extrudar novos filamentos para construir uma nova camada sobre a anterior, repetindo esse procedimento até formar por completo o objeto 3D.

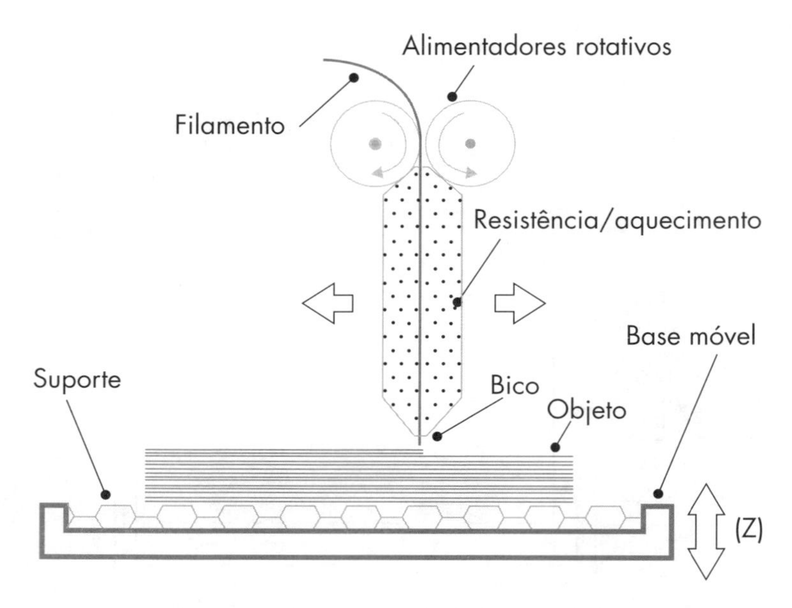

Figura 6.3 Esquema simplificado do processo FDM.

Para garantir sustentação das partes delgadas ou suspensas do modelo durante sua construção, são projetados suportes para o protótipo por meio do *software* de prototipagem. Os suportes devem ser construídos com um material diferente da peça, para serem quebrados ou solúveis à base de água. Esses suportes de sustentação são retirados após a construção do protótipo.

Por meio do processo de FDM, pode-se produzir diretamente protótipos coloridos, porém, a variedade de cores produzidas é pequena. Pode-se também fabricar pelo processo de FDM objetos em plástico ABS, policarbonatos, elastômeros e cera. A Figura 6.4 apresenta peças fabricadas por processo FDM e estereolitografia.

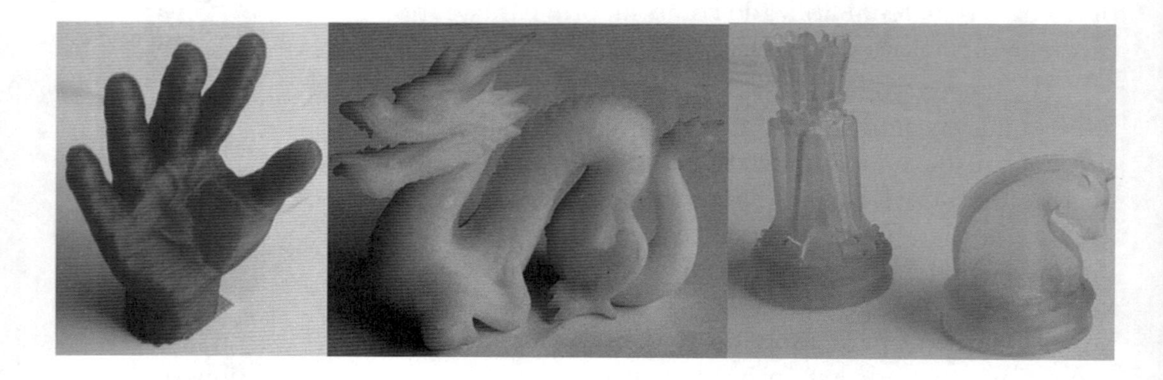

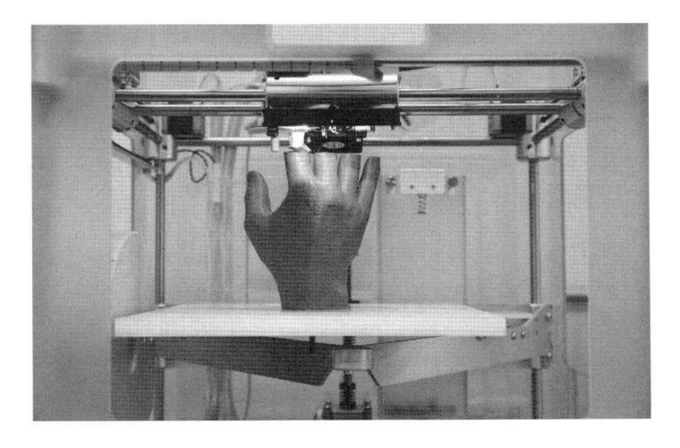

Figura 6.4 Exemplos de peças fabricadas por processo FDM ou estereolitografia e máquina FDM fabricando uma mão de plástico.

6.3 *SELECTIVE LASER SINTERING* (SLS)

O processo de sinterização seletiva a *laser, selective laser sintering* (SLS), é um processo metalúrgico de fusão de pós metálicos ou não metálicos cuja fonte de calor é um feixe de raios *laser*. O princípio básico para a criação de protótipos por essa tecnologia se baseia na sobreposição de camadas de pó que vão sendo fundidas para a construção do protótipo. A fonte de informações para esse processo são as fatias de um modelo sólido representado em sistema CAD que, sobrepostas, irão construir o protótipo. A Figura 6.5 ilustra o esquema de funcionamento do processo SLS.

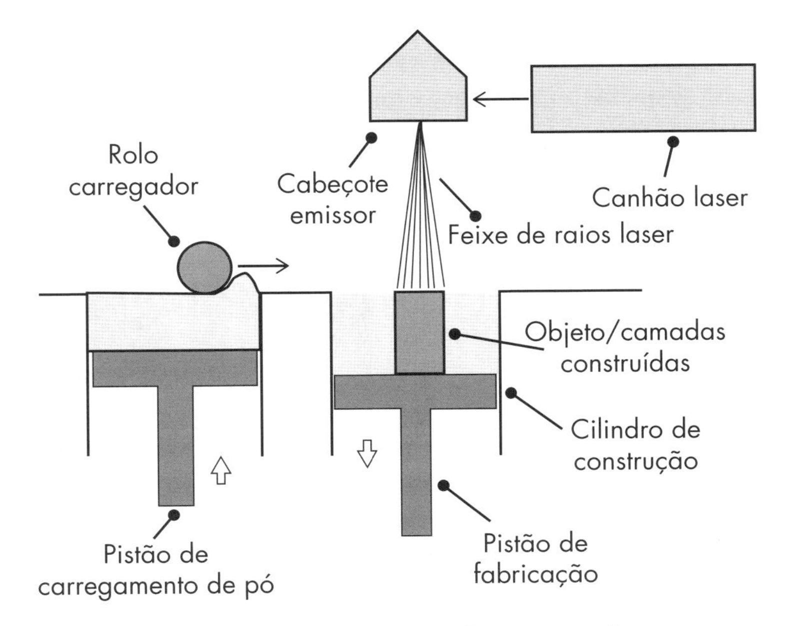

Figura 6.5 Esquema de um sistema de sinterização a *laser*.

Nesse processo, um rolo espalha uma fina camada de pó termofundível sobre uma superfície. Um feixe de *laser* funde uma porção de pó abrangida pelo seu foco, uma nova camada de pó é depositada e essa é novamente fundida até que a peça esteja completa. O raio *laser* é gerado no tubo e o conjunto de lentes ópticas e os espelhos direcionam o foco do raio para a área de trabalho. Um recipiente armazena o material em pó não sinterizado, enquanto um rolo percorre toda a sua extensão horizontal espalhando o pó a ser sinterizado no outro recepiente.

A velocidade de deslocamento do feixe do *laser* e sua potência influenciam o processo de sinterização. A redução da velocidade caracteriza o fornecimento de maior energia ao material, fazendo com que esse seja aquecido mais profundamente do que o desejado, provocando, por exemplo, empenamento da peça. Inversamente, uma velocidade maior que o necessário prejudica a fusão e aderência completa do pó à camada anterior, causando alterações nas propriedades mecânicas do objeto fabricado. Materiais utilizados na PR por SLS são variados, como polímeros, cerâmicas e metais.

Videos sobre sinterização a laser:

livro.link/ppf149

livro.link/ppf150

livro.link/ppf151

livro.link/ppf152

6.4 PROCESSO POR ADIÇÃO – FDM E ESTEREOLITOGRAFIA: EXEMPLO PRÁTICO

O objetivo é obter os custos dos protótipos construídos da tampa do frasco de condicionar por processo por adição (FDM e estereolitografia). A Figura 6.6-a apresenta o frasco com bico e tampa. Ao lado, a Figura 6.6-b apresenta a foto do conjunto montado.

(a)

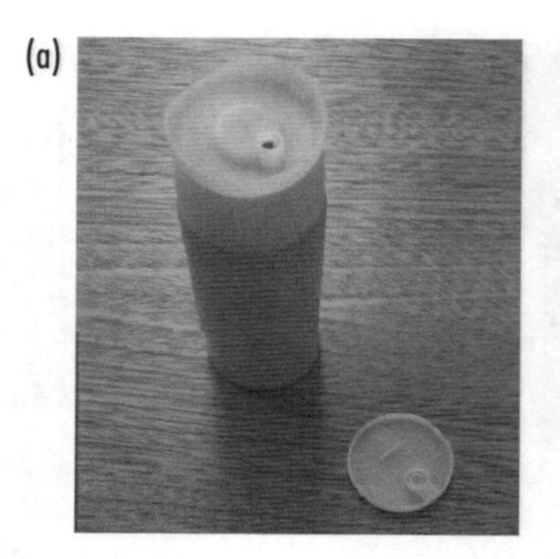

(b)

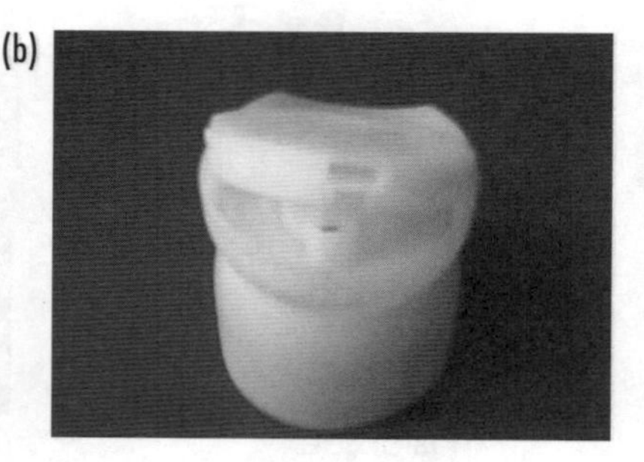

Figura 6.6 (a) Frasco de condicionador com a tampa ao lado; (b) bico do frasco e tampa montados.

Para o desenvolvimento do modelo geométrico 3D da tampa foi utilizado o *software* CAD. Feito isso, o modelo foi exportado em formato STL e foi feito o orçamento por duas empresas para construí-lo. A primeira empresa fabricou o protótipo utilizando o processo de estereolitografia, e a segunda, o processo FDM.

Para a fabricação do protótipo pelo processo de estereolitografia utilizou-se uma máquina modelo Viper SLA 7000, enquanto pelo processo FDM, usou-se uma máquina modelo Dimension.

Pelos dados da Tabela 6.1, o custo do equipamento necessário ao processo de FDM é menor se comparado ao custo do equipamento para estereolitografia. Quando analisa-se o material, o processo de FDM apresenta um custo maior, embora a diferença não seja tão significativa. Os custos das máquinas e dos materiais utilizados nos dois processos em conjunto com o tempo de construção dos protótipos influenciam os seus custos finais.

No processo de FDM, utilizou-se um filamento de ABS, enquanto pelo método de estereolitografia utilizou-se uma resina própria para o processo que, após a cura, apresenta características mecânicas como dureza, módulo de flexão, resistência ao impacto, entre outras, próximas ao termoplástico ABS.

Tabela 6.1 Comparação dos custos dos equipamentos e materiais para FDM e estereolitografia

Método	FDM	Estereolitografia
Modelo da máquina	Dimension	Viper SLA 7000
Custo da máquina	R$ 120.000,00 Valor de março de 2005	U$ 250.000,00 Valor de maio de 2006
Material	ABS (acrilonitrila butadieno estireno)	Resina SLA tipo ABS
Custo do material	U$ 300,00 / kg	U$ 235,00 / kg

A Tabela 6.2 mostra que o processo de estereolitografia fabrica peças com dimensões maiores que o processo FDM. Se os protótipos tiverem dimensões maiores que a área de trabalho das máquinas, uma solução é seccionar a peça e construí-la em duas ou mais partes e posteriormente uni-las com um adesivo adequado.

Tabela 6.2 Comparação das características das máquinas e dos processos FDM e estereolitografia

Método	FDM	SLA
Modelo da máquina	Dimension	Viper SLA 7000
Área de trabalho	203 x 203 x 305 mm	250 x 250 x 250 mm
Software de prototipagem	Catalyst	3D Lightyear com Buildstation 5.0
Formato de arquivos	STL	STL

(continua)

Tabela 6.2 Comparação das características das máquinas e dos processos FDM e estereolitografia (*continuação*)

Método	FDM	SLA
Diâmetro inicial do material	2,54 mm	Não aplicável
Diâmetro de saída do material (bico)	0,330 mm	Não aplicável
Diâmetro do raio *laser*	Não aplicável	0,50 mm (*standard*) 0,15 mm (alta resolução)
Altura da camada	0,254 mm	0,100 mm
Número de camadas da peça	44	112
Tipo de estrutura	Não solúvel	Não aplicável
Material da estrutura	ABS com 30% de carbonato de cálcio	Não aplicável
Prazo de entrega	1 dia útil	4 dias úteis

Na Tabela 6.3, mostra-se os custos de produção dos protótipos da tampa pelos processos de estereolitografia e FDM, os valores pagos às empresas que prestaram os serviços de prototipagem.

Tabela 6.3 Comparação de custos dos protótipos da tampa pelos processos FDM e estereolitografia

Processo	FDM	Estereolitografia
Custo do protótipo	R$ 100,00*	R$ 542,76**

* Frete de entrega e impostos não inclusos.

** Frete para entrega e impostos (ICMS 12%) inclusos.

Pelos valores apresentados, observa-se que o processo de estereolitografia apresentou um custo de quatro a cinco vezes maior que o FDM, ou seja, se mostrou mais oneroso em relação ao processo FDM.

6.5 SOLDAGEM

É o processo de junção de dois materiais por fusão (Figura 6.7) e, em muitas técnicas de soldagem, acrescenta-se um terceiro material, por exemplo, um eletrodo. Na parte soldada mantêm-se a continuidade de propriedades físicas, químicas e metalúrgicas dos materiais unidos. Nesse processo existem duas vertentes, soldagem por fusão e por pressão (ou por deformação).

Na Figura 6.7, tem-se algumas representações dos cordões de solda indicadas em desenhos, como segue:

- A – O triângulo duplo indica que os cordões de soldagem devem ser realizados no lado da seta e no lado oposto ao da seta.

- B – O cordão de solda deve ser realizado no lado da seta.
- C – Os dois cordões de soldagem em “V” devem ser realizados um oposto ao outro, resultando em um cordão em “X”.
- D – Indica um cordão de solda em todo o perímetro que tenha 4 mm de espessura e que o cordão de solda seja em forma de triângulo equilátero.

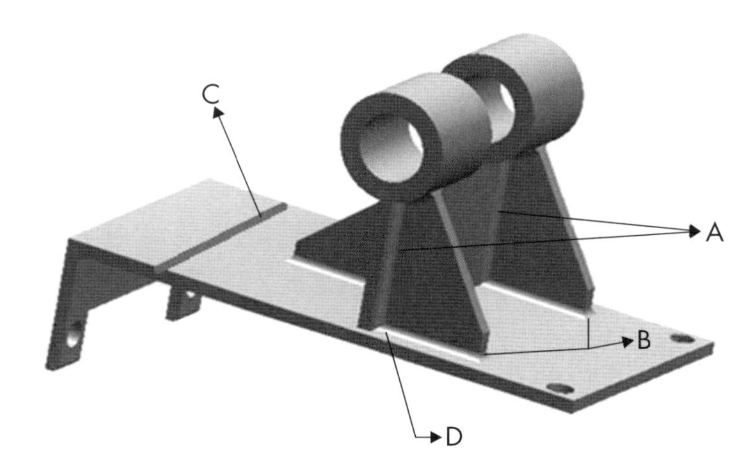

Figura 6.7 Foto de duas peças soldadas e detalhe do cordão de solda e representação dos cordões de solda em desenho (3 vitas) e em 3D.

Uma estratégia utilizada para unir peças é o processo por fusão, que pode ocorrer via eletrodos revestidos; tungstênio inerte gás (TIG); soldagem a arco-gás-metal – se o gás é inerte, como ar (argônio/He, Hélio), denomina-se MIG (metal inerte gás), e se o gás é ativo (CO_2 ou $Ar/O_2/CO_2$), denomina-se MAG (metal ativo gás) –; arames tubulares; arco submerso; plasma; pinos; eletroescória; oxi-gás; feixe de elétrons e a *laser*.

Na soldagem oxigênio + acetileno (Figura 6.8), deve-se abrir a válvula do acetileno e acender a tocha, e depois abrir a válvula de oxigênio (utilizado para incandescer a chama). A solda oxi-acetileno é indicada para soldar calhas, peças galvanizadas (utilizar vareta de estanho), canos de cobre de gás e de geladeira (utilizar vareta de prata). Na solda com estanho, usar pasta (contém vaselina, cloreto de amônia e de zinco), pois serve usada para soldar qualquer fio de componente eletrônico. É possível utilizar o gás butano (uso doméstico) para soldar, mas com o oxigênio junto.

A solda elétrica (Figura 6.9) é mais indicada para soldar chapa grossa (# 18 – Bitola: 18 – 1,20 mm), como chassi de carro. Já para chapas < # 20 (Bitola: 20 – 0,90 mm), utiliza-se oxi ou MIG (indicada também para soldagem de peças de cozinha industrial). A soldagem à MAG é indicada para corte ou costura de precisão.

Na Figura 6.8, tem-se uma representação do sistema de soldar MIG/MAG. O bocal de gás direciona o gás de proteção sobre a solda para proteger a peça da oxidação. O tubo-guia direciona o arame para a peça e também transfere a corrente de soldagem para o arame eletrodo, de modo que o arco pode acumular-se entre a peça e o arame.

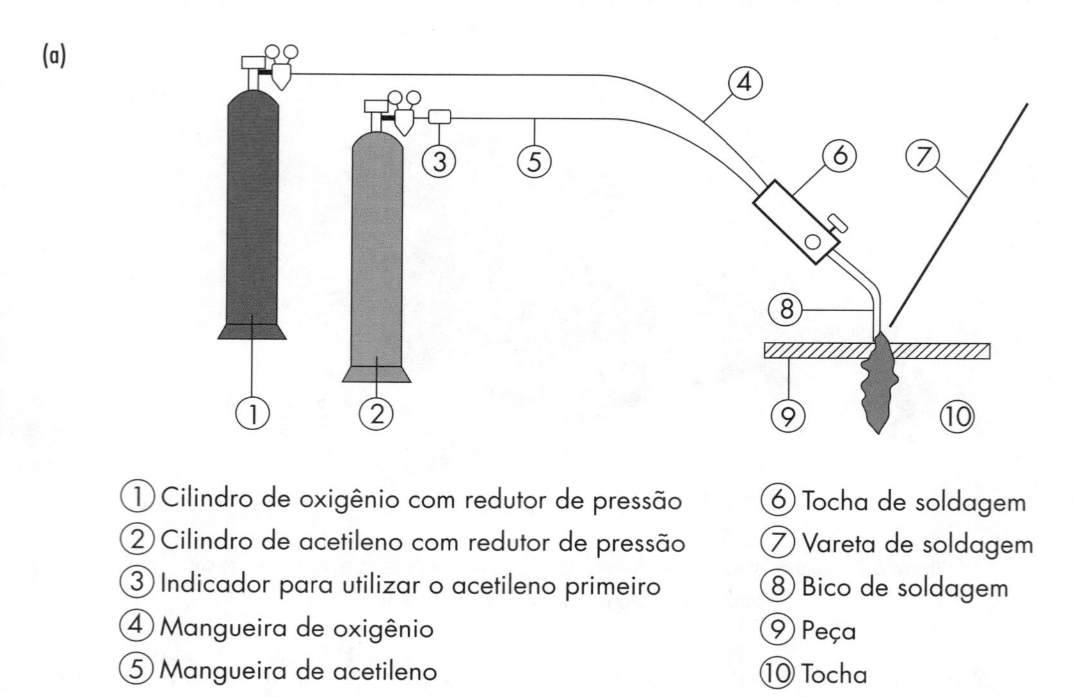

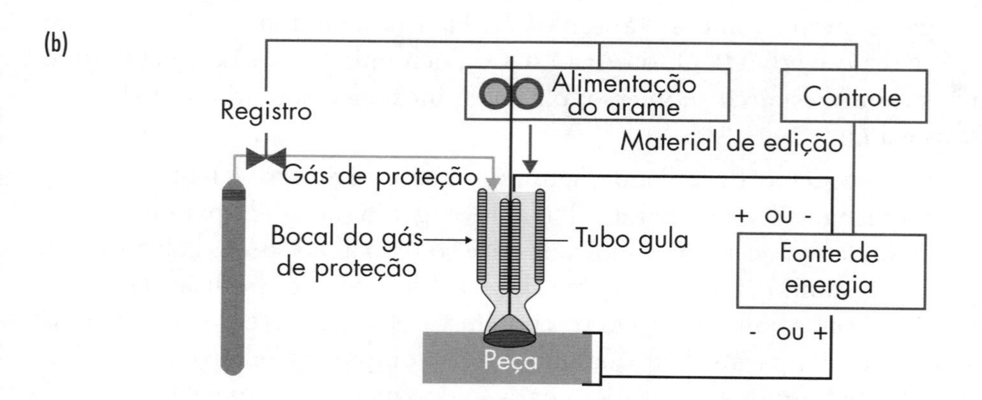

Figura 6.8 Processo de soldagem com (a) oxi-acetileno e (b) MIG/MAG.

Na Figura 6.9 pode-se visualizar um exemplo de soldagem com eletrodo revestido de uma peça estrutural, solda MIG/MAG de um coletor e de um chassi de automóvel.

Videos sobre soldagem:

livro.link/ppf153

livro.link/ppf154

livro.link/ppf155

livro.link/ppf156

livro.link/ppf157

livro.link/ppf158

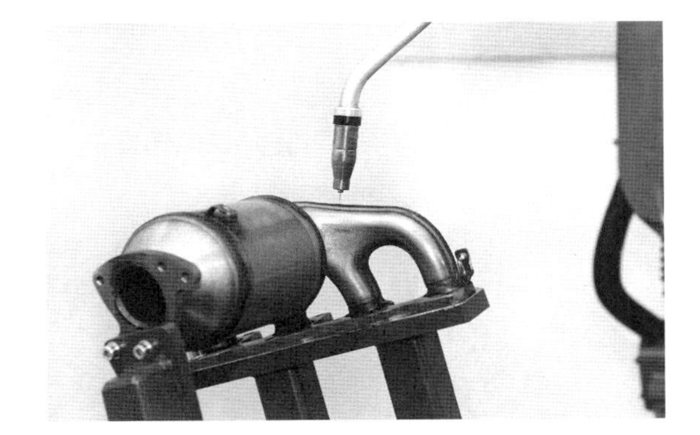

Figura 6.9 Exemplo de soldagem com eletrodo revestido de uma peça estrutural, solda MIG/MAG, de um coletor e de um chassi de automóvel.

Outras estratégias utilizadas para unir peças é a soldagem por pressão ou deformação, que tem como técnicas: uso de resistência, centelhamento, alta frequência, fricção, difusão, explosão, laminação, a frio e ultrassom.

Na soldagem por ponto e costura (Figura 6.10), os eletrodos aplicam pressão e permitem passar corrente elétrica em um ponto concentrado, o que causa deformação plástica. Há rápida formação do ponto de solda, por exemplo, solda em duas chapas de 1,6 mm com corrente de 12000 A, que dura em torno de 0,25 s. Esse processo é indicado para unir peças de espessura inferior a 3 mm e é muito aplicado na fabricação de chassi de veículos. Já a soldagem por fricção utiliza a energia mecânica em peças de revolução.

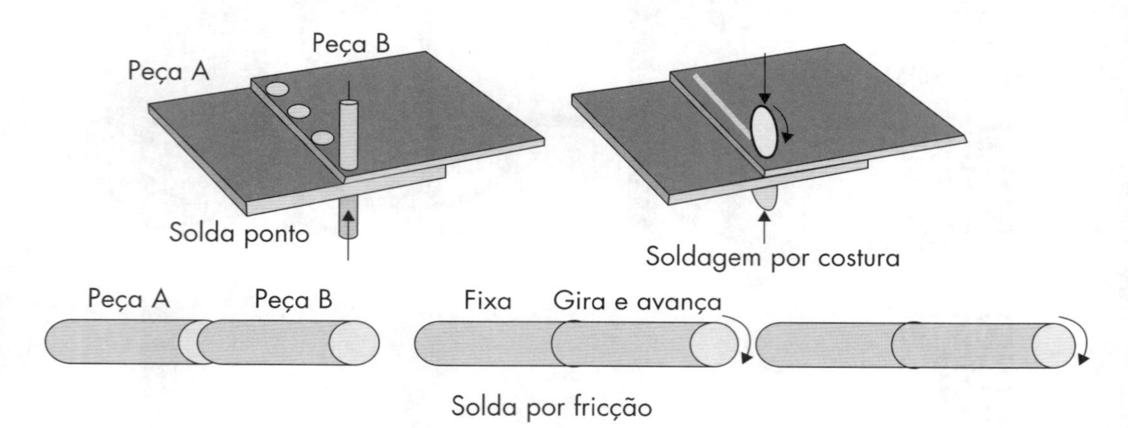

Figura 6.10 Representação esquemática do processo de soldagem por ponto e costura e fricção. Solda por ponto aplicada na estrutura de automóvel.

Na Tabela 6.4 estão resumidas as características gerais de alguns processos de soldagem, assim como suas aplicações e observações adicionais.

A seguir são indicadas (Figura 6.11) situações de dimensionamento de cordão de solda em peças metálicas.

Para o dimensionamento do cordão de solda, deve-se utilizar a tensão admissível para cada caso, pois é a condição ideal para o cordão de solda suportar o tipo de solicitação de trabalho. Os valores de tensões na soldagem são obtidos em tabelas específicas de normas e fabricantes de equipamentos de solda.

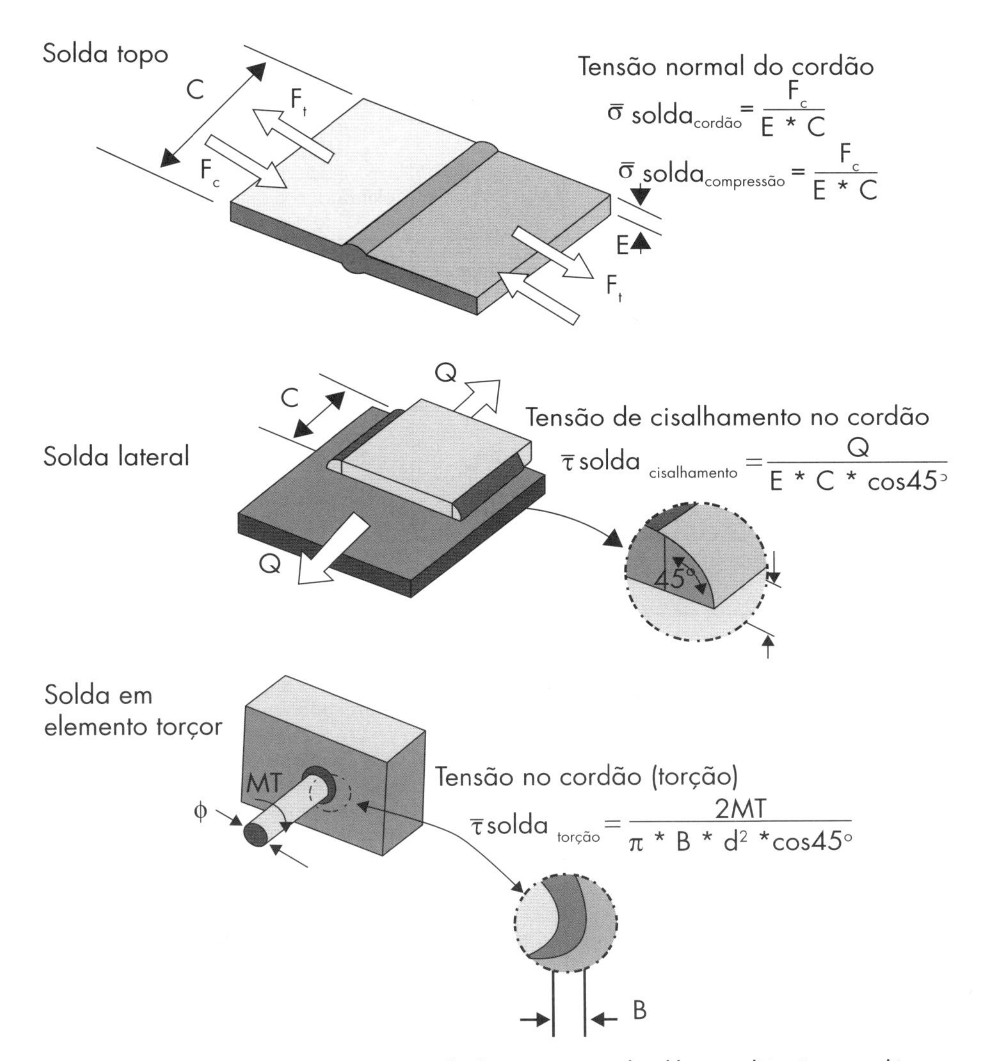

Figura 6.11 Representação esquemática de algumas situações de solda e as solicitações no cordão de solda em elementos metálicos.

Tabela 6.4 Características gerais de alguns processos de soldagem

	Processo de soldagem		Símbolos	Características de trabalho	Princípio
Soldagem por fusão	Soldagem via oxi-acetileno			MA SMEPP SMET SA	A poça de fusão é formada por ação direta e localizada em uma chama de gás combustível de oxigênio sobre uma vareta de solda, utilizada como elemento de adição, e as regiões a serem soldadas.
Soldagem por fusão	Soldagem por arco manual (eletrodo revestido)			MA SMEPP	O arco gerado cobre uma pequena região da peça e parte do eletrodo, que é alimentado manualmente. O arco e a poça de fusão são protegidos da atmosfera apenas pelos gases gerados. Uma camada de escória gerada pelo eletrodo cobre a região soldada. Entre as principais variáveis que influenciam o processo estão: a corrente de soldagem, a velocidade de avanço, a oscilação do eletrodo, o diâmetro do eletrodo e o ângulo do eletrodo em relação à peça.
Soldagem por fusão	Soldagem por arco submerso			SMEPP SMET SA	O material de adição é alimentado automaticamente. A região de soldagem por arco é coberta por uma camada de pó. A escória formada a partir do pó protege a poça de solda da atmosfera.
Soldagem por fusão	Soldagem por arco-gás-metal	Metal-inerte-gás (MIG)		SMEPP SMET SA	No processo MIG os gases utilizados são o hélio e o argônio. O processo é conhecido como MIG quando o gás de proteção utilizado é inerte ou rico em gases inertes.
Soldagem por fusão	Soldagem por arco-gás-metal	Metal-ativo-gás (MAG)		SMEPP SMET SA	Utiliza-se dióxido de carbono puro ou misturado com argônio. O processo é conhecido como MAG quando o gás usado é ativo ou contém misturas ricas em gases ativos.
Soldagem por fusão	Soldagem por arco-gás-metal	Tungstênio-inerte-gás (TIG)		MA SMEPP SMET SA	Comparado com outros processos, ela é relativamente cara e deve ser aplicada em situações em que a qualidade da solda é mais importante do que a produtividade ou o custo de operação. Os principais gases de proteção utilizados na soldagem TIG são o argônio e o hélio ou uma mistura desses, sendo que a utilização do gás hélio favorece uma maior penetração do cordão de solda. A soldagem pode ser realizada com ou sem metal de adição. Quando for utilizado metal de adição, esse pode ser encontrado no mercado no formato de varetas de 1 m de comprimento e com diâmetro que varia de 0,5 mm a 5 mm.
Soldagem por fusão	Soldagem por feixe de elétrons			SMEPP SMET SA	Um filamento de tungstênio é aquecido por um potencial de alta tensão entre o cátodo e o ânodo; a união ocorre em uma câmara de vácuo por meio de um sistema de lentes eletromagnéticas através de um feixe preciso e delgado (Ø 0,1 mm).

Aplicações	Observações
Chapas finas, tubulações.	Baixo investimento; apropriado para soldar regiões de difícil acesso; produz solda com baixas tensões residuais; apropriado para soldar extremidades e cantos; inadequado para soldar em T e espessuras irregulares.
Quase todos metais, exceto Cu (100%) e metais preciosos.	O equipamento básico é constituído de: fonte de energia, alicate para fixação do eletrodo, cabos de interligação, pinça para ligação da peça, de equipamento de proteção individual e equipamento para limpeza da solda. Indicado para todos os tipos de solda.
Recipiente, construção em aço, veículo e engenharia mecânica. Espessura das peças maior que 10 mm.	
Encontra uma gama de aplicações na soldagem de não ferrosos e aços inoxidáveis.	Os gases de proteção evitam que a poça de fusão fique em contato com o oxigênio e o nitrogênio, o que acarretaria inclusões não metálicas e envelhecimento do material soldado. O material de adição pode ser arame sólido ou tubular, sendo que com esse último se obtém cordões com superfícies mais lisas. Em aplicações na soldagem de campo, apresentam desvantagens relacionadas com a presença de ventos
É utilizada para diversos tipos de aços carbono.	
Aço inox (tanque de combustível de caminhão).	É recomendado que a abertura da vazão dos gases de proteção seja realizada um pouco antes da abertura do arco elétrico e finalizada um pouco após o fechamento do arco.
Uso de outros materiais ferrosos.	Por ser focado na soldagem, possibilita redução do peso da peça, reduzindo custos.

(*continua*)

Tabela 6.4 Características gerais de alguns processos de soldagem (*continuação*)

	Processo de soldagem	Símbolos	Características de trabalho	Princípio
Soldagem por pressão/deformação	Solda ponto		SMEPP SMET SA	Dois eletrodos são pressionados e permitem a passagem de alta corrente elétrica em um ponto da região sobreposta. Pelo efeito *joule* gerado na região ocorre a fusão na região de contato entre as peças. Com a interrupção da corrente, a temperatura cai com ação de refrigerados na água, formando-se assim um ponto de solda.
	Soldagem por costura		SMEPP SMET SA	Esse processo é semelhante ao descrito acima, a diferença reside no uso de eletrodos em formas de discos. Isso permite deslocar-se a uma dada velocidade para unir as peças.
	Soldagem por centelhamento		MA SMEPP SMET SA	As peças a serem soldadas são aproximadas, sem que haja contato, e a energia elétrica é acionada. Em seguida, as peças são rotacionadas e aproximadas com velocidades constantes, causando o contato elétrico entre as superfícies e gerando assim um arco elétrico (centelhamento). Após um certo tempo de centelhamento, quando as superfícies estiverem aquecidas, a corrente de soldagem é desligada.
	Soldagem por fricção		SMET SA	Utiliza a energia mecânica associada com a rotação de uma das peças. Após o aquecimento por fricção as peças são pressionadas.
	Soldagem por arco de pinos		MA SMEPP SMET SA	Pinos metálicos podem ser soldados por diferentes processos (arco elétrico, resistência, fricção, entre outros), mas o equipamento, por ser prático, torna o processo simples e rápido para executar a soldagem.

MA = solda manual; SMEPP = solda mecânica parcial da peça; SMET = solda mecânica total; SA = solda automática.

6.5.1 Soldagem: exemplo prático

Na soldagem com eletrodos revestidos, pede-se para determinar a força máxima a ser aplicada na junta de topo (Figura 6.12) nas chapas de alumínio que serão utilizadas em uma estrutura a ser solicitada por tração. Considerar que as chapas têm largura de 100 mm (igual ao comprimento de soldagem indicado pela letra C) e sua espessura é de 6 mm.

Aplicações	Observações
Utilizado em peças metálicas com espessuras inferiores a 3 mm.	Tem grande aplicação na soldagem de chaparia da indústria automobilística.
Utilização semelhante ao descrito acima.	Indicam-se como velocidade as seguintes grandezas: 25 mm/s para chapas de 1,6 mm e 17 mm/s para chapas de 3 mm.
Utilizada para soldagem de tubulação, rodas de automóveis e na união de trilhos.	Processo é mais complexo que o semelhante acima e o equipamento tende a ser mais caro.
Utilizado para a soldagem de peças cilíndricas (maciças e tubos).	Pode ser aplicado para unir uma barra em outra peça de formato diferente.
Utilizado na construção metálica, na soldagem de conectores, tubulações, caixas de interruptores etc.	

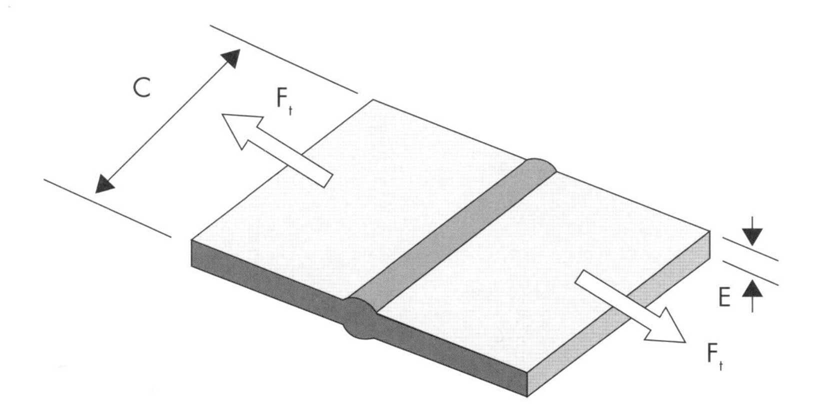

Figura 6.12 Esquema representativo de solda de topo aplicada em duas chapas de metal.

Resolução:

Inicialmente é feita uma análise do material e para o caso (estrutura a ser solicitada por tração) são indicadas as ligas de alumínio: ao consultar catálogo de fabricante de alumínio e suas ligas, é indicada a liga a seguir.

- Liga de alumínio 6351 T4: liga solubilizada (esfriamento com água); ou T6: liga solubilizada e envelhecida artificialmente.
- Composição química da liga (%): silício (0,7 a 1,3); ferro (0,5); cobre (0,1); manganês (0,4 a 0,8); magnésio (0,4 a 0,8); zinco (0,2); cromo (-); titânio (0,2); zircônio (-); outros (0,15) e alumínio (restante).
- Produtos típicos: perfis estruturais, tubos e barra redonda.
- Características: boa conformabilidade, alta resistência mecânica e à corrosão.
- Aplicação: engenharia estrutural, construção de navios, veículos e equipamentos, acessórios para cabos.
- Valores de resistência ao escoamento por compressão para a liga 6351:

  6351-T4: $\sigma_{compressão} = 13{,}4\ kN/cm^2$;

  6351-T4: $\tau_{tração\_ruptura} = 223{,}4$ Mpa;

  6351-T4: $\sigma_{tração\_escoamento} = 132{,}0$ Mpa;

  6351-T6: $\sigma_{compressão} = 26{,}0\ kN/cm^2$;

  6351-T6: $\tau_{tração\_ruptura} = 294{,}5$ Mpa;

  6351-T6: $\sigma_{tração\_escoamento} = 258{,}9$ Mpa.

A especificação da Associação Americana de Soldagem estabelece que a tensão calculada com base na área líquida não deve ultrapassar os seguintes valores admissíveis:

$$\bar{\sigma}_{tração\_escoamento} = \frac{\sigma_{tração\_escoamento}}{FS}$$

$$\bar{\sigma}_{tração\_ruptura} = \frac{\sigma_{tração\_escoamento}}{FS}$$

em que:

(FS) = fator de segurança no escoamento, igual a 1,65; fator de segurança na ruptura igual a 1,95.

Assim, aplicando os valores das tensões na fórmula, tem-se os valores a seguir.

Para a liga de alumínio 6351 T6:

$$\frac{\sigma_{\text{tração\_escoamento}}}{FS} = \frac{F_t}{E \cdot C} \rightarrow$$

$$\frac{258{,}9 \cdot 10^6 \text{ N/m}^2}{1.65} = \frac{F_t}{0{,}006\,\text{m} \cdot 0{,}1\,\text{m}} \rightarrow F_t = 94145{,}45 \text{ N}$$

Para a liga de alumínio 6351 T4:

$$\frac{\sigma_{\text{tração\_escoamento}}}{FS} = \frac{F_t}{E \cdot C} \rightarrow$$

$$\frac{132{,}0 \cdot 10^6 \text{ N/m}^2}{1.65} = \frac{F_t}{0{,}006\,\text{m} \cdot 0.1\,\text{m}} \rightarrow F_t = 48000 \text{ N}$$

A etapa seguinte é verificar no projeto da junta se a menor força (liga de alumínio 6351 T4) é suficiente para realizar o trabalho. Caso contrário, pode-se optar por redimensionar a chapa ou mesmo utilizar a liga de alumínio 6351 T6, que possibilita resistir a maior força de trabalho.

Nota: optou-se pelo uso de uma liga do eletrodo 5556, pois entre os eletrodos mais empregados sua resistência ao cisalhamento é 140 Mpa.

6.6 EXERCÍCIOS RESOLVIDOS

6.6.1) A prototipagem de produtos no processo de *design* pode ser considerada como uma alternativa, um complemento aos procedimentos tradicionais de projeto e que ganha novas alternativas com auxílio das ferramentas computacionais. Entre as tecnologias a seguir, a que permite a constante visualização da peça sendo fabricada é a:

a) SLA – *tereolithography*;

b) SLS – *selective laser sintering*;

c) FDM – *fused deposition modeling.*

Resposta: alternativa C.

6.6.2) Faça uma correlação das características de soldagem aos seus respectivos processos.

Características dos processos de soldagem

(I) Soldagem por pontos

(II) Solda oxiacetileno

(III) Soldagem sem fusão dos metais base

(IV) Soldagem a arco com proteção de gás argônio

Processos de soldagem

(IV) TIG

(I) Por resistência

(II) A gás

(III) Por brasagem

6.6.3) Analise as afirmativas abaixo relativas à soldagem TIG. A seguir assinale V (verdadeiro) ou F (falso).

(V) Utiliza a energia térmica proveniente de um arco elétrico entre o eletrodo não consumível e a peça a ser soldada.

(V) Utiliza um eletrodo não consumível, em associação com um gás inerte, podendo ser utilizado material de adição ou não.

(V) É aplicada na soldagem de peças com espessuras finas e de difícil acesso.

(V) Utilizada na soldagem de materiais não ferrosos de ligas leves, como magnésio, alumínio, titânio e tubos de aço de inoxidável relativamente fino.

(F) O material de adição consumível pode ser utilizado tanto na soldagem TIG quanto na oxi-acetileno.

6.6.4) Os processos de soldagem são caracterizados pela união de peças de metal via aquecimento que fluidifica uma pequena região dos metais que serão unidos para facilitar a continuidade física entre as peças. Calcado nessas características, analise as frases abaixo assinalando V (verdadeiro) ou F (falso).

(V) Permite unir peças com acabamento posterior apropriado sem deixar emendas visíveis de soldas ou vincos indesejáveis, conferindo valores estéticos às estruturas metálicas.

(F) Elimina o uso de conexões mecânicas e isso confere leveza às estruturas e redução de custos no processo produtivo.

(V) É possível compatibilizar a união de metais diferente e com espessuras distintas.

(V) Permite acabamento final relativamente alto e assim reduz a rugosidade superficial (ver definição de rugosidade no Apêndice A).

6.6.5) Um lote de 14 peças do tipo: “A”, “B” e “C” deve ser fabricado via processo de Adição (FDM). O material a ser utilizado é o ABS, que está disponível em 8 cartuchos. Todos os cartuchos devem ser utilizados sem sobra. O volume de cada peça do tipo “A” consome um cartucho, do “B” ½ cartucho, e do “C”, ¼ de cartucho. Considerar ainda que ½ cartucho é desperdiçado em toda preparação e que devem ser fabricadas mais peças do tipo “C”, pois, às vezes, alguma peça desse tipo pode ser descartada.

Pede-se determinar o número de peças de cada tipo e o tempo gasto, em horas, para fabricar o lote inteiro de peças.

Dados: tempo de fabricação de cada peça: "A" = 10 min, "B"= 5 min e "C"= 2 min e 30 s.

Resolução:

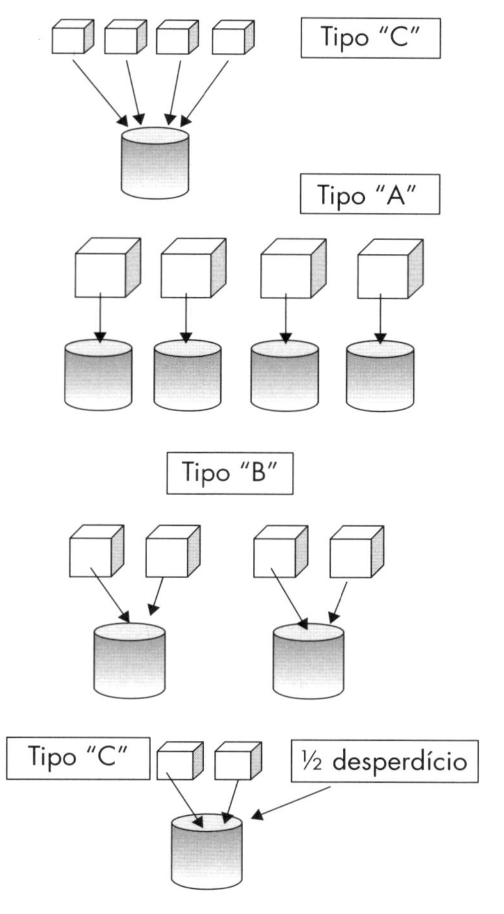

Figura 6.13 Croqui da distribuição de material em cada cartucho.

4 tipo "A" = 4 x 10' = 40'

4 tipo "B" = 4 x 5' = 20'

6 tipo "C" = 6 x 2,5' = 15'

Total = 1 h e 15 min

6.7 EXERCÍCIOS PROPOSTOS

6.7.1) A prototipagem rápida (PR) é uma tecnologia utilizada na fabricação de lotes relativamente reduzidos e na fabricação de peças/produtos testes na fase de desenvolvimento do produto via uso de modelos sólidos 3D gerados no sistema CAD. Assim, analise as afirmativas abaixo e assinale V (verdadeiro) ou F (falso).

( ) Ao contrário dos processos de usinagem, que subtraem material da peça afeiçoando-a, a PR adiciona material camada por camada.

( ) As máquinas de PR produzem peças somente em plásticos, madeira e cerâmica.

6.7.2) A Figura 6.14 representa alguns processos de prototipagem rápida. Nomeie o processo e cite ao menos um material utilizado para fabricar o protótipo.

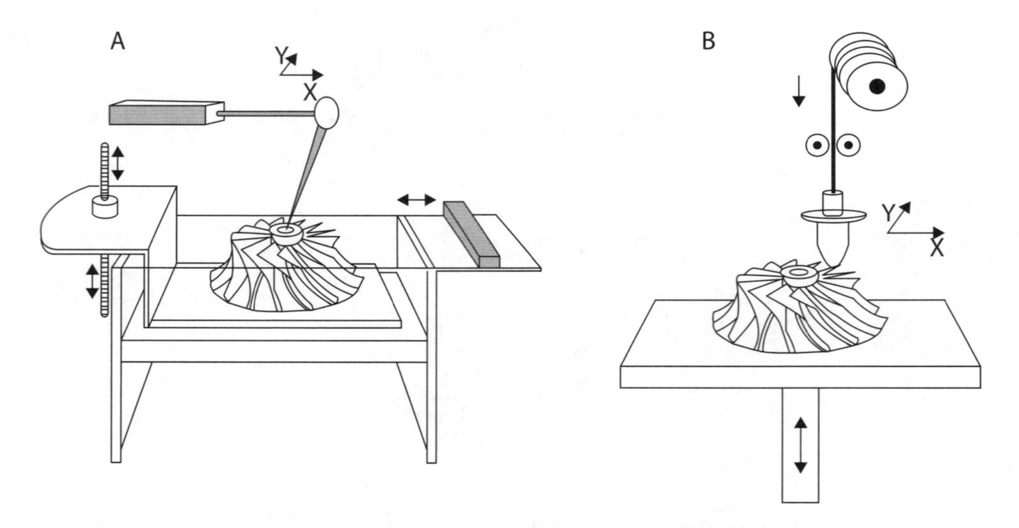

Figura 6.14 Os croquis A e B representam máquinas utilizadas nos processos de prototipagem rápida.

(A) Processo: ______________________________

(A1)Material: ______________________________

(B) Processo: ______________________________

(B1) Material: ______________________________

6.7.3) Analise as afirmativas relativas aos processos de soldagem TIG, MIG e assinale V (verdadeiro) ou F (falso).

( ) Tais processos caracterizam-se por serem realizados em uma atmosfera de gases inertes como argônio e hélio, dióxido de carbono, ou mesmo uma mistura de gases.

( ) A seleção do tipo de gás no processo MIG é independente do metal que está sendo soldado.

( ) O processo TIG é utilizado para aços comuns e ligas especiais.

( ) A MIG, principalmente para pequenas espessuras – menores que 2 mm ou 3 mm –, possibilita a obtenção de melhor aspecto da solda e menores deformações nas peças.

( ) No processo TIG, o eletrodo de tungstênio é um componente não consumível e não precisa ser substituído.

6.7.4) Analise as frases abaixo e assinale V (verdadeiro) ou F (falso).

( ) Sobre o processo de oxi-corte, afirma-se: é aplicado para aços com baixo teor de carbono e baixos teores de elementos de liga, e a qualidade do corte depende das condições do "bico" de corte, das pressões dos gases, da velocidade de corte, da pureza do O_2 e da distância do bico até a chapa.

( ) No processo de soldagem com eletrodo revestido, o equipamento básico é constituído de: fonte de energia, alicate para fixação do eletrodo, cabos de interligação, pinça para ligação da peça, equipamento de proteção individual e equipamento para limpeza da solda. Entre as principais variáveis que influenciam o processo estão: a corrente de soldagem, a velocidade de avanço, a oscilação do eletrodo, o diâmetro do eletrodo e o ângulo do eletrodo em relação à peça.

6.7.5) A Figura 6.15 abaixo representa um processo para fabricar peça por adição. Identifique o processo, nomeando-o.

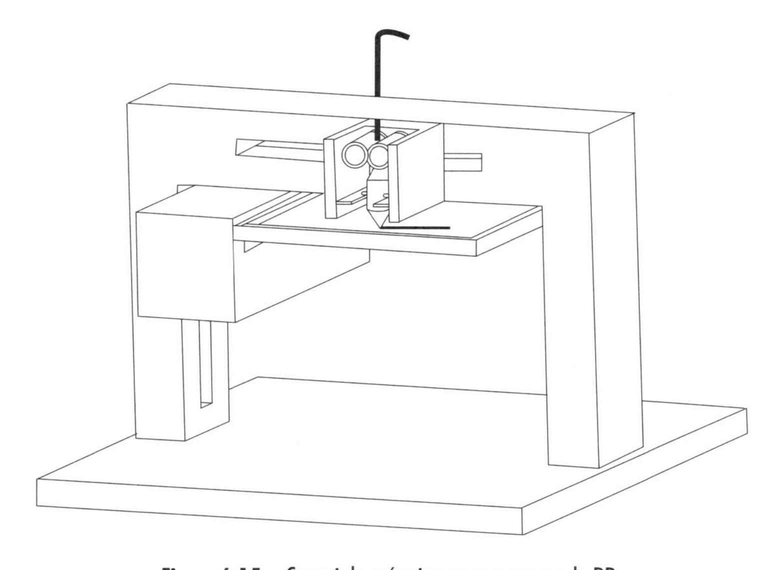

Figura 6.15 Croqui de máquina para processo de PR.

Resposta: ______________________________

6.8 REFERÊNCIAS

LIRA, V. M.; MAFALDA, R. Uma comparação entre protipagem rápida e convencional no desenvolvimento de produtos plásticos. **Plástico Industrial,** v. 15, p. 36, 2013.

LIRA, V. M. Proposta de processo via modelagem por deposição sob temperatura ambiente. **Máquinas e Metais,** v. 545, p. 100-115, 2011.

______. **Desenvolvimento de processo de prototipagem rápida por deposição de formas livres sob temperatura ambiente de materiais alternativos.** Tese (Doutorado em Engenharia Mecânica) – Universidade de São Paulo, 2008.

WITTEL, H. et al. **Roloff/Matek Maschinenelemente - Normung, Berechnung, Gestaltung.** Wiesbaden: Springer Fachmedien, 2013.

EXERCÍCIOS ADICIONAIS

7.1 RESOLVIDOS

3.5.1 Na Figura 7.1, tem-se um desenho básico de um eixo. Para a fabricação do produto, definir os processos mais adequados e as etapas de fabricação.

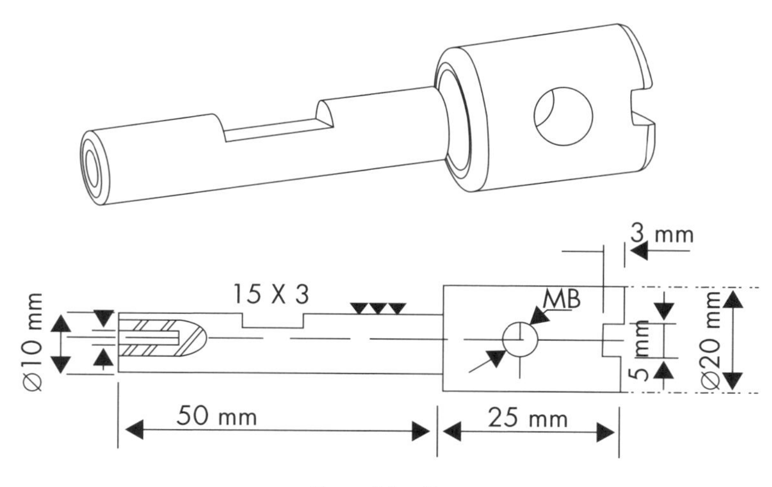

Figura 7.1 Eixo.

Dados:

- Material do coletor: 1045 trefilado.
- Quantidade de peças: 7500/mês.
- Peso = calcular.
- Temperatura de trabalho: ~250 °C.

Resposta:

nº da operação	Descrição da operação	Máquina	Tempo de operação (mín./peça)
10	Tornear ϕ 10X50, abrir furo ϕ 5, cortar	Torno Revolver	1,6
20	Furar ϕ 8, passante	Furadeira	0,95
30	Fresar rebaixo – 15 x 3	Fresadora	1
40	Rebarbar	Bancada	0,55
50	Roscar ϕ 8	Rosqueadeira	0,6
60	Abrir canal 5 x 5	Fresadora	0,96
70	Rebarbar canal	Bancada	0,55
80	Retificar ϕ 10	Retífica	3
90	Inspeção final	Bancada	0,5
		Total	**9,71**

3.5.2 A Figura 7.2 mostra um coletor turbo utilizado em automóvel. Para a fabricação do produto abaixo, defina o processo mais adequado e as etapas de fabricação. Dados: material do coletor em ferro fundido; quantidade de aproximadamente 5 mil peças.

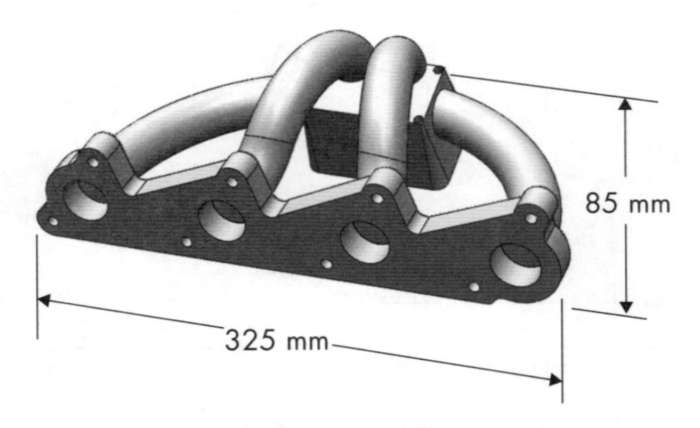

Figura 7.2 Coletor de um automóvel.

Resposta: Fundição em casca (*shell molding*) (item 3.4.2).

Resumo das etapas: elaboração de um modelo permanente (conforme a Figura 7.3) que é fixo sobre uma placa metálica, a qual é aquecida (150 °C a 300 °C) e revestida com desmoldante (silicone). Tal placa é fixada em uma caixa com areia pré-revestida com resina à placa-modelo. Ao rotacionar a caixa e a placa-modelo ocorre queda por gravidade da areia sobre o modelo. Uma nova rotação da caixa e da placa-modelo ocorre para a remoção da areia não polimerizada. Tal processo é repetido para a outra meia moldação. Por fim, é feita a união das meias moldações e vazamento do metal fluidificado. Após o resfriamento, ocorre a extração das peças e acabamento final das peças moldadas.

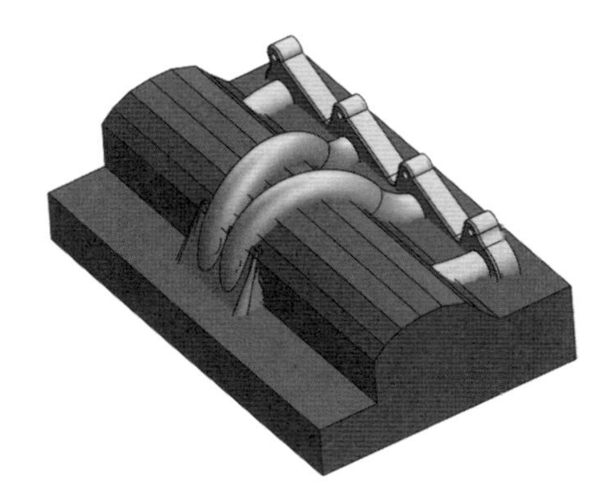

Figura 7.3 Modelo permanente de um coletor fixo em placa.

3.5.3 A Figura 7.4 representa o esquema de um recâmbio de um torno com peça de aço 1045 L, fixa na placa, que deverá ser usinada (desbaste) utilizando uma ferramenta de metal duro. A usinagem é cilíndrica, reduzindo o diâmetro externo de 52 mm para 48 mm. Determinar o número de passadas mínimas para realizar tal usinagem.

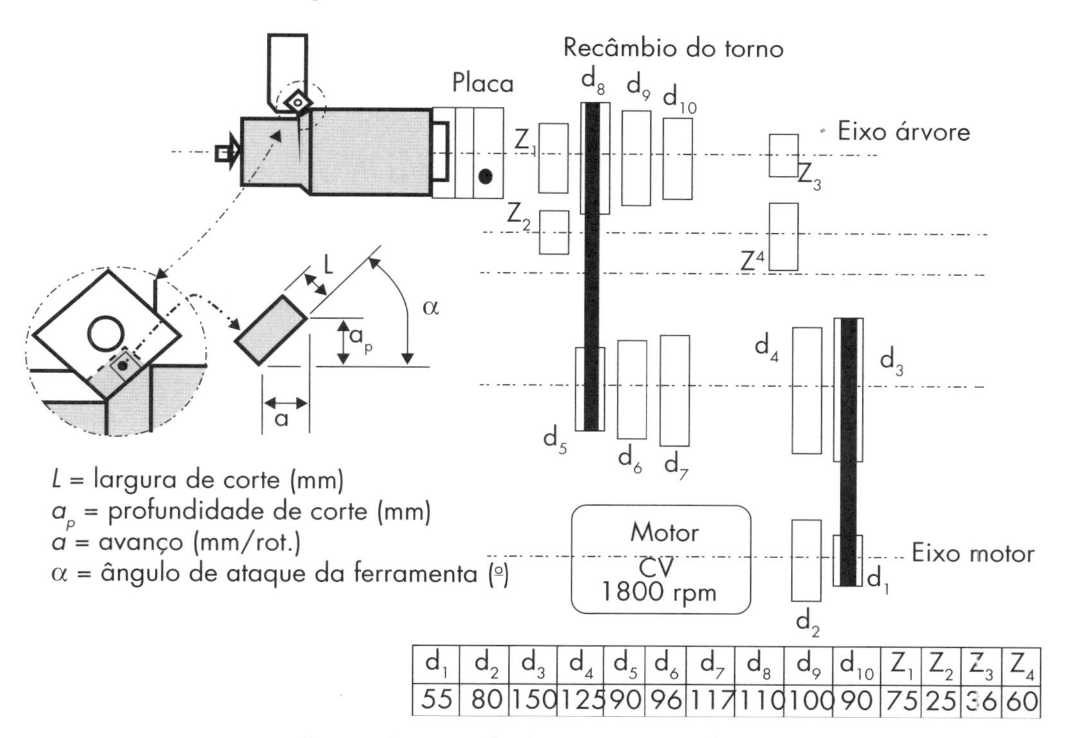

d_1	d_2	d_3	d_4	d_5	d_6	d_7	d_8	d_9	d_{10}	Z_1	Z_2	Z_3	Z_4
55	80	150	125	90	96	117	110	100	90	75	25	36	60

Figura 7.4 Esquema de um recâmbio de um torno com peça fixa em ferramenta.

Resolução:

a) Determinação da velocidade de corte (V_c)

Fabricantes de ferramentas para usinagem indicam a relação entre ferramenta, material a ser usinado e tipo de usinagem para se determinar a velocidade de corte. Assim, temos: ferramenta (metal duro), material a ser usinado (aço 1045) e tipo de usinagem (desbaste). Com isso é obtida a velocidade de corte de 120 m/min.

Verificar no recâmbio a velocidade mais próxima à terminada acima:

Rotação mais próxima no recâmbio =

$$\frac{55}{150} \cdot \frac{25}{75} \cdot 1800 = 220 \text{ rpm}$$

b) Determinação do avanço de corte (a)

O avanço está relacionado com a profundidade de corte e, em termos gerais, pode-se utilizar a relação como segue:

$$a = \frac{1}{5} \cdot a_p \text{ ou } a = \frac{1}{10} \cdot a_p$$

Adotando a_p = 10 mm (profundidade máxima para retirar em uma passada) e sendo conservador ao adotar a menor relação (1/10) entre a e a_p, temos:

$$a = \frac{1}{10} \cdot 2 = 0,2\ \frac{\text{mm}}{\text{rot}}.$$

c) Determinação da área de corte em cada passada (A_c)

$A_c = a \cdot a_p$, substituindo valores na fórmula, temos: $A_c = 1 \cdot 0,2 = 0,2\ mm^2$

d) Determinação da resistência do material ao corte (R_c)

A resistência do material ao corte é relativa ao tipo de material e seu valor, que é obtido em tabela.

$R_c = 2 \cdot \sigma_t \rightarrow \sigma_t = 61$ kgf/mm^2 (tabela de fabricante de materiais). Assim, temos:

$$R_c = 2 \cdot 61 = 121 \text{ kgf/mm2}$$

e) Determinação da força de corte do material (F_c)

$$F_c = R_c \cdot A_c \rightarrow F_c = 121 \cdot 0,2 = 24,2 \text{ kgf}$$

f) Determinação da potência de corte (N_c)

$$N_c = \frac{F_c V_c}{60 \cdot 75} \rightarrow N_c = \frac{24,2 \cdot 220}{60 \cdot 75} \rightarrow N_c \cong 1,2\ CV$$

A potência de corte obtida ($N_c \cong 1,2\ CV$) é menor do que a máquina dispõe ($N_{máquina}$ = 3 CV), logo, é possível usinar a peça em uma única passada.

Parafuso sextavado rosca UNC (rosca fina) com fpp 8 (8 fios por polegada) (Figura 7.5). O material do parafuso é o aço liga 4140 trefilado e pode sofrer beneficiamento como têmpera. Tal aço tem como características a resistência mecânica à fratura e à fadiga. Tem como composição química os seguintes elementos: carbono (0,38% – 0,43%), silício (0,10% – 0,35%), manganês (0,75% – 1,00%), cromo (0,80% – 1,10%) e molibdênio (0,15% – 0,25%). O parafuso da Figura 7.5 tem peso unitário de 1,471 kg e sofrerá tratamento térmico de têmpera e revenido com dureza de 33 até 39 RC e tratamento superficial de oxidação. Pede-se determinar o roteiro de fabricação e desenhar um *blank* da peça para as condições acima descritas.

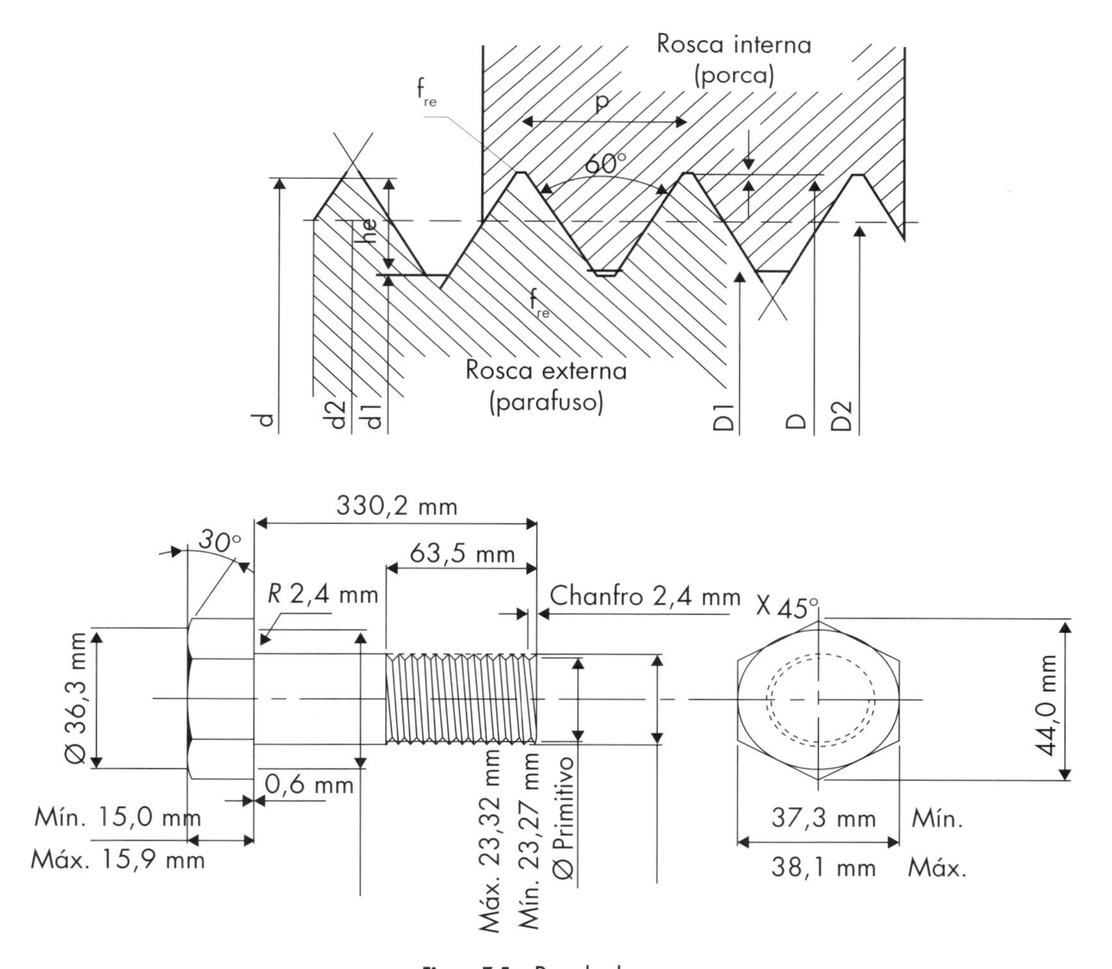

Figura 7.5 Desenho da peça.

Roteiro de fabricação

Máquina/equipamento/posto	Descrição	OBS.:
Corte	Cortar no comprimento indicado (Figura 7.6)	
Torno revolver//Mecânico/ CNC	Chanfrar um dos lados e furar centro	Depende da quantidade do lote a ser produzido
Prensa	Aquecer região (Figura 7.6) e forjar cabeça do sextavado	Aquecer a temperatura para forjamento
Torno revolver//Mecânico	Usinar ângulo de 30° conforme desenho (Figura 7.6)	Depende da quantidade do lote a ser produzido
Torno revolver//Mecânico/ CNC	Usinar diâmetro primitivo conforme desenho (Figura 7.6)	Depende da quantidade do lote a ser produzido
Laminador	Laminar rosca conforme desenho (Figura 7.6)	
Forno	Tratamento térmico de têmpera e revenido	Dureza de 33 até 39 RC
Equipamento para banho	Tratamento superficial de oxidação	

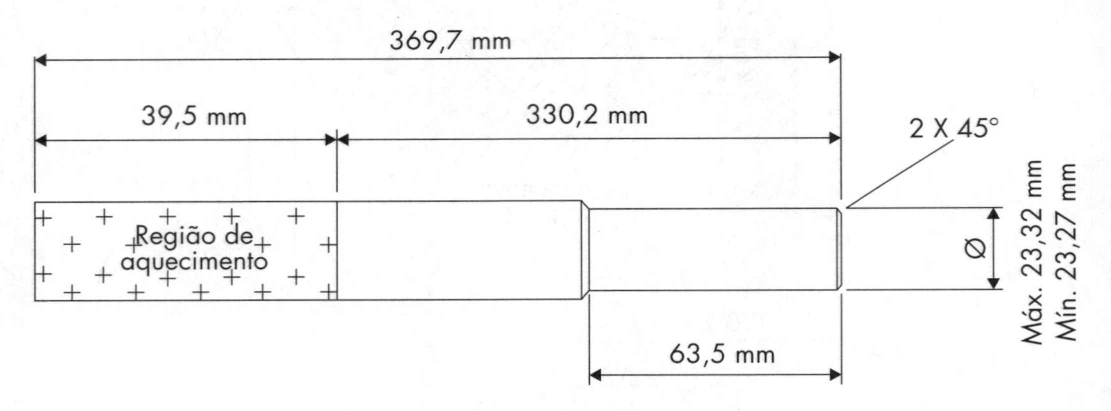

Figura 7.6 *Blank* da peça.

7.2 PROPOSTOS

3.6.1 Deve-se realizar operações nos furos de um suporte (Figura 7.7) de metal que está cotado em mm. Ressalta-se que a relação entre o afastamento superior e inferior dos furos com ϕ 12,5 e ϕ 22,2 é de acordo com os sistemas de equações abaixo.

a) Determine os valores dos afastamentos (*n*,*m*, *p e Z*) com máximo de três casas após a vírgula.

b) Utilize os valores dos afastamentos e selecione, conforme tabela de tolerâncias abaixo, o melhor processo para usinar os furos de ϕ 12,5 e ϕ 22,2 e a medida de 83,1 com os respectivos afastamentos.

Nota: para auxiliar a resolução, utilizar a Tabela A.1 do Apêndice

---

$$\frac{2}{m} + \frac{3}{n} = -7 \text{ e } \frac{3}{m} + \frac{5}{n} = 4$$

$$\frac{3}{2 \cdot z} - \frac{0,25}{p} = 0,25 \text{ e } \frac{1}{z} + \frac{1}{2p} = 1,5$$

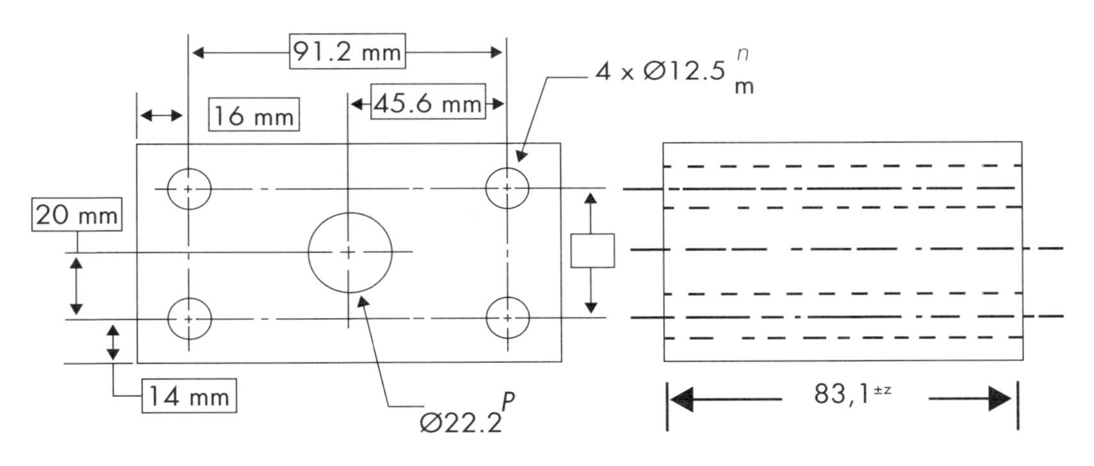

Figura 7.7 Suporte.

Resolução:

3.6.2 Na Figura 7.8, um cilindro (2½") com parede de 2 mm deve ser soldado em um tubo com espessura de 3 mm. Para a solda, utilizar vareta de 1/8". O material do tubo e de chapa é o aço inox 304. Qual deve ser o processo mais apropriado para realizar a solda em ângulo e o porquê de sua seleção.

Figura 7.8 Croqui de soldagem entre duas peças.

Resposta: ____________________

____

____

3.6.3 É possível classificar os processos de fabricação de conformação mecânica como esforço de deformação do material; variação da espessura da peça; regime da operação de conformação. Assim, analise as afirmativas abaixo e escreva o nome do processo no espaço reservado.

___

I) É um processo em que a conformação por esforços compressivos tende a fazer o material assumir o contorno da ferramenta conformadora. Tal ferramenta é denominada de matriz ou estampo.

___

II) Nesse processo, o material passa através da abertura entre cilindros que giram, de modo a modificá-lo via redução da seção transversal. Como exemplos de produtos finais, tem-se: placas, chapas, barras, trilhos, perfis diversos, anéis e tubos.

___

III) Nesse processo a peça é puxada através de uma ferramenta (fieira, ou trefila) com forma de canal convergente de modo a reduzir a seção transversal de uma barra, fio ou tubo.

___

IV) Nesse processo, a peça é "empurrada" contra a matriz conformadora, reduzindo a seção transversal, o que resulta em produtos com forma geométrica de perfis variados ou tubos.

3.6.4 O material sob ação de tensões se deforma. Tal deformação pode ocorrer com ruptura do material. Os processos que removem material na região de ruptura ($\sigma_{trabalho} > \sigma_{ruptura}$) têm suas características de trabalho. Assim, analise as afirmativas abaixo e escreva o nome do processo no espaço reservado.

___

I) Processo destinado à obtenção de superfícies de revolução para utilizar uma ou mais ferramentas monocortantes. Durante o processo, a peça rotaciona no eixo principal de rotação da máquina enquanto a ferramenta se desloca em uma trajetória, retilínea ou curvilínea, coplanar com o eixo referido.

___

II) Por meio desse processo obtêm-se superfícies geradas por um movimento retilíneo alternativo da peça ou da ferramenta, que pode ser horizontal ou vertical.

___

III) Processo mecânico de usinagem destinado à obtenção de um furo cilíndrico ou cônico com auxílio de uma ferramenta multicortante. A ferramenta ou a peça se desloca segundo uma trajetória retilínea, coincidente ou paralela ao eixo principal da máquina.

IV) Processo destinado ao desbaste ou ao acabamento de furos cilíndricos ou cônicos, com auxílio de ferramenta normalmente multicortante. A ferramenta ou a peça gira e uma ou outra se desloca segundo uma trajetória retilínea, que pode ser coincidente ou paralela ao eixo de rotação da ferramenta.

V) Processo mecânico de usinagem caracterizado pela obtenção de superfícies de revolução com auxílio de uma ou várias ferramentas fixas em um suporte. A ferramenta rotaciona e se desloca segundo uma trajetória determinada.

VI) Processo destinado à obtenção de superfícies e geometrias quaisquer com o auxílio de ferramentas geralmente multicortantes. Para tanto, a ferramenta gira e a peça ou a ferramenta se desloca segundo uma trajetória qualquer.

3.6.5 A Figura 7.9 representa um eixo e uma engrenagem de dentes retos. Em relação a essas peças, selecionar o item com a sequência adequada para os processos de fabricação.

Dados: material das peças: 1045; quantidade de peças: 1; dimensões da peça em milímetros.

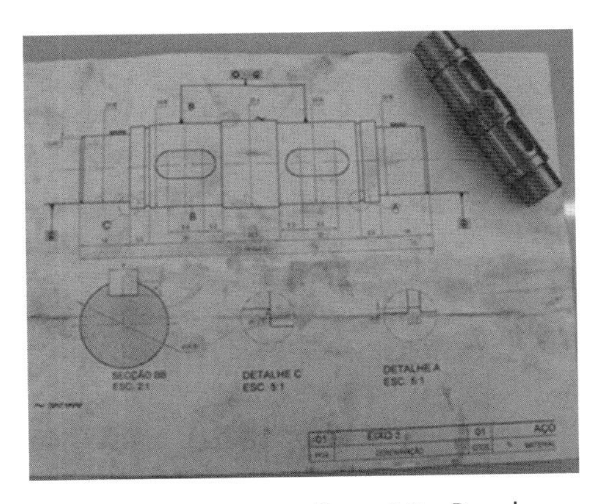

Figura 7.9 Desenho e peça de um eixo e uma engrenagem.

a) 1º – Torno mecânico; 2º – Serradora; 3º – Plaina; 4º – Fresadora; 5º – Furadeira.
b) 1º – Plaina; 2º – Torno mecânico; 3º – Furadeira; 4º – Serradora.
c) 1º – Serradora; 2º – Torno mecânico; 3º – Fresadora.
d) 1º – Fresadora; 2º – Torno mecânico; 3º – Plaina; 4º – Furadeira.
e) 1º – Torno mecânico; 2º – Furadeira; 3º – Fresadora.

3.6.6 Sobre o processamento de materiais poliméricos, assinale V (verdadeiro) ou F (falso):

( ) Tanto a moldagem por sopro como por injeção podem ser utilizadas para o processamento de termoplásticos.
( ) O processo de moldagem por sopro é o mais utilizado para a fabricação de copos, pentes e engrenagens.
( ) O processo por sopro é bastante utilizado para fabricar tanques, recipientes plásticos e garrafas.
( ) No processo de moldagem por sopro, o polímero é pressionado contra as paredes do molde.
( ) No processo de moldagem por injeção, os termoplásticos são pressionados acima da temperatura de fusão, utilizando-se uma extrusora para a conformação da matriz no molde.

3.6.7 Com relação aos processos de fabricação, analise as afirmativas abaixo e assinale V (verdadeiro) ou F (falso).

( ) Processos de fabricação, como forjamento, laminação e extrusão realizam deformação permanente em peças, as quais são produzidas a partir de *blanks* sólidos. Volume do *blank* bruto é igual ao volume da peça acabada.
( ) Processos de fabricação, como serrar, fresar, tornear, furar, lapidar, aplainar e retificar alteram a forma da peça de trabalho via remoção de material.
( ) A soldagem é um processo de fabricação que obtém peças definindo a forma geométrica sólida via adição de material.

3.6.8 Com relação aos processos de fabricação de termoplásticos, analise as afirmativas abaixo e assinale V (verdadeiro) ou F (falso)

( ) A moldagem por injeção utiliza um dispositivo para aquecer o plástico na temperatura de fusão para ser injetado em um molde onde a massa de plástico é comprimida e, em seguida, resfriada para posterior ejeção da peça. A vantagem desse método é que no mesmo molde podem ser injetadas várias peças, e a desvantagem são os elevados custos unitários das ferramentas de moldagem.

( ) Na extrusão o plástico é fundido, homogeneizado e, em seguida, comprimido para ser pressionado por meio de um parafuso através de um bocal. Utilizado para a fabricação de tubos e perfis.

( ) A rotomoldagem, também denominada de moldagem rotacional, é um método de fabricação para a produção de grandes peças de plástico ocas. Na preparação, os grânulos de plástico são depositados no molde rotativo. Ao ser fechado, o dispositivo inicia os movimentos de rotação e translação. Por meio desse processo, pode-se obter peças com várias espessuras de parede. As áreas de aplicação incluem grandes habitações e recipientes de transportes, painéis de instrumentos, móveis e brinquedos de *playground*.

3.6.9 Abaixo estão listados alguns processos de fabricação e algumas áreas de aplicação. Relacionar corretamente o processo com a correta área de aplicação.

(I) Lapidação
(II) Polimento
(III) Alargamento
(IV) Torneamento
(V) Fresamento
(VI) Retificação
(VII) Laminação
(VIII) Forjamento

( ) Equipamento para teste, medidores de trabalho e ferramentas de medição.

( ) Produtos semiacabados, máquinas agrícolas, máquinas pesadas e construção naval.

( ) Ferramentaria e indústria automobilística.

3.6.10 Analise as frases abaixo e assinale a alternativa que indica os processos mais apropriados.

I) Fabricação de camisas de cilindro de motor a combustão com um aço-liga diferente.

II) Fabricação de barras maciças ou ocas de aço-carbono com um diâmetro de 500 mm.

a) (I) Forjamento e (II) Fundição centrífuga.
b) (I) Forjamento e (II) Lingotamento contínuo.
c) (I) Fundição centrífuga e (II) Lingotamento contínuo.
d) (I) Sinterização e (II) Fundição centrífuga.
e) (I) Sinterização e (II) Lingotamento contínuo.

3.6.11 Leia as frases abaixo e assinale B (brunimento) ou L (lapidação).

( ) A rugosidade produzida tem forma geométrica direcionada.

( ) Utilizada quando há exigência muito alta em relação a qualidade superficial e precisão dimensional dos componentes.

( ) Melhora ou modifica a forma geométrica e melhora a precisão dimensional da superfície de uma peça de trabalho.

( ) Os grãos de corte estão em contato permanente na superfície da ferramenta.

( ) Os grãos de corte são colocados a granel como uma suspensão.

( ) Diâmetro dos grãos: 30-80 microns.

( ) Diâmetro dos grãos: 5-60 microns.

( ) Movimento da ferramenta define os sulcos da superfície de interseção.

( ) Marcas de usinagem não direcionais sobre a superfície da peça.

3.6.12 Deduza as condições para o equilíbrio de forças durante a laminagem (condição mordida).

RESPOSTAS DOS EXERCÍCIOS PROPOSTOS

3.9 Exercícios propostos para os temas relacionados a processos de fabricação – agente de transformação: temperatura em metais

3.9.1

(d) *Nota*: o eletrodo tem polaridade positiva e a peça polaridade negativa.

3.9.2

(d) *Nota*: é vantagem para a fabricação não seriada.

4.21 Exercícios propostos para processos de fabricação – agente de transformação: resistência mecânica

4.21.1

a) (V)

b) (V)

c) (F) *Nota*: o cavaco é arrancado progressivamente pela ação rotativa das arestas de corte da brocha.

d) (F) *Nota*: O brochamento é um processo de fabricação por ruptura da matéria prima.

e) (V)

f) (V)

4.21.2

( ) Aplainamento
( ) Brocha
( ) Laminação
(III) Estampagem
( ) Torneamento
( ) Alargador
( ) Forjamento
( ) Roscamento
(I) Retificação
(II) Rebolo

( ) Embutimento
( ) Aplainamento
( ) Mandrilamento
( ) Broca
( ) Britamento
( ) Fresamento
( ) Fresa
(IV) Trefilação
( ) Serramento

5.7 Exercícios propostos para temperatura em polímeros como agente de transformação

5.7.1

d) Todas estão corretas

5.7.2

Zona1 (calibragem)

O material é ainda mais homogeneizado e igualmente aquecido.

Zona 2 (compressão)

Compressão e compactado pela diminuição gradativa da altura de passagem.

Zona 3 (entrada)

O material é puxado.

5.7.3

Respostas: 1) Qual ou quais materiais são utilizados para se fabricar parafusos e cilindros?

Roscas/parafusos: aço DIN 1.8550 ou 4140, podendo ter aplicação de soldas especiais nos topos dos filetes. Cilindro: DIN 1.8550, podendo ter aplicação de camada bimetálica (deposição de pó) no interno.

5.7.4

(V)

(V)

(F) *Nota*: em muitos casos as peças necessitam operações de acabamento, como canais de alimentação.

(V)

(V)

(V)

(V)

(V)

(V)

5.7.5

(1) Fechamento do molde

(2) Unidade de injeção

(3) Injeção

(4) Recalque

(5) Recuo da unidade de injeção

(6) Dosagem

(7) Extração da peça

(8) Refrigeração

5.7.6

Termoformagem

Rotomoldagem

Laminação

5.7.7

(V)

(V)

(V)

(V)

(V)

(V)

(V)

5.7.8

(A) Contrapressão da rosca durante a plastificação da massa polimérica.

(A) Dosagem de material.

(A) Temperatura do polímero fundido e sua homogeneidade.

(A) Velocidade de injeção ou gradiente de velocidades.

(B) Do lote.

(A) Pressão de pressurização (comutação).

(C) Molde com canais quentes, injeção de gás, mais de uma cavidade e duas ou três placas.

(A) Pressão e tempo de recalque.

(A) Temperatura do molde e uniformidade da temperatura do fluido refrigerante do molde.

(B) Fornecedor.

(A) Tempo de resfriamento do molde.

(C) Para um tipo de máquina injetora.

(A) Tratamento do produto fora do molde: tempo que demora para atingir a temperatura ambiente, com umidade e outros fatores.

(B) Alteração provocada por aditivação alterando as propriedades reológicas.

(C) Pode ser projetado por um tipo de material.

5.7.9

Resposta: Capacidade de injeção (Ci).

Resposta: Capacidade de plastificação.

5.7.10

Vantagens:

Baixo custo de ferramentas.

Peças livres de tensões e sem linhas de solda.

Grande variedade de formatos.

Espessura de paredes uniformes.

Aplicações de insertos antes ou após a moldagem.

Rápida resposta a novos desenvolvimentos.

Moldagem de pequenas reentrâncias e praticamente sem ângulo de saída.

Realiza todo tipo de transformação em peças plásticas realizado nos outros processos, o que inversamente não ocorre.

Desvantagens:

Tempos de ciclo relativamente altos.

Grande dificuldade em automatizar o processo (principalmente no momento da desmoldagem).

Apesar da possibilidade de qualquer resina ser submetida a rotomoldagem, muitas vezes sua aditivação e reprocesso geram muito custo tornando seu uso inviável.

5.7.11

(V) Produto sem linha de solda.

(V) Produto com ou sem pontos de tensões muito reduzidos.

(V) Variados formatos.

(V) Reduzidas pressões internas no molde, até 4 PSI.

(V) Espessura uniforme do produto.

(V) Custo da ferramenta consideravelmente inferior se comparado a outros processos de materiais poliméricos.

(V) Otimiza geometria do produto.

(V) Produção de pequenos lotes, com preços competitivos.

(V) Produção de peças técnicas.

(F) Produção de peças com 3 mm a 30 mm.

(V) Peças sem tensões ou emendas.

(V) Transformar conjuntos de componentes em peças únicas.

(V) Reduz custos do produto final.

(V) Ciclo do processo muito longo.

6.7 Exercícios propostos para processo de fabricação por adição de material – agente de transformação: temperatura em polímeros e metais

6.7.1

(V)

(F) *Nota*: as máquinas de PR produzem peças em plásticos, madeira, cerâmica e metais entre outros.

6.7.2

(A) Processo: estereolitografia

(A1) Material: epóxi, resina de acrílico

(B) Processo: *fused deposition modeling*

(B1) Material: ABS, PP, PC

6.7.3

(V)

(F) *Nota*: a seleção do tipo de gás no processo MIG é dependente do metal que está sendo soldado.

(V)

(F) O TIG, principalmente para pequenas espessuras – menores que 2 mm ou 3 mm –, e possibilita a obtenção de melhor aspecto da solda e menores deformações nas peças.

(F) No processo TIG, o eletrodo de tungstênio é um componente consumível e precisa ser substituído.

6.7.4

(V)

(V)

6.7.5

Resposta: Dused Deposition Modeling.

7.2 Exercícios propostos adicionais para o Capítulo 3

3.6.1

Resolução:

$$\frac{2}{m} + \frac{3}{n} = -7 \cdot \frac{1}{2}$$

$$\frac{1}{m} + \frac{3}{2n} = \frac{7}{2} \text{ (I)}$$

$$\frac{3}{m} + \frac{5}{n} = 4 \cdot \left(\frac{2}{3}\right)$$

$$\frac{1}{m} + \frac{5}{3n} = \frac{4}{3} \text{ (II)}$$

$$\frac{5}{3n} + \frac{3}{2n} = \frac{7}{2} + \frac{4}{3}$$

$$\frac{10-9}{6n} = \frac{21+8}{6}$$

$$\frac{1}{6n} = \frac{29}{6}$$

$$\frac{2}{m} = \frac{3}{0,034} = -7$$

$$\frac{2}{m} = 88,235 - 7$$

$$\frac{2}{m} = 95,235$$

$$m = -0,071$$

Resposta:

$12,5 + 0,034$

$-\ 0,021$

$22,2 + 0,034$

$-\ 0,021$

$$n = 0,034$$

3.6.2

Resposta: TIG.

3.6.3

Forjamento
Laminação
Trefilação
Extrusão

3.6.4

Torneamento
Aplainamento
Furação
Alargamento
Mandrilamento
Fresamento

3.6.5

c)

3.6.6

(V) Tanto a moldagem por sopro como por injeção podem ser utilizadas para o processamento de termoplásticos.

(F) O processo de moldagem por sopro é o mais utilizado para a fabricação de copos, pentes e engrenagens.

(F) O processo por sopro é bastante usado para fabricar tanques, recipientes plásticos e garrafas.

(V) No processo de moldagem por sopro, o polímero é pressionado contra as paredes do molde.

(V) No processo de moldagem por injeção, os termoplásticos são pressionados acima da temperatura de fusão, utilizando-se uma extrusora para a conformação da matriz no molde.

3.6.7

(F) Processos de fabricação, como forjamento, laminação e extrusão realizam deformação permanente em peças, as quais são produzidas a partir de *blanks* sólidos e o volume do *blank* bruto é igual ao volume da peça acabada.

Nota: no forjamento a peça necessita de retirada de rebarbas e posterior acabamento só depois disso é considerada peça acabada.

(V) Processos de fabricação, como serrar, fresar, tornear, furar, lapidar, aplainar, retificar alteram a forma da peça de trabalho via remoção de material.

(V) A soldagem é um processo de fabricação que obtém peças definindo a forma geométrica sólida via adição de material.

3.6.8

(V)

(V)

(V)

3.6.9

(I, II e III) Equipamento para teste, medidores de trabalho e ferramentas de medição

(VII e VIII) Produtos semi-acabados, máquinas agrícolas, máquinas pesadas e construção naval.

(IV, V e VI) Ferramentaria e industria automobilística

3.6.10

c) (I) Fundição centrífuga e (II) Lingotamento contínuo.

3.6.11

(B) A rugosidade produzida tem forma geométrica direcionada.

(L) Utilizada quando há exigência muito alta em relação a qualidade superficial e precisão dimensional dos componentes.

(B) Melhora ou modifica a forma geométrica e melhora a precisão dimensional da superfície de uma peça de trabalho.

(B) Os grãos de corte estão em contato permanente na superfície da ferramenta.

(L) Os grãos de corte são colocados a granel como uma suspensão.

(B) Diâmetro dos grãos: 30-80 microns.

(L) Diâmetro dos grãos: 5-60 microns.

(B) Movimento da ferramenta define os sulcos da superfície de interseção.

(L) Marcas de usinagem não direcionais sobre a superfície da peça.

3.6.12

Resolução:

Observar a Figura 4.13 (item 4.4, Laminação), que trata do esquema das grandezas da velocidade e da força no processo de laminação plana e representação de uma chapa sendo laminada (desenho em 3D) e de tira sendo laminada.

A decomposição (Figura 4.1) de forças durante a laminação é determinada via trigonometria e a relação de forças é dada como segue:

$$F_{LH} > F_{NH}$$

$$FL \cdot \cos \alpha = \mu \cdot F_N \cdot \cos \alpha > FN \cdot sen\ \alpha$$

$$\text{e } \mu > \text{tang } \alpha$$

em que:

F_{LH} = componente horizontal da força na "mordida";

F_{NH} = componente horizontal da força na laminação;

μ = coeficiente de atrito.

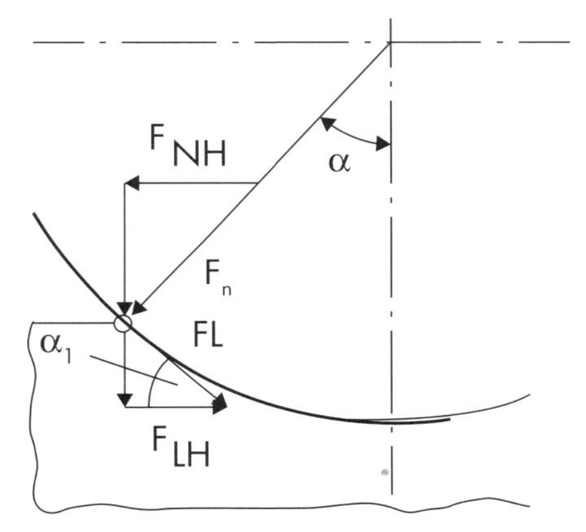

Relações trigonométricas entre força de laminação e "mordida".

ÍNDICE REMISSIVO

A

B

C

D

E

F

H

I

J

L

M

O

P

R

S

T

U

Z

APÊNDICE

ACABAMENTO SUPERFICIAL E TOLERÂNCIA

A rugosidade superficial ou acabamento superficial é uma medida calcada nas variações microscópicas de picos e vales (Figura A.1), encontrada em peças utilizadas, principalmente, para se medir a textura da superfície, e, portanto, está diretamente relacionada à tolerância (valores máximos e mínimos especificados na peça para sua funcionalidade). Ela é definida como o pior desvio vertical de picos e vales da superfície nominal sobre o comprimento (*lm*) de uma superfície especifica (Figura A.1). A medida específica é denominada: *average roughness* (Ra) (valor aritmético médio da rugosidade). O cálculo (fórmula da Figura A.1), considera o desvio médio de um perfil de sua linha media, ou a distância média de um perfil desde a sua linha média, sobre um comprimento medido (FILHO, 2006).

A habilidade para se alcançar uma tolerância aceitável está ligada à capacidade de cada processo de manufatura utilizado conseguir produzir uma variação dentro do limite especificado.

Alguns processos são muito mais precisos que outros, sendo capazes de produzir tolerâncias muito menores e melhores, sendo normalmente relacionadas à capacidade do processo para uma operação particular de fabricação.

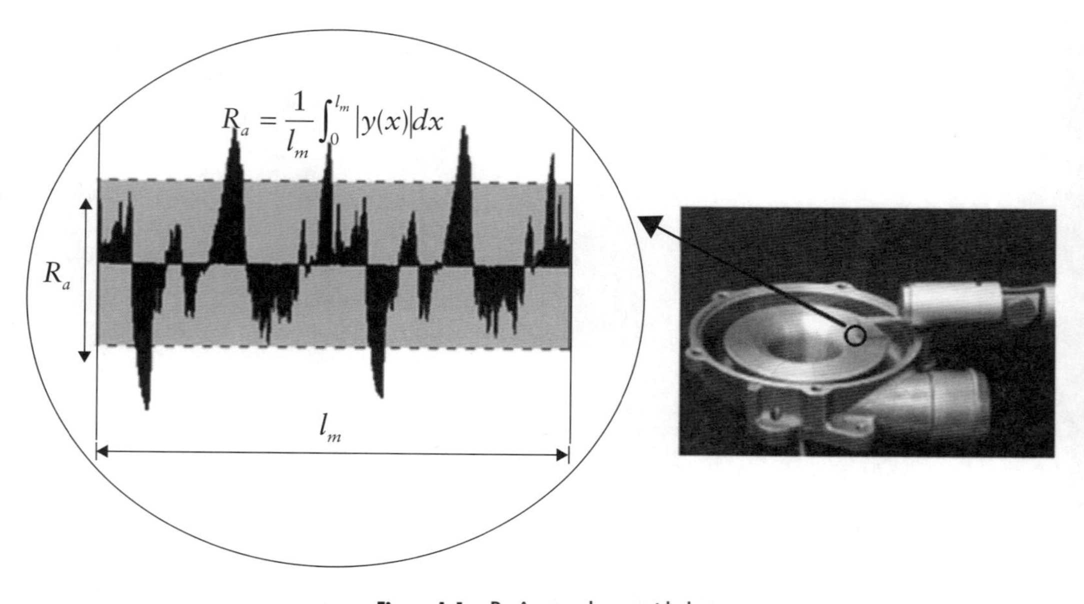

Figura A.1 Parâmetro da rugosidade.

Com os valores de rugosidade médio estudados, como observados na Tabela A.1, é possível se obter os valores limites de tolerância utilizando-se o gráfico da Figura A.2, que relaciona as rugosidades superficiais em função da tolerância para o seu correspondente processo.

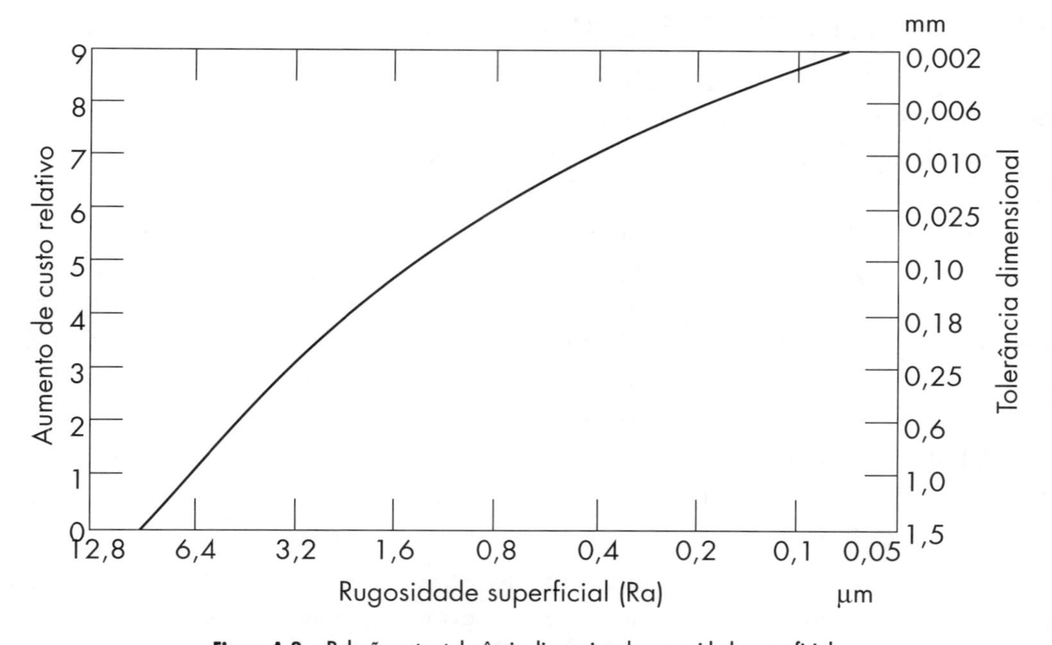

Figura A.2 Relação entre tolerância dimensional e rugosidade superficial.

No sentido da ordenada, verificam-se os valores da tolerância dimensional, e na abscissa, a rugosidade média superficial, caracterizando uma curva parabólica, como mostrado na Figura A.2. Pelo gráfico, pode-se verificar que os dois parâmetros possuem uma relação direta e exponencial: quanto menor a tolerância, menor será a rugosidade encontrada na peça.

Como a rugosidade e a tolerância são características que possuem uma relação direta, embora não seja retilínea, e pela tolerância possuir uma importância relativamente maior no aspecto final das peças/produto produzidas, essa foi a característica escolhida nas simulações.

Tabela A.1 Valores médios de rugosidade

Processo de fabricação	Valores atingíveis médios de Ra (μm)	
	Valor mínimo	Valor máximo
Fundição em areia	0,2	0,7
Fundição em *shell molding*	0,4	0,8
Fundição sob pressão	0,05	0,8
Fundição em gesso	0,05	0,2
Fundição em cera perdida	0,08	0,2
Fundição em molde permanente	0,4	0,8
Lingotamento	0,8	30
Soldagem por fusão	5	50
Soldagem por pressão	5	50
Eletroerosão por penetração	5	25
Eletroerosão a fio	5	25
Sinterização	0,5	14
Rotomoldagem	0,4	0,8
Termoformagem	0,5	1,2
Extrusão	0,8	21
Injeção	0,3	1,2
Forjamento	10	50
Trefilação	0,6	6,3
Laminação	0,012	0,8
Estampagem	0,18	6,0
Torneamento	0,5	45
Furação	1,6	12,5
Fresagem	0,4	13
Aplainamento	0,2	40

(*continua*)

Tabela A.1 Valores médios de rugosidade (*continuação*)

Processo de fabricação	Valores atingíveis médios de Ra (μm)	
	Valor mínimo	Valor máximo
Brochamento	0,4	15
Superacabamento	0,006	0,2
Serramento	6,3	45
Limagem	0,8	25
Retífica	0,012	3,2
Brunimento	0,006	0,8
Lapidação	0,05	0,5
Espelhamento	0,025	0,05
Tamboreamento	0,025	1,0
Rasqueteamento	0,006	1,0
Polimento	0,006	0,05
Jateamento	1,0	50
Lixamento	0,008	1,0
Afiação	0,05	0,7
Alargamento	0,2	3,2

REFERÊNCIAS

FILHO, A. M. L. D. **Critério na seleção de plásticos de engenharia para aplicações em veículos populares no Brasil.** São Paulo: Universidade de São Paulo, 2006.

GROOVER, M. P. **Automação industrial e sistemas de manufatura.** São Paulo: Pearson Prentice Hall, 2011.

TRUCKS, H. E. **Designing for economical production.** 2. ed. Dearborn: Society of Manufacturing Engineers, 1987.